NF文庫
ノンフィクション

空母二十九隻

海空戦の主役その興亡と戦場の実相

横井俊之ほか

潮書房光人新社

空母二十九隻——目次

写真提供／各関係者・遺家族・「丸」編集部・米国立公文書館

空母二十九隻

海空戦の主役その興亡と戦場の実相

鳳翔
赤城
加賀
龍驤
蒼龍
飛龍
翔鶴
瑞鶴
隼鷹
飛鷹

瑞鳳
祥鳳
龍鳳
千歳
千代田
大鷹
雲鷹
冲鷹
神鷹
海鷹

大鳳
雲龍
天城
葛城
笠置
阿蘇
生駒
信濃
伊吹

私は空母「瑞鶴」に不死身の神を見た

九九艦爆整備分隊長が綴る搭乗員多数を失った南太平洋海戦の実情

当時「瑞鶴」整備分隊長・海軍中尉　西村　泰

私が空母瑞鶴の整備分隊長となったのは、たしか昭和十七年の四月だったと記憶している。それは九州の鹿屋基地においてであった。

あの大敗北といわれたミッドウェー海戦後、われわれの乗り組んだ瑞鶴は敵の送り狼を許さないため、アリューシャン方面へいったん北上し、そしてガダルカナル方面へむけて南下した。幾日も幾日もふかい霧の日がつづいた。そんな毎日をすごしながら、敵にも遭わず二週間ほどしてガダルカナル方面海域に進出し、そして迎えたのが第二次ソロモン海戦だった。

この海戦は遂にたいした戦果をあげることもなく、われわれを乗せた瑞鶴はトラック島に帰投し、ここで久しぶりの休養をとった。毎日、海ばかりながめて暮らしていると、土のにおいが自然と恋しくなる。そういった意味で、このトラック基地帰投はまさに救われた感じだった。そして第三艦隊の威容がここに集結するのを待って、戦雲たれこめる南太平洋海域に敵機動部隊をもとめて、ふたたびトラック泊地を出撃した。

きのうは南へ、きょうは北へとこれといった敵に出合うこともなく、赤道を南北に行ったり来たりすることなんと二十数回、ピーンと張りつめたような緊張の毎日がすぎていった。

そしてわれわれの艦隊は十月二十五日、敵の飛行艇カタリナの偵察をうけた。

ただちに翔鶴の甲板に待機していた零戦二機が飛行甲板を跳った。断雲の中を逃げかくれの追跡戦がつづけられていたが、零戦によってついに撃墜された。だが、艦隊の全貌がすっかり敵につかまれてしまったことを思うと、この撃墜を喜んでばかりもいられず、暗い予感が体中を突きぬけるのをおぼえた。

われわれは索敵機を飛ばしながら警戒をいっそう厳にしながらも、なんら敵情をえるにいたらず、ふたたび南下をはじめた。その夜は月がとてもきれいだった。降るような星が、いつしか戦争の疲れを忘れさせるようだった。私はいつしか遠い遠い、いまでは夢でしか見ることのできない、はるかな祖国へ想いを走らせていた。

まもなく時計の針が午前四時をさそうとする頃だった。鈴谷の飛行機から敵機動部隊を見つけた、という報告をうけた。つづいて「敵空母二、その他十五、針路北西」という第二報があった。普通ならすべてが深い眠りにおちている時刻なのに、全艦隊はただちに戦闘態勢に入った。あわただしく動く整備員たち、飛行甲板をかけるパイロットら、夜明けのしじまは第一次攻撃隊の航空機のエンジン始動によってやぶられた。

命中弾をうけた味方空母群

昭和17年秋、南太平洋海戦当時の空母瑞鶴を手前、翔鶴艦上より撮影。当時、艦戦艦爆各27機、艦攻16機を搭載

二十六日午前四時五十二分——高橋定少佐が第一次攻撃隊の隊長として瑞鶴の甲板をいまやおそしと飛びたち、部下の九九艦爆がそれにつづいた。エンジンの音もかろやかに飛びあがった零戦と九九艦爆を見上げながら、われわれは第一次攻撃隊のぶじを祈った。とくに九九艦爆の整備分隊長をしていた私にとって、飛行機が完全整備で、その力を充分に発揮してくれるかどうかが人一倍心配だった。

第一次攻撃隊が発って一時間半もすぎた頃だった。断雲の中からまるで降ってくるように、ほんとうに降るという言葉がピッタリするような格好で、敵機が空母瑞鳳に突っ込んでいる。不意をつかれた瑞鳳は、対空砲を射てなかったらしく、敵機はまんまと後甲板に五〇〇ポンド爆弾二発を命中させていった。まさにアッという間の出来事だった。敵の攻撃はなにしろ早かった。こちらが第二次攻撃隊を編成しているころに攻撃を仕掛けてきたのだから、われわれの攻撃隊よりも約一時間半も早かったことになる。

ふたたび断雲の中から敵機が、隊長機を先頭に一本棒となって逆落としに突っ込んでくる。われわれの対空砲がいっせいに火をはく。敵機が落としていく五〇〇ポンド爆弾が至近距離で落ち、水柱が高くあがる。

指揮所から電話で指揮をとるのだが、この全艦をゆるがす砲撃音のために聞こえない。砲術長みずから飛んでまわって「射て、射て！」と指揮をとる。ダダダッ——射程距離に敵機が入ると激しい対空砲火をあびせた。ここはもう修羅場のようだ。ジグザグの避退をつづけながらも、対空砲火はやむことはなかった。まるで気が狂ったように、敵機に向かって吐きだされていく。

その時である。六時十五分ぐらいだっただろう。私はアッと息をのんだ。こんどは翔鶴がやられ、紅蓮の炎と黒い煙がまさに天をつく勢いだった。おもわず足がすくみ、いい知れぬ戦慄が体中をはしった。

傷をうけた翔鶴の上甲板は、水をうったようにシーンと静まりかえっていて、一瞬にして無人と化したみたいだ。瑞鳳がやられ、そして翔鶴がやられたいまとなって、この瑞鶴もまた狙われるだろう。そういった危惧とはうらはらに、瑞鶴の不死身の魂は、押しよせてくる敵機めざして敢然と立ちむかう炎のかたまりとなっていた。

ひとり気をはくわが瑞鶴

午前六時四十五分――第二次攻撃隊が敵陣めざして飛びたった。

そのすぐ後だった。「味方機が敵空母ホーネットに甚大な損傷をあたえた」という報告が入ると、艦内は大いにわいた。「おい、遂にやったぞ」「でかしたぞ。さすが！」あちこちから喜びの声があがる。この報告のおかげで兵員の士気はあがった。士気高揚のためのタイミングはよかった。

敵機が断雲の中からわれわれの方に向かって突っ込んできた。全艦の砲という砲が猛烈な轟音とともにそれに向かって火をふく。ダダダッ。艦のすぐそばに五〇〇ポンド爆弾が落ちて水柱が、すさまじい勢いであがる。

砲術長がなにか怒鳴っているのだが、このものすごい対空砲火のため聞こえない。敵機をにらんだ機関銃手の手が引き金にかかる。バリバリバリ。乾いた音をたてながら弾は吐きだされていく。敵機も大胆だ。艦橋スレスレに突っ込んでくる。なにしろ搭乗員のふりかえる顔がはっきり見えるのだ。

「射て！」砲術長が声を張りあげている。このままむざむざと無傷で帰してなるものか。全機たたき落としてやる。そんな闘志が激しく燃えあがる。

それも十五分ぐらいすると、敵は攻撃をやめて引きあげていく。しばらくすると、またやって来るのだ。その後、敵の第三波、四波と攻撃をうけたが、不死身のわが瑞鶴はカスリ傷ひとつ受けなかった。しばらくして第何波かの攻撃で敵機がやってきた。わが瑞鶴は怒りくるったように火をはく。すると敵の一機が黒煙をふきながら海中に突っ込んでいった。艦橋のそばでだれかが叫んだ。「やった！」艦内に一瞬ワーというどよめきが起こった。雷撃機アベンジャーかなにかだろう。

飛行甲板では、第三次攻撃隊のための航空機がならび、整備兵が忙しそうに走りまわっていた。秒をあらそうことだ。とにかく敵を叩かねばならない——それはミッドウェーの大敗北がわれわれに垂れた教訓だった。

整備兵が一機に四、五名ついて念入りな点検をしている。もういつでも飛び出せる。正午ちかく、第三次攻撃隊は瑞鶴の甲板をはなれた。戦闘機隊、艦爆隊はいつまでも爆音をのこしながら、断雲の中に姿を消していった。

乗員に見送られ瑞鶴艦上を発進する九九艦爆。南太平洋海戦では艦爆隊長不時着水をはじめ多数の搭乗員を失った

細切れ(こまぎ)の波状攻撃は終わった。それでも警戒を厳重にしながら、十何時間ぶりの握り飯を食った。この握り飯のうまかったことはいまでも思いだす。

そうこうするうちに第一次攻撃隊が帰ってきた。瑞鳳と翔鶴が傷ついたため、古巣を失った艦爆や燃料のきれた零戦が、ついに耐えられなくて海に不時着している。その人たちは隼鷹や、そばにいた駆逐艦に助けだされたが、高橋隊長がいっこうに帰ってきた様子がない。

結局、高橋隊長は戦死したという結論がだされた。そして隊長の遺品が整理された。思えば惜しい人をなくしたものだ。つねに沈着冷静ですばらしいテクニックを見せてくれた空の男も、多彩なる戦歴を残してこの南の果てに埋もれてしまったかと思うと、高橋隊長との思い出が、高速度カメラでとらえた映像のようにゆっくりと私の脳裏をかけめぐった。

ところが、あとでトラック基地についてみると、海中に不時着した高橋少佐は駆逐艦に救助されてトラック基地でピンピンしていた。

ともあれ、私は敵空襲のおわった空を見あげた。断雲が低くたれこめて、またいつどこから現われるかも知れない不気味さが漂っていた。が、それとは逆に、抜けるような海の青さが、二日酔いのときの一服の清涼剤のような爽やかさをもって、私の目に映じていた。戦争さえなければ、ほんとうに静かな海だろうに。

しばらくすると、第二次攻撃隊も帰ってきた。敵機撃墜、空母ホーネット、エンタープライズなどに多大な損害をあたえたおみやげを持ってである。

だが、この南太平洋海戦で、約三分の一の人が遂に帰らぬ人となってしまった。それを思うと暗澹たる気持になっていった。この広大な海上において艦対艦のまさに〝絵巻物〟的な戦いを想像していただけに、この航空戦は時代の流れの移りかわりを感じさせた。それはまた航空機の少ないわが国の暗い前途に、拍車をかけるようでもあった。

われわれはいつ現われるかわからない敵機を待った。今度こそ、この瑞鶴の全砲弾で、一機のこらず射ち落としてやると、かたい決意を胸に秘めて。だが、何時間待っても、敵機は現われてこなかった。やがて太陽はしだいに傾いていった。われわれは傷ついた瑞鳳と翔鶴をつれて、トラック基地にむかった。さっきまで行なわれたあの激しい戦闘が、まるで嘘のように静かな海面だった。

日米開戦〝瑞鶴艦爆隊〟栄光の初弾

攻撃隊発着艦の一挙一動と航空母艦を支えた整備員たちの熱き一日

当時「瑞鶴」艦爆二中隊整備員・海軍上等整備兵曹　杉野守一

昭和十六年八月八日に竣工した姉妹艦の翔鶴につづいて、四万五千トンの大型航空母艦瑞鶴(ずいかく)が川崎重工神戸造船所で完成されたのは、開戦がまさに秒読みに入った昭和十六年九月二十五日であった。

それまでに日本海軍がもっていた空母は、艦上機を搭載するといっても小型の鳳翔、龍驤や飛龍、蒼龍、それに正規空母の赤城、加賀の六隻にすぎなかった。とくに鳳翔と龍驤はいずれも一万トン前後で、搭載機も三十機ほどで実戦むきとはいえなかった。また赤城と加賀はトン数こそ三万トンあり、飛行機も七十機以上を搭載できたが、二隻とも軍縮条約にともなって戦艦、巡洋戦艦から改造されたものだけに、やはり不都合な点が多くあった。

こうした半人前の空母戦力を、一挙に飛躍させることをねらって建造されたのが瑞鶴と翔

杉野守一上整曹

鶴の二隻である。翔鶴、瑞鶴の就役日をみると、なぜか日本海軍は、この二隻の正規空母の就役で「アメリカなにするものぞ」とのホゾをかため、開戦にふみきったように思われてならない。

私が瑞鶴に乗り組んだのは、まだ神戸の川崎造船所で艤装中のことであった。そして昭和十九年十月二十五日の比島沖航空戦でオトリ艦隊として出撃し沈むまで在籍していた。瑞鶴は、日本海軍でもその例をみないほど武運にめぐまれた艦であった。

昭和十六年九月二十五日午前八時、瑞鶴の後甲板にはじめて軍艦旗が掲揚された。そして軍楽隊の奏楽のなかを造船所の岸壁からはなれ、タグボートにひかれて沖合にでると、いよいよ九州の大分をめざして、感激の処女航海についた。

九州につくと、飛行隊は大分県別府の北にある宇佐航空隊に上陸した。そして、翌日よりさっそく噴煙をあげる鹿児島の桜島を目標（のちに真珠湾であることがわかる）にしての、それこそ〝月月火水木金金〟の猛訓練がはじまったのである。私は艦爆二中隊員として、九九艦爆の整備に全力をつくしていた。

錬成訓練のおえた十一月十八日、飛行隊は宇佐基地を撤収して母艦に収容された。ただちに艦は豊後水道をぬけて南下し、土佐沖にでると針路を左にとり、一路北東にむかった。この基地撤収のさいわが艦爆二中隊の一機が海上に不時着して失われたが、その後、単冠湾を出撃するまで、その補充はなかったように記憶している。したがって真珠湾攻撃では、艦爆二中隊からは八機が発進したにすぎなかった。

宇佐基地を撤収する前、総員に外出がゆるされた。その前の晩、私は氏木平槌分隊士に私室へ呼ばれ、「明日は総員外出が許可されるが、みな小遣いを持っているか」と聞かれた。海軍の俸給は、毎月二十日に支給されていた。分隊にもどってみなに有無をたずねると、若年兵は別として、そのほかの者はほとんど持っていなかった。けっきょく下士官三十円、兵十五円を分隊士より借用して外出し、開戦前の最後の生命の洗濯することができた。

これは分隊士が、すでに本艦のその後の行動、またその重大な任務を知っており、分隊員のわれわれにたいする思いやりであったことを感謝したのである。その氏木分隊士も、のちの珊瑚海海戦でついに戦死されてしまった。山口県玖珂郡の出身であった。生え抜きの艦爆隊員で、真珠湾攻撃では坂本明分隊長の第二小隊長をつとめ、搭乗機の番号は二〇四号機であった。

初めて知らされた重大任務

宇佐出港の翌日から、艦内ではこれからの行き先が話題になった。はじめのうちは二見沖に投錨し、伊勢参拝だろうという意見が多かった。というのは、軍艦にはかならず伊勢神宮の分身をまつる習慣があったからである。

しかし、出港後三日がすぎても、針路はあいかわらず北東のままである。そのうち伊勢参拝でなければ、横須賀入港だろうということになった。それも、その後、三日たっても進路が変わらないため、われわれは見当もつかなくなってしまった。

毎日見えるものといえば、海と空ばかりである。その海の色も、いつまでたってもあの無気味な黒潮の色がつづいた。出港後、何日目だったかはっきりしないが、前方に、雪をいただき、ちょうど擂鉢を伏せたような島が見えてきた。艦は、肉眼では海岸線も見られないほどの沖合へ投錨した。

入港の翌日、その島が北千島列島の先端にちかい択捉島で、投錨しているところが単冠湾であることをはじめて知った。

宇佐基地を撤収してから単冠湾入港まで、すでに一週間以上がすぎていた。そのため、飛行機の整備作業はいちおう済んでいた。そうかといって毎日、ブラブラしていることもできず、手持ち無沙汰な毎日となった。

本艦が入港したとき、湾内には重巡の愛宕、高雄、摩耶、鳥海の四隻と、水雷戦隊（軽巡一隻と駆逐艦六隻）くらいが停泊していたにすぎなかった。しかし毎朝、発着甲板へあがってみると、空母の赤城、加賀、巡洋戦艦の榛名、霧島が入港しており、そのほか雑務艦、油槽船などが湾内をうずめ、日がたつにつれて艦の数が増してゆくのであった。

たしか十一月二十四日の午後四時であったと思う。「出港用意」のラッパが鳴り、われわれは受持ちの発着甲板の左舷中央に整列した。

ほどなくして「解散」のラッパが響いてきた。つづいて「総員集合発着甲板」の号令がかかった。そして、艦長より「本艦は只今より……」ではじまる訓示で、真珠湾攻撃の任務を知らされたのである。みなの顔は一瞬、緊張のためにこわばった。私ももちろん緊張した。

その後、解散が命じられても、しばらくは口がきけなかった。

分隊には、かならず甲板下士官という役付きがいた。分隊内の軍紀風紀の取り締りといえばきこえがいいが、ひらたくいえば世話役のことである。三等下士官、あるいは一等兵の先任者から選ばれるが、私のいた艦爆二中隊の甲板下士官は米田一整であった。彼はさっそく格納庫の正面に台をこしらえ、その上に晒しの布をしくと、主計科からギンバイ（盗むこと）してきたものであろうか、尾頭つきの塩鮭を一尾かざり、一升瓶をそなえた。

飛行科には艦戦、艦爆、艦攻それぞれ三個中隊ずつあったが、塩ものとはいえ尾頭つきをそなえたのは、わが中隊だけであった。米田一整は日頃は訥弁で、どちらかといえば無口な人であったが、なかなかよくやってくれた。郷里は大阪と聞いたが、いまも健在であろうか。

大書された「開戦劈頭第一弾」

しかし、このせっかくのお供えも、翌日からの時化のため、一晩で撤去ということになってしまった。翌日からはこれに刺激されたのか、分隊員の張り切り方がちがってきた。艦のガブリ方は尋常なものではなかったが、船酔いするものは一人もなく、われわれは午前午後とも飛行機の整備作業に明け暮れていた。

といっても、どこといって飛行機に不良個所があるわけではなく、せいぜい点火栓の交換ぐらいのもので、あとは主翼や胴体などの清掃が主であった。すこしでも空気抵抗を少なくするために、われわれは布切れで翼面などを何回となくぬぐった。搭乗員も逸る気持はおな

瑞鶴艦上より見た加賀。甲板上の方探用アンテナや高角砲の様子がよくわかる

じで、とても居住区にじっとしてはいられないとみえ、格納庫にきては愛機の手入れに余念がなかった。

このように、毎日おなじ作業を、われわれは飽きることなく繰り返していた。一つの目標にむかって頑張り通すこの純真さが、いまの若い人たちにあまり見られないのは残念である。

単冠湾を抜錨して何日目かに、分隊長の坂本明大尉が格納庫にきて「先任下士、白エナメルと筆を」と私に命じた。さっそくこれらを持参すると、分隊長は九九艦爆の胴体に搭載されている二五〇キロ爆弾に、「開戦劈頭第一弾」と筆太に書きこんだ。そして「瑞鶴艦爆隊はフォード島のヒッカム飛行場を爆撃することになったが、時間的に自分の爆弾がいちばん早く投下することになる」と話してくれた。

後にこのことと関連して思い出すのは、昭和十七年四月十八日、犬吠岬の南方八〇〇浬(かいり)の空母ホーネットから発艦して、初の日本本土空襲をおこなったB25の搭乗員が、日本政府から贈られた勲章を投下する爆弾にしばりつけたことである。真珠湾の坂本大尉のことを思い出し、敵のなかにも、なかなか味なことをする奴があるわいと、思ったものである。

その分隊長の坂本大尉も、その後、瑞鶴から横須賀航空隊実験部に転勤され、新機種のテスト中に空中分解をおこして殉職されたときく。坂本分隊長は艦爆操縦員にふさわしい、温厚篤実な方であった。

毎日、荒天がつづいていた。そして濃霧が立ちこめていて、時にはわずか二百メートルの発着甲板でさえ、はっきりと見通しがきかないほどであった。

日本からハワイへいく航路には三つあり、われわれの通った北洋航路は、冬季はとくに海が荒れてガスが発生し、しかも距離がいちばん長いという、もっとも条件の悪い航路であった。それだけに、敵の意表をつくにはこれが最良であったわけである。

飛行機は全機を格納庫へおろし、脚を鎖で床の金具につなぎとめておいた。それが艦の動揺で、「ギギギ……」ときしんで、じつに気味の悪い音をたてた。慣れるまではその音が耳につき、いまにも脚が折れるのではないかと思われたが、まったく異状は起こらなかった。夜間の格納庫の見まわりも、二晩でやめてしまった。

十一月末か十二月の初めであったが、本艦の左舷水平線に商船のマストが見えたことがある。攻撃開始まで敵にわれわれの企図を隠さねばならぬため、艦内はちょっと色めきたった。

世界の海事法かなにかによって、軍艦商船を問わず、二〇センチ以上の望遠鏡を使うことは禁止されているそうだが、本艦は四〇センチのものを搭載していた。その四〇センチ望遠鏡で水平線上にマストが見えるていどならば、相手から発見されることはあるまいということで、まずはひと安心であった。この船はソ連船だったという。

十二月五日か六日であった。本艦は油槽船の国洋丸より重油の洋上補給をうけた。油槽船は本艦の艦首二十メートルくらいを前進微速で同航し、直径三十センチほどのパイプを両艦のあいだに渡して補給がおこなわれた。

この作業は夕方までつづいた。そして、いよいよ舫いがとかれ、本艦と離れるさい、油槽船のブリッジから張り出している甲板で一人の船員が、「貴艦ノゴ成功ヲオ祈リシマス」という手旗信号を何回となく繰り返していた。平時、商船から送られる手旗は、「安全ナル航海ヲ祈ル」というきまり文句であるだけに、この時は、なにかぐっと胸にせまるものがあった。

その翌日、機動艦隊はX地点に到達した。速力を二十ノットに増速し、一路、真珠湾にむけ南下したのである。

冷や汗をかいた出撃前の大失敗

その日から、海は不思議とおだやかになった。先日までの荒天と濃霧は、まったく嘘のようであった。

ついに、十二月八日の朝がきた。その日の飛行科員起こしは、前の晩（七日）の午後十一時であった。

空母の格納庫へ飛行機を格納するには、まず同率縮尺で格納庫と飛行機の模型をつくり、それをもとにして格納庫に隙間のないように並べる。そして飛行機の搬出は、全機を格納してから考えられた。そのため、なかには搬出に非常に難儀をするものがあった。それを補うために、甲板に白エナメルで尾輪の通るコースを書き、安全に搬出できるよう配慮されていた。だが、それはあくまでもひとつの目安であって、絶対というものではなかった。この時もそうであった。

その重要な尾輪のハンドルを持つのは下士官で、班長以上の者が、「右あと」「左あと」「ようそろ」と号令をかけることに決めてあった。何機目かを搬出しているとき、あまり気合が入りすぎて、尾翼の右昇降舵の先端を格納庫の壁にあててしまった。尾翼はジュラルミン製だが、格納庫の壁は厚い鉄板である。そのため、尾翼には二十ミリほどの窪(くぼ)みができ、小骨に亀裂が入ってしまった。それは二小隊長、氏木飛曹長の愛機であった。

このまま飛んだのでは、飛行中の空気抵抗と震動で、どんな不祥事が起こらないともかぎらない。さっそく私は、下甲板に掌木工長を呼びにいった。しかし、懐中電灯で破損個所をたんねんに調べていた掌木工長の言葉は、悲観的なものであった。彼が「駄目」をだしたのは、発艦までのわずかな時間（おそらく一時間たらず）に、責任のもてる修理はできないということであろう。

「万事休す」であった。搭乗員の氏木分隊士とペアの偵察員はむろんのこと、分隊長にも申し訳なく、また受持ちの整備員もがっかりするにちがいない。そのとき、特務下士官の町田兵曹が、「杉さん、木ハンマーとドープ、それに刷毛と羽布テープを持ってこい」という。私は駆け足で格納庫からそれらを持ってくると、町田兵曹は、まず木ハンマーで窪んだ個所をたたきだし、そこにドープを塗って羽布テープを貼り、さらにその上からドープを塗りつけた。これで窪みは羽布テープでおおわれ、亀裂の入った小骨も補強されたことになる。

そばでこれを見ていた分隊士は、さっそく操縦席にはいり、操縦装置の作動をいろいろ調べていたが、やがて降りてくると、「これなら大丈夫」と太鼓判（たいこばん）をおした。そのときの私のよろこびは筆舌につくしがたく、まったくほっとした。そして、この町田特務兵曹の臨機応変の処置こそ、飛行機の整備とはこうあるべきと感じたのである。

氏木機の試運転は、私がやった。エンジンを発動して、定められた暖機運転をおこない、油の入口温度の摂氏二〇度をたしかめてから、試運転要項にしたがって試運転にかかった。スロットルレバーを一杯にしぼり、デットスローの回転数にする。レバーを徐々にひらいて、各回転での震動の有無と爆音をたしかめた。一二〇〇回転での左右スイッチの切換えの落差をしらべ、瞬間的にレバーを全開して、オーバーブーストコントロールの作動の良否をみる。最後に二、三回レバーを急激に操作して増減速をしらべた。

「試運転終了。結果良好」と私は報告した。

暁の空にはばたいた攻撃隊

艦橋の下では搭乗員が整列して、飛行長の訓示がおこなわれていた。そのとき発着艦指揮所からは、右手にもった手旗で大きく円をかいて連絡してくる。いよいよエンジン発動である。

甲板上にびっしり並べられた五十機あまりの飛行機が、一斉にエンジンをスタートした。チョーク（車輪止め）持ちの整備員が、前の機のプロペラ渦流にながされまいと、必死に身がまえている。こうした光景は、いままでにも何回となく経験したことであるが、今朝はことごとに感激にひたるのであった。夜はもうすっかり明け放たれ、日の出も間近いのであろうか、水平線のあたりの色が変わってきている。

飛行長の訓示もおわり、解散した搭乗員があちこちで、機上の整備員と交代している。そして交代のおえた整備員は、持っている布切れで風防ガラスをぬぐう。なじみの者は、搭乗員の肩をたたいてニッコリ笑っている者もある。「いっちょ、願いまっせ」と激励しているのかも知れない。

落下傘や安全バンド、伝声管を付けおえた搭乗員は、試運転にかかる。そのやり方は、われわれ整備員がエンジンを可愛がるのとちがって、かなり荒っぽかった。自分の生命を愛機に託す彼らには、それも無理からぬことであろうと思う。

そのころになると、飛行科の分隊士が一人、一番うしろにいる飛行機から順に調子をしらべていく。その方法が、ちょっとかわっていた。本来ならば、一機ずつ操縦席にのぼって搭乗員に調子をたずねるのだが、その手間をはぶくため、エルロンをもってちょっと動かす。するとそれが操縦装置をつたわって操縦桿をうごかし、さらにそれを持つ搭乗員につたわるというわけである。そして「0」になれば右手をあげる。

全機「異常なし」を確認して、発着艦指揮所の飛行長に、手旗をあげて報告する。艦はおもむろに舵をとって、風に立つ。そのときの震動で、格納庫内では「タンタンタンタン」という特殊な音がした。艦の各部のきしむ音が、がらんとした庫内に反響して生じるのであろう。その音が格納庫をはなれて、こうして発着甲板にいても聞こえるのが不思議であった。

発着甲板最前部の蒸気パイプから、蒸気が一すじ、勢いよく噴きだした。それが甲板の中央に縦にひかれた線と一致したとき、艦が風に立つ位置にあることになる。艦橋後部のメインマストに、吹き流しが一旒かかげられた。そして、飛行長が右手にもつ白旗を高くあげる。いよいよ攻撃隊発進である。

先ほどの飛行科分隊士が、口にくわえた笛を力いっぱい吹き鳴らすが、これは轟々たる爆音に消されて聞きとれない。同時に、両手にもった手旗を左右にパッとひらく。車輪のそばにちぢこまっていたチョーク持ちの整備員が、その合図で前方のチョークだけをはずす。

分隊士がそれを見とどけると、白旗をサッと艦首方向にふる。搭乗員がすかさず、右手でスティックを前にたおし、左手でスロットルレバーを全開にする。飛行機は弦をはなれた矢のように、甲板上を疾走する。しばらくして、車輪が発着甲板をはなれ、機体が空中に浮きあがって艦首をすぎ、そのまま一直線に高度をあげる。やがて左旋回して本艦と反航にうつると、流れるように後方に遠ざかっていった。

前の飛行機が発着甲板の前方から旋回するのを見さだめて、二番機に発艦の合図がおくられる。そして一番機とまったくおなじ手順で発艦すると、整備員がチョークの紐をひっぱって、最寄りのポケットに駆けこみ、ただちに三番機への合図がある。これは分隊士、搭乗員、チョーク持ちの整備員の呼吸が一つとなって初めて可能なことであった。こうしたことは、一朝一夕にできることではなく、いままでの基地訓練の成果のたまものであった。

こうして全戦闘機の発艦がおわり、つぎは艦爆隊の発艦である。九九艦爆は自重が重いうえ、二五〇キロの爆弾を抱いているので、零戦のようにはいかない。発着甲板をはなれた瞬間、機体が沈んで見えなくなり、海に突っ込んだかと思いはっとするが、かなりたってから、ようやく前方の視界に入ってくる綱渡りのような発艦もあった。

いよいよ一番機の発進である。分隊長はすこし前かがみの姿勢で前方計器板を凝視する。いっぽう後席の偵察員は、右手で挙手の礼を送ってくる。そして、機が艦橋の真横にさしかかったとき「カシラ右」をする。これは、艦橋に立つ艦長や副長をはじめ、飛行科戦闘指揮所で帽子をふる飛行長やその他の上官への別れの挨拶であろう。われわれも手にした帽子を、ちぎれんばかりに振って、彼らの健闘を祈るのであった。搭乗員の首にまかれた純白のマフラーが、プロペラの渦流にヒラヒラと舞うのが、非常に印象的であった。

何番目かに発艦した一機の艦爆が、編隊を組まないで、高度千メートルのあたりで旋回する。故障機のようである。その機をぶじ収容するまで、艦上のわれわれはとても落ち着かなる。

瑞鶴の後部飛行甲板に並ぶ九九艦爆。発艦に備え起倒式無線檣が倒されている

い気持であった。その飛行機は一中隊の列機で、点火栓の不良が原因だった。そのため、一中隊の先任下士官の悄気（しょげ）ようはなかった。

これで瑞鶴からは、私のいた二中隊が宇佐空撤収のときに海中に墜落した一機と、この一機の計二機が真珠湾攻撃に参加しなかった。艦爆隊の攻撃機数は、けっきょく二十五機であった。

印象ふかき大分基地の休日

攻撃隊が全機発進したあとも、本艦はあいかわらず真珠湾にむけて走りつづけていた。どこに敵の潜水艦がひそんでいるかわからない海面を走るのは、少し冒険のようであるが、爆撃をおえて帰艦する攻撃隊を、少しでも早く収容するための長官の親心と聞いている。

昨晩（七日）の十一時、飛行科員起こしで作業にかかり、全機発進がおわったのは午前四時ごろであった。その後、われわれは格納庫の清掃と整理整頓をすませて、ようやく戦闘配食の握り飯にありつくことができた。作業時間は連続五時間にわたり、みなそれなりに疲れていた。そこで飛行機の収容まで、庫内のあちこちで仮眠をとることにした。ぐっすり熟睡ができ、じつに気持のよい一刻（ひととき）であった。

そして案ずることもなく瑞鶴の攻撃隊は、全機が帰艦したのである。後日、聞くところによると、赤城、加賀、瑞鶴、翔鶴、蒼龍、飛龍の六隻の空母から飛びたった一次、二次攻撃隊四五六機のうち、未帰還は三十五機あったという。

機動艦隊は飛行機収容後ただちに反転し、速力も二十四ノットに増速して、戦場離脱をはかった。討ちもらした米空母のサラトガ、レキシントン、エンタープライズ、ホーネット、ワスプの艦上機の攻撃から逃れるためであった。

そして翌日からは、十四ノットの原速ですすみ、終日、六〇キロ爆弾二個を搭載する艦爆による前路哨戒をつづけて、内地にむかったのである。

途中、航空参謀の源田実中佐より「ミッドウェー爆撃」の意見具申があったが、南雲長官によってただちに却下された。長官としては、せっかく無傷で赫々の戦果をおさめた艦隊を、このまま内地に帰したい、という気持だったにちがいない。

瑞鶴が内地の別府湾に投錨したのは十二月二十一日であった。そのころは、あたりが真っ暗になっており、時刻は午後七時か八時だったと思う。「入港用意」のラッパで、分隊員は格納庫と後甲板にわかれ、まず基地物件の搬出にとりかかり、ランチへ積み込みはじめた。

われわれ第五航空戦隊（瑞鶴、翔鶴）の基地は、大分市郊外の大分航空隊があてられた。あの大作戦をおえ、約一ヵ月ぶりに街にまたたくネオンを見ても、作業に追われていては、とても感傷にひたっている余裕はなかった。

物件を満載したランチに、必要なだけの作業員を乗せると、大分空のポンドに向かい、そこでトラックに積みかえて、航空隊に運びこんだのである。

そして翌朝の午前八時、軍艦旗を掲揚したのち総員集合があり、飛行長より「当基地では飛行整備ならびに休養を旨とする」という嬉しい申し渡しがあった。

その日から、さっそく定められた外出が許可された。下士官は隔日、一、二等兵は四日に一度の入湯外出が許されることになったのである。

街にはもう、真珠湾攻撃部隊ということが知れわたっており、外出して喫茶店にはいれば、「海軍さん、ご苦労さまでした。ながい間、甘いものがなかったでしょう」と、おはぎのご馳走になり、「艦では水が不自由だそうですね」と風呂をいただいたりした。「湯の街別府」というだけあって、どこの家にも温泉がひいてあるようであった。

われわれがワラジをぬいだ大分基地は、至極のんびりとしていた。搭乗員は飛行機のコンパスの自差修正、われわれ整備員は点火栓の交換やグリースの注入、あるいはそのほかの清掃作業くらいのものであった。

まもなく正月となり、各機のプロペラに注連飾り（しめかざり）をつけた。隊長機には小さいながらも鏡餅がそなえられた。

大分基地の撤収は、昭和十七年一月の十三日ごろに行なわれた。わずか一ヵ月たらずの基地であったが、われわれには印象に残るものがじつに多かった。私のながい海軍生活で「飛行機整備、休養」という基地は、この大分だけであった。

別府で飛行機と基地物件を収容した母艦瑞鶴は、ふたたび豊後水道を南下し、つぎの作戦に参加するため出撃したのである。

マリアナの海よ　わが翔鶴に栄光と涙を

敵潜魚雷により爆沈した翔鶴最後の実相と救助された秋月の奮戦

当時「翔鶴」艦首甲板航海科員・海軍上等水兵　布川義雄

昭和十九年六月十九日の未明、大鳳を旗艦とする小沢部隊は、グアム島の西方五〇〇浬（かいり）の地点にあり、すでに戦闘準備を終わっていた。第一、第二、第三の航空戦隊にわかれ、その空母は第一に大鳳、翔鶴、瑞鶴、第二に隼鷹、飛鷹、龍鳳、第三に千歳、千代田、瑞鳳、それに大和、武蔵など戦艦五隻、大型巡洋艦十一隻、軽巡洋艦二隻、総計六十二隻の大艦隊であった。

これを見てもわかるように、マリアナ沖の海戦は艦隊同士の大決戦であり、まさに勝敗は〝この一戦にあり〟の観があった。

すでにこの日から一週間前、敵機動部隊はテニアン、グアムを空襲し、サイパンに艦砲射撃をあびせていた。前日の索敵で、空母を主力とする米機動部隊の位置ははっきりしていた。

午前五時、空は厚い雲がおおっていた。発着甲板には艦首の方から零戦、彗星艦爆、天山雷撃機とならび、整備員は真剣な面持ちでエンジンの調子をみていた。そのころ、翔鶴の前方約二千メートルあたりに大鳳が驀進しており、つづいて右後方一千メートルに瑞鶴、そして戦艦や巡洋艦がそれをかこみ、その外側に数十隻の駆逐艦が付きそっていた。

午前八時ごろに第一次攻撃隊が発艦した。帽子をふってこれを見送る空母の乗組員たち。手を高く座席からさしのべて、これにこたえる搭乗員たち。「頼むぞ」それは祖国の運命を双肩にになって飛びたっていく搭乗員たちにおくる激励のことばであり、と同時にふたたび生きて帰還せぬ戦友に対する別離のことばでもあった。

航空戦隊の全部が発進しおわって、その行く手をしばらく見送っているときのことだった。待機所で見送っていた兵員たちから異様などよめきが起こった。

「魚雷だ、魚雷だ」

だが、その時すでに遅かった。前方に位置していた旗艦大鳳の右舷に、米潜水艦（アルバコア）の放った魚雷が、大音響をたてて命中した。鉄壁の陣形といわれたこの中に潜入していたとは、なんと大胆きわまる敵の攻撃であった。

わが駆逐艦は、たちまちのうちにその付近の海面に、数十個の爆雷を投下した。そしてわれわれに対する命令は、すでに対潜戦闘にきりかえられて、見張員はもっぱら海上を見張り、敵潜発見の号令に期待をかけたが、それは無駄であった。

各艦ともジグザグ航路で、魚雷攻撃をふせぎながら進んでいった。だが、敵もなかなかのものであった。他の敵潜水艦（カヴァラ）が、またも大胆にわが艦隊の真っ只中へもぐりこんで、魚雷攻撃を行なったのである。

午前十一時ごろ、魚雷二本が翔鶴の左舷をめがけて突っ込んできた。「雷跡！」と伝声管が戦闘指揮所へ怒鳴ったが、その時すでに遅かった。ズズーンと腹にひびくにぶい音をたてて、左舷後部に一本命中した。と同時に船体が上下にものすごく揺れた。ドドーンと爆烈音がして、ものすごい勢いで水柱がふき出し、艦橋上に高くふき上がって、ザーッと上甲板になだれ落ちた。つづいて一、二発、そのうちの一発が揮発油庫の直下に、もう一発は配電所に命中した。そして、舷の後尾からは赤い炎が、黒い煙といっしょに噴きだした。

大爆発を起こした乗艦の最後

艦は急速に左に傾きだした。もう、応急修理の方法も何もないのだ。なす術(すべ)がなかった。艦首甲板航海科員である私は、雷撃にさわぐ若い兵員たちに「慌(あわ)てるな、慌てるんじゃないぞ」と彼らの気持を落ちつかせていた。

その時であった――「後部甲板火災」と叫ぶ声に「それ行け」と兵員たちは艦首へと集まってきた。飛行甲板上に仁王だちになり、声をからして防火を指揮する副長の姿も、たけりくるう猛火と煙につつまれて、ときどき見えなくなった。

炎の柱、火のかたまり、怒りも悲しみも、炎々たる炎のなかに焼きつくされていった。やがて、炎は中央部の格納庫にうつり、機銃弾薬庫が誘爆をはじめた。

あっ、これですべては終わりだ――と思ったとき、とつぜん翔鶴は大爆発を起こした。艦内に充満していたガソリンやガスがいちどに爆発して、厚みを誇っていた鋼鉄の発着甲板を内側から吹きとばしたのだった。

中央部が無残に盛りあがり、目もあてられぬ惨憺たるものになってしまっていた。また、このとき発着甲板にいた乗組員や搭乗員の多数が、海中に吹き飛ばされた。私は艦首甲板上に待機中だったが、このときの爆風で甲板上に叩きつけられて肩を痛めた。

そうこうしているうちに、翔鶴の運命は刻々とせまりつつあった。というのは、艦は斜めに傾きはじめ、艦尾からしだいに沈みはじめていたからだ。

「総員、戦闘配置を離れーッ」という声が、どこからともなく聞こえてきた。もう艦のそこいらじゅうが火の海だった。つづいてスピーカーが戦闘配置をはなれてすみやかに脱出するよう伝えていた。

だが、もうその頃はすでに、艦は大きく左舷に傾いていて、右舷に集められた移動物が、ズルズルと左舷の方にすべり出した。みなは、それを避けながら右へ右へと集まり、なんとかして艦の均衡を保とうと必死だった。

しかし、傾斜する時間があまりにも早かった。みんなが戦友を大声で呼び合い、応え合ううちにも艦はどんどん傾いてゆき、急角度にグラリと大きく揺れた。

そんな中で、早くも上着をとり、ゲートルとズボンをぬいで、飛び込む準備をしている者、何もつかまるものがないので移動物と一緒にコロコロと転がってゆく者――その騒然とした中に、艦はすでに四十度から五十度にまで傾いていた。

その時だった。すさまじい第二の爆発が起こって、艦橋付近に真っ赤な火柱がふきあがった。そして、その火柱は海面を横ばいに走った。

見る間に艦体は急激に左舷へ横転した。その瞬間、そこらじゅうのものが海上へ放り出されてしまった。もちろん私も海へ投げ出されてしまった。洋々とした大海原には重油がドス黒くあたり一面にひろがっているほかには、何も見えなかった。

こうして、二万六千トンの巨体を誇った翔鶴も、ついにマリアナ海にその姿を没したので

昭和16年8月、竣工直後の翔鶴。中央斜め下方に突出した2本煙突や高角砲、三脚檣、無線檣の配置がわかる

ある。時に、昭和十九年六月十九日午後二時一分のことだった。

果てしなくひろがる海原に放り出された私は、油にゆられながら泳いでいると、ようやく見つけた木片に取りすがり、重油がギラギラ浮く海中を漂流しながら助けを待った。時間は容赦なくすぎていった。そして、私にとって長い長い時間が過去のものになろうとする頃、駆逐艦秋月の姿が見えた。そのとき、私は泣きたいほど嬉しかった。そこで私は秋月の乗組員の投げたロープにつかまり、救助されたのである。

さて、これは余談だが、おなじマリアナ海戦で旗艦大鳳は、午後二時半ころに突然、艦の中央部に大爆発が起こって、就航いらいわずか百日あまり、一度の戦闘らしい戦闘もせず、ただ一発の魚雷によって午後四時三十分に沈んでしまった。

南国の空を赤くした大激戦

最初の爆発で甲板に叩きつけられ半身不随になっていた私は、看護室で治療をうけてから、決戦第一日の痛手を胸にひめ、駆逐艦秋月の兵員室で、ひたすら明日の武運を祈るだけであった。

明くる六月二十日の払暁に、水上偵察機が一機、二機と東の空に向けてとびたち、空母瑞鶴からも索敵機が発艦していった。海には波ひとつなく、磨きあげたガラス板のように美しく金色の陽光に輝き、遠く水平線にまでつらなっていた。残存空母七隻からはつねに索敵機が発進されたが、敵情をつかむにはいたらず、時だけが無情にきざまれていった。

艦隊は補給と部隊整頓のためいったん北西方海面に進出し、艦隊の上空を哨戒にあたる零戦五、六機が警戒飛行をつづけていたが、午後四時ごろついにわが艦隊の東方約二〇〇浬に敵艦上機群が西方に進むのを発見した。秋月の艦内に危急をつげる命令が発せられた。そして、ただちに戦闘配置につくよう命令が下されると、戦闘準備はいつもよりずっと早く行なわれ、高角砲も機銃も、いずれもぐっと上空をにらむように四十五度の仰角で待機した。

秋月の右舷のはるか彼方に武蔵、大和の巨艦と、小型空母三隻が見える。みなは上空をにらんだままで、誰もことばを発しようとしない。重く緊張した時が流れていった。

「右一二〇度に大編隊」見張員の張りつめた声が静けさを突き破った。見ると敵機は約一〇〇機、二群に分かれていた。各艦から主砲、高射砲が一斉に火を吐いた。一瞬にしていままでの静寂はやぶられ、百雷をいちどに落としたような轟音にとってかわった。

機銃の息もつかせぬ音、鉄板を絶え間なく叩きつけるような高角砲の音。硝煙、爆裂音、たちまち上空は赤黒い煙でうずまり、敵艦爆がその弾幕の中をつぎつぎに急降下してきた。そして敵機は秋月には目もくれず、瑞鶴の上空から突入し、瑞鶴をねらい射ちしながら投下した爆弾が、艦橋付近に命中したと思ったとき、瑞鶴からの爆音がとどろき、黒白の煙がもうもうとたちこめた。

被弾した瑞鶴だったが、航海には支障はなかった。無数の黒褐色の斑点が空をおおい、高角砲の炸烈、機銃員は機銃の銃把をにぎったまま射ちつづけた。

敵機はいぜんとして傍若無人にふるまい、気が狂いそうな音と閃光。戦いはますます激しくなっていった。指揮官が「射て、射て、射って射って射ちまくれ」と狂ったように叫びつづけていた。敵機は、艦上すれすれまでに突っ込んで、左右に翼をふりながら去っていった。むやみに長い戦闘の時間だった。マリアナ海域は、いままでの壮絶な戦闘とうって変わって、もとの静寂さをとりもどした。結局、敵も味方も決定的なダメージをあたえることも、受けることもなく夜になってしまった。

危険はらむ搭乗員の救助

戦闘開始のとき発艦していった飛行機が母艦の上空に帰ってきたが、大鳳と翔鶴は沈没し、二航戦の飛鷹、隼鷹ともに傷ついているので着艦できなかった。

瑞鶴の上空には、数機の味方機が追いすがって着艦をもとめていた。燃料のきれるのも間近である。戦いに疲れ果てて帰ってきた戦闘機なのに、帰るところがなかったのだ。とくに瑞鶴は直撃弾一個を受けたが、着艦信号もせず、そしらぬ顔であった。しかし、それは薄暮の敵潜水艦からの攻撃をおそれて、灯を出せないためだった。

ついに思いあまったのか、多数の飛行機が秋月の上空にきて着水をもとめた。そのなかの一機が急に機首をさげて着水してしまった。「アッ、危ない」と秋月の乗組員が叫んだときには、もう一機が着水してしまった。きっと燃料がきれてしまったのだろう。

上空にはまだ数十機が助けをもとめていた。私はなんだかやるせない気持になっていた。その時である。艦橋からこのありさまを見ていた艦長の緒方友兄中佐は、艦から命令を発し

軍艦旗の下、訓示をうける翔鶴乗員。艦橋上に二一号対空電探を装備

た。

「機関停止。搭乗員の救助を行なう」その号令に秋月の機関はストップし、敵潜水艦の攻撃もおそれずに、救助のために航行を停止した。

時をうつさず真っ暗な海に向かって、探照灯を照らしはじめた。強力な青白い光を放つ探照灯は、海面を真昼のようにくっきりと照らしだした。

決死の短艇員は、一生懸命に櫂をこいで艦をはなれて、着水した飛行機搭乗員の救助に向かった。探照灯に照らしだされた海面には、もう海中に沈んでいったあとで飛行機の姿はなかった。

そうこうしているうちにまた一機が、暗夜の海面めがけて着水をしてきた。一刻の時間も許せない時だ。搭乗員だけが助けをもとめて泳いでいる。「今いくから待っていろ」短艇員は大声で相手を激励しながら近づいた。

上空には帰る巣を失った艦上機が、空母恋し気な爆音をたてながら、一、二機まだ旋回していた。秋月は、潜水艦の魚雷攻撃を覚悟で停止したまま、救助作業が終わるのを待っていた。そんなときでも見張員は対潜警戒をつづけ、艦内に残っている兵員は手に汗をにぎる思いで救助作業を見守っていた。

やがて、十四人の搭乗員が救助されたが、さすがにその時はみんな喜びに身体をふるわせながら、思わず万歳を叫んだ。

十四人の前に現われた無言の艦長の顔には、あたたかい微笑さえ浮かんでいた。救助が終われば、一秒でも早く出発しなければならなかった。すぐに機関始動の命令が下されて、秋月は静かに波の上をすべりながら、ふたたび暗闇の海に白い航跡を残して進行した。

時はうつって昭和十九年十月二十四日、わが艦隊が米機動部隊によって大打撃をこうむったのは、海戦史上まれにみるレイテ沖海戦であった。この海戦において、わが海軍が世界に誇る巨艦、戦艦大和と同型の武蔵が雲霞（うんか）のごとく攻め寄せる米攻撃機の襲撃をうけ、じつに魚雷二十一発と、十七発の直撃爆弾をうけて、その巨体を南海の海底ふかく沈めたのであった。

そしてマリアナ沖で私を救ってくれた防空駆逐艦の秋月も、昭和十九年十月二十五日午前九時、レイテ沖海戦（エンガノ岬沖海戦）のとき、空母に殺到する魚雷を発見して、空母を助けながら自ら体当たりをして轟沈してしまったのである。

翔鶴雷撃機隊ホーネット撃沈始末記

襲いくる敵機と対空砲火をかいくぐって空母に突入した操縦員の手記

当時「翔鶴」艦攻隊操縦員・海軍少尉　萩原末二

萩原末二少尉

昭和十七年の夏、谷田部海軍航空隊で教員をしていた私は、ミッドウェー海戦の直後、軍艦雲鷹（うんよう）乗組の命をうけて勇躍、呉軍港へ赴任することになった。

雲鷹は商船を改造した小さな航空母艦で、主として訓練と輸送が任務であった。私たちは呉で勢揃いして飛行機を整備し、基地を宇佐海軍航空隊にうつして、艦隊搭乗員としての基礎から、みっちり叩きこまれた。

待望の艦隊生活、それは海軍搭乗員のだれしもが願う憧れのマトであったが、いざ自分が実際に艦隊へ来てみると、はたで見ていたようなわけにはいかなかった。とくに私は教員生活が長かったのと、不勉強がたたってマイナスが大きく、その遅れをとりもどすために人一倍の苦労をしなければならなかった。

宇佐での訓練は、主として黎明と夜間に行なわれた。飛行服を汗にぬらし、埃にまみれての猛訓練がつづいた。九月の終わりになって出港の噂が立ち、十月になると本格的に飛行機を満載して、南洋の基地トラック島に向かって出港した。

トラック島に着くと、私は翔鶴乗組を命ぜられた。翔鶴は第一航空戦隊の旗艦で、司令長官の南雲忠一中将が乗っておられた。艦長は有馬正文大佐、攻撃機隊は隊長が村田重治少佐で、私はその三小隊一番機の操縦員になった。

敵機動部隊見ゆ

十月中旬、艦隊は昭和の天王山といわれたガダルカナル島方面へ出撃することになった。飛行機隊はトラック島の南東一〇〇浬付近で、それぞれの母艦に着艦収容された。日没になると、飛行機を甲板上に出して爆弾や魚雷を積み、燃料を満載した。これで準備は完了だ。

暗夜に乗じて敵地深く突入して、早朝、索敵機を飛ばしたが、目ざす空母はなかなか発見できなかった。待機していた攻撃隊は、そのたびに爆弾や魚雷を全部おろして、飛行機を格納庫におさめねばならない。眼のまわるような忙しさだ。そして日没になるとまた、飛行機を出して待機する。

これを連日のように繰りかえしながら、いよいよ十月二十六日を迎えた。

その朝早くわが索敵機は、みごと宿敵空母の発見に成功したのだ。ところが、待機中の搭乗員はあんがい呑気で、雑誌を読んだり将棋をさしたり、なかにはビールの味を語り合うなど、搭乗員室の雰囲気はいつもと変わってはいなかった。数分後に生死をかけた大海空戦が展開されようとは、だれも考えていなかった。私もその中の一人であった。

ふと搭乗員室を出ようとしたとき、母艦の取舵（とりかじ）を体に感じた。と同時に戦闘ラッパが全艦内に鳴りひびいた。いよいよ戦闘開始だ。

南太平洋海戦時、翔鶴の飛行甲板を発進する九七艦攻隊

この日のために生まれてきたような飛行服の若武者たちが、すばやく飛行甲板に駆け上ってゆく。

拡声器は矢つぎばやに「敵の艦上機見ゆ、二機」「戦闘機即時待機」「攻撃隊整列」とせわしく怒鳴りつづけている。

やがて、直衛戦闘機が発艦をはじめた。つづいて各艦とも、一斉に戦闘機を発艦させている。駆逐艦は煙幕を張り、キリキリ舞いをしているように見える。

鉢巻姿で整列した搭乗員の顔は、みな決死のいろだ。飛行長が海図を持って、艦橋を駆け降りてきた。艦橋下の黒板に空母のマークを二つ書いて、斜めに線を引いた。敵と味方の位置を書いたのだ。白墨で黒板をたたくようにして「敵はここ、味方はここ」といいながら、一五二度と針路を書きくわえた。そして「みんな飛行機に乗れ」といって海図をふりまわした。

それが攻撃隊の出発命令であった。

一秒も猶予はできないのだ。私たちは飛行機の間を走り、くぐりぬけて、それぞれの愛機に駆け上った。

戦闘機の発艦を待ちかねるように、艦爆隊がつぎつぎと発艦して行った。

じりじりと待っていたわれわれ攻撃機隊も、発艦がはじまった。エンジンは快調である。制止索がとかれ、車輪止めもはずされた。スロットルレバーに力を入れ、操縦桿をにぎりしめた。魚雷を積んでの発艦は非常にむずかしいのだ。慎重を期して発艦した。

上空で飛行機隊は一五二度に定針し、高度四千メートルで戦闘機、艦爆、艦攻と、三段構えの体制で進撃した。

ホーネット必死の大回頭

約一時間を経過したころ、母艦から「針路一二五度」と、敵艦の位置を知らせてきた。飛行機隊は左へ変針した。いよいよ敵機動部隊が迫ったのである。

絶好の飛行日和（びより）だ。戦闘機隊はぐんぐん高度を上げた。艦爆隊もそれにならった。艦攻隊は艦爆隊の後下方に位置して、ピタリとついている。

変針して二十分を経過した。そろそろ敵艦が視界に入る時間である。過去二千時間の飛行訓練は、この日のためにあったのだ。

飛行機隊は全機快調、息を殺して見張りをつづけている。私は最後の一瞬に不覚をとらないように、魚雷の投下把柄をみた。そのとき、前続機隊にざわめきがおこった。敵艦隊が発見されたのである。左三十度の方向に、数条の白波が見えた。隊長機から敵発見の電信が発せられ、すぐあとから「ト」連送「突撃隊形つくれ」が発せられた。

緊張がますにつれ、敵の航空母艦がはっきり見えてきた。噂にきいた輪形陣で、母艦を中心にして巡洋艦、駆逐艦が十隻ちかく周囲をとりまき、文字どおり輪形をつくっている。小癪にも、針路がこちらにむかっている。何くそだ。

だが、発艦当時のわが艦隊にくらべると、なんと小面にくいまでに、隊形ががっちりしている。敵も必死だと読めた。昨夜来、日本艦隊の位置を確認していたので、すぐに攻撃隊は発進している。わが飛行機隊の襲撃にそなえて、早くも護衛の戦闘機を上空に配していた。

艦爆隊と戦闘機隊は高度を上げて、敵の真上に襲いかかった。雷撃隊は二手にわかれて高度を下げつつ、包囲の態勢をとった。わが飛行機隊を発見した敵艦隊は、にわかに一八〇度の大変針を行なった。

敵の前上方三十度、絶好の位置にいた飛行機隊は、敵の大変針によって、くるりと後方に引き離されてしまった。後方からでは、雷撃はできない。後方は雷撃隊にとっては、鬼門の方位だ。どうしても、前方から突っ込まなければならない。ドンドン右へ出て、前方へ廻ることにした。指揮官機ともだいぶ離れた。

まもなく敵の艦隊と、ほぼ平行の針路になった。見ると二番機、三番機とも、ガッチリついてきている。敵の母艦はホーネット型である。

強敵グラマンの猛追撃

敵からの方位、一三〇度くらいになったとき、グラマン戦闘機の追撃をうけた。私は、はじめ零戦が掩護にきてくれたものと思った。ところが、零戦ならぬ敵のグラマン戦闘機とは……翼を中途でぶった切ったような、頭のでかい、ずんぐりとした形、色どす黒く、見るからにゴロツキのような敵機だ。

「こいつはいかん！」私は思わず叫んでしまった。こちらは魚雷を抱いている。そのうえ三機の編隊だ。操縦は思うにまかせず、速度を出したくらいでは、とても逃げ切れるものではない。グラマンに追われながら、敵の母艦を追うことになった。

グラマンはまず、三番機に一撃をくわえ、失敗すると二度、三度とくり返し、執拗に三番機をねらっている。

二番機は、速度が速くて前の方へ出てしまった。そのうち三番機が高度を下げはじめ、いつの間にか見失ってしまった。グラマンに喰われたらしい。

あやうく危機を脱して敵艦の上空に達すると、すでに空は砲煙で真っ黒になっている。ど

南太平洋海戦を戦う翔鶴艦上でエンジンを始動、発進準備なった第二次攻撃隊

こから出てきたのかと思われるほど飛行機が入り乱れて、空中戦の渦巻をつくっていた。

敵艦隊の真横になったと思ったころ、突如、グラマンが私の方へ襲いかかってきた。右後方で、すでに射撃を開始している。

間一髪。私は力一杯、横滑りをして照準をはずした。機関銃の弾丸が数条の煙とともに、右の翼端をかすめた。やっとよけ切れたと思ったところへ、にくらしい顔つきの野郎が、ふり返りざま、すぐそばを通り抜けていったと思うと、また切り返してきた。今度は、左後方からだ。私は思いきり力一杯、右横滑りをした。

が、そのとき突然、パパーンと大きな音がした。無念だ。左翼の燃料タンクの中央部に、三つの大穴をあけられた。ものすごい勢いで、ガソリンが吹きはじめた。シマッタ。火がついたらお佗仏である。自爆をするにしても、母艦まではとどかない距離だ。しかし、火がつかないのは不幸中のさいわいだった。

眼前に小山の巨艦

敵機をやっとかわしたところ、ちょうどうまい具合に方位角四十度にきていた。敵進入の好機とばかり、母艦の方に機首を向けて驚いた。グラマンどころの比ではない。敵艦からの一斉射撃である。機銃弾の雨だ。スコールのように射ってくる。

燃料は片翼だけしかないのだから、どうせ帰れっこない、と心をきめると、いくらか落ちついてはきたが、それにしても、この弾丸の中を飛びきれるものだろうか。

敵の駆逐艦がエンジンの下に吸い込まれるように近づいてくる。機関銃の弾丸が、ますます物すごくふりかかってくる。何だか、体が、すごく熱くなってきた。ガソリンタンクが燃えているのかと思った。

高度六十メートルで駆逐艦の艦尾の上をこえた。艦上では、さかんに射撃をしているのが見える。高度二十メートルになったら、弾丸は頭の上を越すようになった。これが、いわゆる弾丸の下というやつか。

敵の母艦はやや左へ回頭をはじめた。千メートルに迫った。高度二十メートル、機速一三〇ノット、方位角は六十度だ。刻々と距離が近づく。八百、六百、五百、四百、息をのんで迫った。

「発射用意」「打て」一瞬、距離三百で魚雷を投下した。グンと軽いショックを感じた。敵の防禦砲火は、いっそう熾烈さをました。

高度を五メートルに下げて、水面を這うようにして飛んだ。ますます激しい弾丸の雨だ。折りから艦爆隊の爆弾が、母艦に命中炸裂した。あまり高度が低いので、飛行機は思うように旋回ができない。翼を傾けられないからだ。わずかに右旋回で、母艦と平行になった。

その時、二番機が火を吹いた。と見るまに、炎とともに海中へ突っ込んでしまった。母艦に体当たりを敢行するつもりだったのだろう、母艦の方へ旋回しながらザブンと、波に激突してしまった。

さきにはグラマンとの戦いで三番機を失い、目のあたりにまた二番機の最後を目撃したときには、自分たちにも死期がせまって、もう時間の問題だと思った。

だが敵空母は、わが魚雷と爆弾に挟撃され、艦も周辺も火柱が立ち、水煙が上がり爆煙につつまれている。

偵察員が電信員に「写真を撮れ」といっている。だが、つぎからつぎと大爆発がつづき、どの爆発が誰のか、さっぱりわからない。

攻撃は終わった。魚雷発射がすんでも、目の前にまだ、外側の巡洋艦と駆逐艦がならんでいる。

まといつく地獄の追っ手

ようやくにして敵の外側陣を突破することができた。だが、まわりに落ちる弾丸の数はいっこうに減らない。飛行機の速度の遅さにあきれる。左の燃料タンクはすでにカラになった。戦闘機の追跡を懸念して、私は針路を九十度右に変針した。

ようやく敵陣をはなれた。一息ついたところで、夢ではないかと驚いた。いま飛び越えてきた輪形陣と、まったく同型の敵艦隊が、目の前にいるではないか。敵の第二陣である。もう魚雷も爆弾も、持っていない。引き返すより他に手はないのだ。あわてて逃げかえった。

そのころ、生き残った味方の飛行機が一機、二機と近寄ってきた。どの飛行機も、ばらばらの小隊の列機である。痛手をうけているものもいるようだ。四機の編隊を組んで帰路についた。

戦いの激しさから、生き残りはただの、この四機だけのように思えた。朝の進撃にくらべて、あまりにもみじめな姿の四機編隊である。

そこへ、またしてもグラマンが出現した。が、なぜか敵は一撃で引き返した。高度を下げ、海面へ突っ込むように逃げながら四対一の空戦がはじまった。

また高度を上げる。五百メートルになったところへ、グラマンがまた来襲した。一難去ってまた一難、今度は五機の編隊である。

結末は、火を見るよりあきらかだ。ついに大難至れり、と観念したとき、偶然にも天の助けの雲があった。

さっそく雲の中へ飛び込んだ。ややしばらくの雲中飛行ではあったが、最大の危険が雲の外に待ちかまえているような気がして、この雲の中に、いつまでもいたいと思った。

敵は母艦の護衛がいそがしくて、去るものは追わずと決めこんだか、さいわいにも雲から出てくるわれわれを待ってはいなかった。

燃料計はついにゼロをさす

刻々と燃料はなくなってくる。なんとか方向だけでも知りたいと思い、洋上をくまなく見張っていると、左の方に母艦が見えてきた。とにかく味方だ。各機、手をたたいてよろこんだ。

駆逐艦の千メートルぐらい手前にきたとき、バッタリとエンジンが止まってしまった。高度は五十メートルである。

海に吸い込まれるように高度が下がりはじめた。脚を引っ込める、フラップを出す、バンドを締めるなど、いろいろの不時着操作を一ペンにやった。満点の着水ができた。

やがて駆逐艦が近づき、救助艇をおろしてくれた。救助艇のそばに、もう一機、艦攻が着水した。かくして私たち六人の者は、第二航空戦隊隼鷹（じゅんよう）の護衛駆逐艦である早潮の救助艇に助けられ、おたがいに無事をよろこびあった。

艦隊は進撃中とのことで、戦場に向かって全速力を出していた。隼鷹からは二次攻撃隊が発進している。飛行機をなくし友と別れた私たちは、駆逐艦早潮の甲板で隼鷹から飛び立つ飛行機を、切ない思いで見送っていた。

翔鶴型空母メカ&パワー実力性能あれこれ

「丸」編集部

翔鶴型空母の水線上の船体構造の大きさを、他の型の空母と比較してみよう。まず公試状態において、吃水線から飛行甲板までの高さをみると、飛龍＝十二・八メートル、翔鶴と瑞鶴＝十四・二メートル、赤城＝二十・七メートル、加賀＝二十・一メートルとなる。

つまり翔鶴型では赤城や加賀の三分の二の高さとなり、飛龍より一・四メートルだけ高い。また翔鶴型のすぐあとに設計された大鳳では、大きく高い煙突が飛行甲板上にそびえ、艦橋構造も煙路の部分をふくめると翔鶴型よりずっと大きくなっているから、巨大さという点では大鳳の方が翔鶴型より強かったと思う。

なぜ、こんなに飛行甲板を低くしたのか。それはもちろん、復原力と操縦性のためである。赤城や加賀は新造時に三層の飛行甲板を雛壇(ひなだん)式に設けて、非常に高い姿となったが、それも当時の大西洋航路の巨艦などの実例を調べて操艦上、けっして困難ではないという自信のもとに決定したものであった。

ただ飛行甲板の高さだけでは、技術的に性能比較のための十分なデータとはならない。そこで吃水がどうか、そして飛行甲板の長さや、その下の格納庫部分の側面の構造物はどうかも比較しなければならない。このために当時、やかましく問題にしたのは、風圧側面積比というものである。

これは吃水線を境として、その上方と下方の艦の正横の側面積の比である。

この値が大きいということは、一般的には重心が高いことを意味するが、もっと根本的に重要なのは、強い風を側方からうけたとき、艦を傾ける力が大きくなり、艦が激しく横揺れするし、いっそう傾斜を大きくして復原性に悪い影響をあたえ、操艦がやりにくくなる。風圧が大きければ、錨や錨鎖を大きく重いものとしなければならないし、繋留、接岸、入出渠作業がやりにくくなる。つまり、あらゆる点で操艦が不便となる。

この風圧側面積比を示すと、飛龍＝一・八、翔鶴と瑞鶴＝一・七、赤城＝二・一、加賀＝二・二である。空母ではわが海軍技術陣は、この値の標準を一・六とおさえていた。つまり赤城や加賀では、すでにその風圧側面積比は、公試状態ですら二・〇以上となっていた。

艦橋はかくて右舷煙突前方に置かれた

瑞鶴と翔鶴とのいちじるしい差をあげれば、その舷側の形にちょっとした違いが見られる。一言でいえば、瑞鶴の船体の方が翔鶴よりも無理のないスマートなものだったといえる。

その理由はこうだ。

赤城の大改装にあたって、航空本部はつぎの新提案をした。それは艦橋（島型構造物）の位置を、それまでよりも後方に移し、できるだけ飛行甲板の中央部にしてほしいという。その理由としては、①着艦には、大した長さはいらない。むしろ発艦時に長さを要する。それは米国式に飛行甲板上に発進機をズラリと並べ、つぎつぎと発艦させる方式にならったせいもある。また滑走発艦では、しだいに艦上機が大型化するので、長い滑走距離がいるせいである。もちろん当時、開発中の空母用カタパルトが完成して装備されたとしても、その必要性はかわらない。ゆえに、②飛行甲板の指導のため、③発艦機の邪魔にならないため、さらに逆着艦をも可能にするため、ぜひ艦橋を中央に置くようにしてくれというのであった。

このため赤城は、改装の直前に実物大の模型艦橋を中央においてテストして、その優秀性をたしかめた。そしてその方針にもとづいて、赤城の改装と飛龍のみは、艦橋を艦の中央に置いたのである。これが加賀および蒼龍との大きな差である。

艦橋を中央におけば、その位置の右舷には煙突があるので、この上に艦橋をかさねて置くわけにはいかない。やむなく艦橋を煙突の反対舷である左舷におくことになる。また艦橋が後退するのは操艦上は不便だが、空母の任務上、航空最重点主義として、操艦上の不利は羅針艦橋を一甲板上にあげて、できるだけ艦の前方に補助艦橋をおいて解決しようとした。

ところが、赤城の改装が完成して大規模な実験をしてみると、艦の中央に、右に煙突（舷方に湾曲）、左に艦橋では、かえって発着艦がやりにくく、また気流もわるいことがわかった。

そのうえ、ますます発達してゆく飛行機の傾向から、かえって着艦甲板の方を長くする必要

珊瑚海海戦で被弾した翔鶴艦橋。艦橋後部の信号用三脚檣の二脚が破壊されている。艦橋後部に九四式高射装置。その下に丸い信号灯と防空指揮所。窓のある羅針艦橋前面に防弾用ロープ

性がみとめられるようになった。なんのことはない、まったく正反対のことがわかったのだ。そして工事のすすんでいる飛龍はどうにもならないが、つぎの翔鶴型からは、もとのように艦橋を右舷の煙突の前方に置いてくれという、痛烈な要求が出たのであった。

時に昭和十三年末、そして急いで設計をあらため技術会議にのせて決定したのが、昭和十四年二月ごろであった。これは大そう大規模な改造となった。このために（艦橋をふたたび煙突前方の右舷にうつす）翔鶴型は、船台上の工程がすすんでいるときに、いわば「敵前十六点回頭」をしたわけであり、結果として排水量一〇〇ト

ンが増し、計画速力が〇・一から〇・二ノット低下した。

さらに上部の構造は、大幅に変更された。そして翔鶴は進水がせまっているので、瑞鶴の方がずっとスマートに改正できたわけだ。

バルバスバウと中心線上の二枚舵

翔鶴型では吃水線の艦首船体が後方へカーブしないで、ずっと真下まで艦底部が伸びている。そして、そこは大きいバルバスバウ（球塊状艦首）となっている。だから水線上の外見からいえば、本艦の艦首は明治大正期のわが主力艦と同じだが、実質的にはそうなった理由は大いに異なり（その目的はまったく同じ）、バルバス艦首の採用のためである。

この特長ある艦型は、ずっと前に発明され、多くの利点がみとめられ、主にドイツで発達し、イタリアも商船軍艦ともに広く採用し、また米海軍もそれほど極端ではないが、同工異曲ともいうべき艦首を、わが伊勢型に対応する戦艦カリフォルニア型いらい採用している。

これは決して珍らしいものではなく、造波抵抗を、この艦型で減少することは十分に知られ、したがって多くの商船や軍艦でその例を見たが、ひとり日本と英国のみ、多年それを採用しなかったのであった。

それは、つねにほぼ同じ吃水、同じトリムで航走する場合なら、造波抵抗を減少するように、球根の形を設計できるのだが、吃水とトリムが大きく変化すると、そのいずれにも適した設計ができないこと。さらに軍艦では、巡航速力と最高速力とがいちじるしく差があり、たとえば三十四ノットのトップスピードの艦も、経済速力はまず十二ノットくらい、そして作戦上の基本となる巡航速力は当時、十八ノットを基準とされていたのだ。

これは進出速度と対潜上の考慮などから定められたもので、これらのいずれとも適するようには、艦首のバルブの形を定めにくい。米国では、遠洋進出の作戦の巡航速力に重きをおき、また、その戦艦のトップスピードは低いから、かなり困難性が少なかったが、英国では世界各地にわたる属領と、作戦予想海面への航行のために巡航速力を重視したので、バルバスバウは採用されなかった。

わが海軍では、第三次補充計画（昭和十六年より）から、おもな艦すなわち戦艦、空母、巡洋艦では多年バルバスバウの採用を不可能とした一原因がのぞかれ、さらに船型学（船体推進抵抗）がいちじるしく進歩し、東京の目黒にある技術研究所の大水槽により、高速にきわめて有利で、かつ巡航速力にもほとんど不利とならない、優秀なバルバスバウの形を発見できたのである。

このため第三次計画では、戦艦大和型とともに空母翔鶴型も初めて、この艦首を採用したのであった。

ついでながら補足すると、バルバスバウ付きのわが軍艦は、戦艦は大和、武蔵。空母は翔鶴、瑞鶴、大鳳、信濃、飛鷹および隼鷹。巡洋艦は大淀、阿賀野型四隻であった。そしてわが海軍のバルバスバウの最初の艦こそ、翔鶴と瑞鶴だったのだ。

つぎに翔鶴型の外見上の特長として、艦尾の舵を挙げねばならない。もちろん海上の本艦を見てもこれはわからないが、入渠すれば外からも見えるから、ここでは、外見上という表現をつかった。

つまり翔鶴型の艦は、わが戦艦や巡洋艦および空母にすでに多くの実例があるように、二枚舵である。ところがその二枚が、横方向に同じ形のものが並列におかれているのではなくて、船体の中心線上に大きい主舵があり、副舵（補助または予備の舵）はその前方に、これまた中心線上にある。つまり大和型とまったく同じ方式であった。

このように、その計画の時期を同じくする巨艦大和型と翔鶴型には、艦型上、多くの酷似点がある。

推進機関すなわち罐と主機械は翔鶴型の方が軽量であるが、罐の力量はほとんど変わらず、つまり一罐につき約二万馬力を発生する。翔鶴型では、この巨大な罐を八基搭載したが、大和型では十二基、つまり推進以外にも大馬力を消費することを意味した。タービン機関は四基、四軸、技術的には非常に似たものであった。もちろん、翔鶴型の方がずっと、軽くできてはいたのだが。

全長二五七・五メートルの長大艦

翔鶴の大きさは、公試状態排水量が計画では二万九八〇〇トンだから、完成したときには、いろいろの改正が行なわれ、また搭載機種が計画当時の九六艦戦系より零式艦戦、九九艦爆、九七艦攻へと変わったし、またつぎつぎと戦訓による改正やら新兵装が追加されたから、計画満載排水量は、約三万二千余トンより、昭和十九年六月（あ号作戦）当時では、千から千五百トンくらい増して、約三万四千トンに近かった。

翔鶴型はこのように優秀かつ当時最大の空母ではあったが、その外見は加賀と赤城（改装後）のような巨大さを感じさせる印象はなく、むしろ、きわめてスマートな、軽快な姿であった。その高さ（飛行甲板までの）は低く、船が長いために細長い母艦という印象である。

加賀や赤城は、まったくの巨艦（巨大なという意味）であって、艦内から仰ぐその飛行甲板までの構造は、巨大なビルを見上げるような感じで、港においても艦隊作業地でも、他の全艦――戦艦や重巡などをまったく威圧していたし、はるか洋上でその姿を見ても、とても巨大なものだと驚くくらいであった。

水平線上に、その上方の船体が見えてから、ぐんぐんと近寄って行くと、やがて付近に重巡や軽巡が見え、さらに近づくにつれて、その随伴駆逐艦が見えてくる。そして桁はずれた巨体は、低くてスマートな翔鶴型とは、まさに著しいコントラストであった。

これを数字でしめすと、艦の吃水線における長さは、赤城が二五〇メートル、加賀が二四〇メートル、そして翔鶴型は赤城とおなじ二五〇メートルであった。なお、信濃は（したがって大和型も）二五六メートルで、つまり翔鶴型は、わが海軍でもっとも長い艦であり、わずかのちに完成した世紀の巨艦といわれる大和型と、ほとんど同じだったのである。

飛行甲板二四二メートル速力三十四ノット

軍艦として、いかなる特殊艦にしろ、背丈の低いほどよいことは言うまでもない。なかには高い艦もあるが、その特殊性あるいは任務上、どうしてもそれだけの高さにしないと居住区、機器、兵器装備が収まらなくなるからである。目的に適し、任務が達成できるからには少しでも低い方がよい。もちろんこれには少し専門的になるが「復原性範囲面」が十分だということを含めてのことである。

まず軍艦の中でもっとも高くなるのは空母である。そして太平洋戦争におけるわが新鋭空母が、いかに低かったか。それは米英空母の写真を見ても、はっきりする。低姿（ローシルエット）はじつにわが空母の一大特長だったのだ。そしてその典型として、翔鶴と瑞鶴をあげることができる。

つぎに飛行甲板の大きさ（長さ×最大幅）であるが、これを比較すると、飛龍＝二一七×二七メートル、翔鶴および瑞鶴＝二四二×二九メートル、赤城および加賀＝二四九×三〇・五メートル、信濃＝二五六×四〇メートルである。信濃がさすが幅が一段と大きいことを除けば、翔鶴型はまず赤城、加賀と大差ない。つぎの大鳳では、ハリケーンバウを採用して艦首の外板を飛行甲板までのばしたから、かえって赤城や加賀より長くなっている。

翔鶴型の搭載機数が赤城や加賀と同じであったこと、補用機を実用機に容易につかえ、かつ飛行甲板と格納庫内の機の移動がずっと容易となったことなどを考えて、翔鶴型の実力がわかる。まして速力三十四ノット余は空母としての最高速度であった。

だが、ここに述べたことは、翔鶴型がローシルエットにもかかわらず、だんぜん大空母だ

発艦した艦上機の尾翼越しに見た瑞鶴。飛行甲板下に３連装機銃３基が見える

というのではない。

同時期の米空母エセックス型の飛行甲板はずっと大きい。その排水量は翔鶴型と同じだが、エセックス型、ことにその後期の多少船体を長くした諸艦では、飛行甲板の長さ幅とも、つまりその面積は信濃と大差ないのだ。そして後のフォレスタル型以後の大空母では、さらに信濃型の二倍くらいとなっている。

翔鶴型の飛行甲板面積は、フランスが完成した基準排水量二万トンのクレマンソー型空母よりも、かなりに少ない。これは搭載機がだんぜん変わったこと、発着艦の方式と装備が一変したこと、さらに大飛行甲板の実現可能となったことなどによるものである。

つぎに翔鶴型の外見上の特長を二、三述べてみよう。

(1)艦首の乾舷が高くなったこと。凌波性を向上するためであり、また居住性の改良、船体強度などにも有利であった。翔鶴型がローシルエットだといったが、それは横方向から眺めたときのことで、艦首の直下で本艦の御紋章を仰ぎ見たり、また艦首の方から中央の方に内火艇を走らせるとき、本艦の大きさをつくづく感じた人が多いだろう。

(2)艦首の側面の形。翔鶴型の艦首の形はその外板の反り(フレアー)が著しいことのほかに、日露戦争中から大正七〜八年ころまでのわが主力艦の特長たるクリッパー形艦首が復活した。

戦艦では長門、巡洋艦では天龍型、また当時の峯風型駆逐艦いらいの伝統ともいえる吃水線のところで傾いた艦首は、本艦では垂直となっており、上部に行くにしたがって、クリッパー式のカーブになって前方へ出ている。

あ号作戦で最強となった機銃陣

翔鶴と瑞鶴は、ともに最有力空母にして緒戦いらい活躍したから、二艦にはいつも同じような改正が行なわれてきた。ことに対空兵装が強化されたが、まずミッドウェー海戦後に、戦訓で多くの改正が行なわれた。

これは誘爆防止装置、格納庫での給油廃止、揚爆弾および揚魚雷筒の防禦強化と、飛行甲板上での爆弾魚雷の取付装置の改良、ガソリンタンク周囲の空所へ海水を張って漏洩ガスの爆発を防止する方法などがそうだ。

さらに消防ポンプの強化、可燃物の制限などがある。そしてもっとも大規模かつ画期的な改正工事は、格納庫内と飛行甲板上のほとんど全体をくまなくカバーして、被爆時、とっさに石鹸水を用いた泡沫水を噴射する、泡沫防火装置の完備である。これは大きな直方区画を石鹸水タンクとし、配管、ポンプおよび噴射装置など、大規模な新設工事であった。

ついで昭和十七年秋、ソロモン水域での戦艦比叡の喪失により、故障舵の引戻し装置、応急操舵装置および流し舵（応急舵）の新設などが行なわれた。

この間、機銃は強化され、ことに昭和十九年初めに、二五ミリ単装機銃の量産が実現するや、かなりの機銃が増備された。そして同時に移動式の二五ミリ単装機銃を約五十梃、この二艦に増備したのであった。固定装備分とは、別にである。

この機銃には橇（そり）をつけ、平素は格納庫内の隅に固縛しておく。飛行機隊が発進すると庫内は空き、ついで飛行甲板が空く。戦訓によると、自艦の飛行機が発進してから敵の空襲を受けることが多い。だから庫内と飛行甲板がガラ空きとなると、数百名の整備員と主計兵や手空きの係員は、号令一下、ワァーッと庫内より機銃を引き出し、エレベーターに乗せて飛行甲板へ上げ、橇をひきずって、甲板上のいたるところにある飛行機繋止用のリングを利用して、銃をここに固定する。

敵機がくれば、艦の固有の高角砲と機銃にくわえて、この数十梃の単装機銃が飛行甲板上一面から火を吹く。ものすごい火力だ。その操作はすべて整備兵や、他の戦闘配置にない者の担当とされた。これは二艦に実施したものの、実戦では活用されなかったようだ。

レーダー、ソナーの新設も特筆に価する。レーダーはまず艦橋上に二一号が設けられ、ついで第二の二一号を飛行甲板上の隠顕式探照灯台を利用して装備した。すでに探照灯は、以前ほど使用の機会がなくなったから、そのなかの一基を廃止して、これに二一号レーダーを装備した。これもなんと名案ではないか。ついで、一三号レーダーも設けられた。

機銃は、あ号作戦後にさらに増備されて、二五ミリ三連装および単装が合計九十六梃となった。これは呉を出撃時の数だから、外地でさらに設けたものは含まれていない。

敵機をにらむロケット砲

瑞鶴が、あ号作戦より帰投してから呉を出港するまでの短期間に、たいそうな工事が行なわれている。哨信儀（赤外線敵味方識別装置）や機銃以外に、そのとき出来あがったばかりの新兵器である一二センチ・ロケット砲（二十八連装）六基が新設され、対空威力を飛躍的に増し、かつ徹底的な水密工事が行なわれた。

これは、あ号作戦より帰った機動艦隊の全艦に行なわれたものだが、ことに空母では徹底的だった。主なものを列挙すると次のようになる。

(1)吃水線下の水防区画の水密を完全化するため、常時出入りする倉庫などは上方へうつす。

(2)軽質油タンクの約半数を使用しないこととし、これを完全に排気してガスを除いたうえで密閉する。

(3)一切の可燃物を撤去する。

(4)電気部分（スイッチ等）のスパークが出ないようにし、軽質油管の通っている区画内のスイッチを、その反対側の隔壁裏面へうつす。
(5)軽質油管や、電気系はそれに防弾板の覆いを設ける。
(6)居住は、多年の伝統と習慣をとりやめ、士官も兵員も食卓、チェストなどを陸揚げし、鋼板の床上にも毛布などを敷いて居住し、食事も原則としてこの上で座って行なう。
(7)木材はもちろん、リノリュウム、さらに防火塗料すらもとりのぞく。
(8)水線下の各タンクなどの配管は、それが応急時に使用しないものは、これを撤去して甲板貫通部を溶接してふさぐ。なお舷窓の大部分はすでに、昭和十八年夏までにはふさがれていた。
(9)大鳳で致命傷となった軽質油タンクは、瑞鶴は後部のものの使用を廃止し、前部タンクのみを使用し、この部の魚雷防禦をいちだんと強化する。——といっても、いまさら甲鉄を厚くすることもできないので、思い切ってこの部の外板の外側に部分的の小さいバルジを設け、バルジの中にセメントを流し込んだ。

つまり瑞鶴のみは、水線下の外舷がなめらかでなくなったのだ。こんな例はまず、東西古今にないのではなかろうか。だが、この成果は明らかであった。翔鶴にくらべて、比島沖で瑞鶴が沈んだときには、火災の発生は極減した。

翔鶴は炎々たる大火災だったが、瑞鶴は七本もの魚雷、多くの爆弾の損傷を受けながら、よくなお運動して遂に航行不能となり、かなりの時間を経てから姿を没したのである。

しかし、なんと長く生きながらえたことであろう。なぜもっと早く、このような手段をわが全空母に行なわなかったのか。

もし緒戦期に施行しておれば、ミッドウェーでは、わが空母は一隻も沈まず、つまりこの海戦もまた、空母喪失の零対一でわれの勝利に帰し、損傷した四空母は二〜三ヵ月以内で復旧しえたであろう。そして、ソロモンの危機には、われは全空母九隻を使用できたであろうし、いなもっと根本的には、敵はだんぜん有力なるわが空母陣を相手として、ガ島への揚陸など、とうてい行なえたものではなかったろう。

にっぽん空母〝搭載機の格納法〟早わかり

空母艦内の最大スペース格納庫やエレベーター等マル秘部分公開

元「大鳳」在第一機動艦隊司令部付・海軍技術大佐　塩山策一
元「大鳳」乗組六〇一空魚雷分隊員・海軍二等兵曹　堀豊太郎

航空母艦は第二次大戦の劈頭(へきとう)、ハワイ空襲で相手の虚を突いたとはいえ、万里の波濤を乗りこえて空前の戦果をあげ、一挙に海戦の花形としてデビューした。しかし、大艦巨砲主義を墨守(ぼくしゅ)していた日本海軍は、相変わらず戦艦の建造につとめ、その間に航空兵力の整備に全力をそそいだ米海軍に、ミッドウェーで大敗を喫し、たちまち攻守ところを変えたことは、周知のとおりである。

ともあれ、日本が飛行機を船につんで使う計画に手をそめたのは、大正二年にさかのぼる。運送船若宮丸に飛行機揚収用クレーンを装備し、水上飛行機二機を甲板上に搭載し、さらに二機を船倉内に分解して格納した。なお、甲板上の二機は、風雨をさけるために天幕でおおった。これが仮設格納庫付の船のはしりであった。

この若宮丸は第一次大戦中、膠州湾に出撃して、水上機を海面におろして発進させ、敵状の偵察や爆撃などに偉功をたてた。この成功に勢いづけられて、能登呂(のとろ)や神威(かもい)などのタンカーが水上機を搭載したが、これらは天幕のかわりに蔽い甲板を設けた。天井だけのハンガー（格納庫）といえる。

これより先、英国は巡洋戦艦フューリアスの主砲を撤去して飛行甲板を設け、発着艦装置やエレベーターの開発につとめた。日本も航空のベテランを英米におくり、主として英国の実状を調査させた。そして、その研究にもとづいた初の本格的な航空母艦鳳翔(ほうしょう)を建造したのである。本艦は一万トン弱の小形空母で、速力も二十五ノットと低速であったが、発着甲板とハンガー（格納庫）をそなえ、使用実験をつみかさねることができた。

鳳翔の姉妹艦として建造される計画であった翔鶴は、ワシントン会議の結果、建造とりやめとなった。しかし当時、建造工程がすすんでいた巡洋艦天城と赤城は、改装して空母としての保有がみとめられることになった。

鳳翔のハンガーは一段で、その天井を発着甲板とし、この上の右舷に艦橋を立て、その後方に煙突三本を起倒式に設けた。飛行作業のときはこれを倒して、下向きに煙を出す計画であった。エレベーター（昇降機／リフト）は前後に各一基とした。しかし、実用の結果、発着甲板が艦橋でせばめられ、発着艦が不具合なので、艦橋をハンガー前端の発着甲板直下に、両舷全通としてうつすことになった。また煙突は固定式で差しつかえないことになった。

赤城は鳳翔の実績に英国の研究成果を加味して、飛行甲板を三段とした。その最上段は長さ約一七〇メートルで発着艦兼用とし、その前端から中段、さらに下段の甲板を前部にのばして、それぞれ小型機、大型機の出発専用の甲板とした。ハンガーは三段とし、上段のハンガーには側板を張らず、開放式の戦時格納庫とした。なにぶんにも赤城は大型の空母で問題も多く、昭和十年の大改装で、発着甲板を前部までのばし、上段格納庫の開放式を鋼板張りとした。艦橋は島型として左舷中央に移し、エレベーターを三台にふやした。

赤城とならんで改装されるはずであった天城は、横須賀工廠で工事中であった。しかし関東大震災が発生し、船台の破損により船体が曲がり、スクラップとなってしまった。代わって、戦艦加賀を空母に改装することに変更された。加賀の赤城と異なる主な点は、艦橋を右舷としたこと、煙突を艦尾にみちびいたこと、発着甲板上の拘束索を縦張りから横張りにしたことなどである。

実戦に即して変化した飛行機の並べ方

その後、上記各艦の実績をとりいれて制式空母龍驤、蒼龍、飛龍、翔鶴、瑞鶴、大鳳が建造された。これら各艦は、ハンガー（格納庫）はすべて二段で、エレベーターは蒼龍、飛龍、翔鶴、瑞鶴が前中後の三基で、その他は二基であった。ハンガーの外側の前後につうじる通路は、龍驤のみが舷外で、その後はすべて艦内にとりこめられるようになった。

発着甲板の長さは、赤城、加賀の改装後は、各艦ともほとんど艦の全長に近いものとなった。またハンガーの寸法も艤装上、ゆるす範囲で最大のものとなった。

ちなみに飛龍の場合、上部一～三番、下部一～三番格納庫があるが、最大の上部一番格納庫は長さ約四十七メートル、最小の下部一番格納庫が約十八メートルぐらいである。幅は艦

「飛龍」艦内側面図

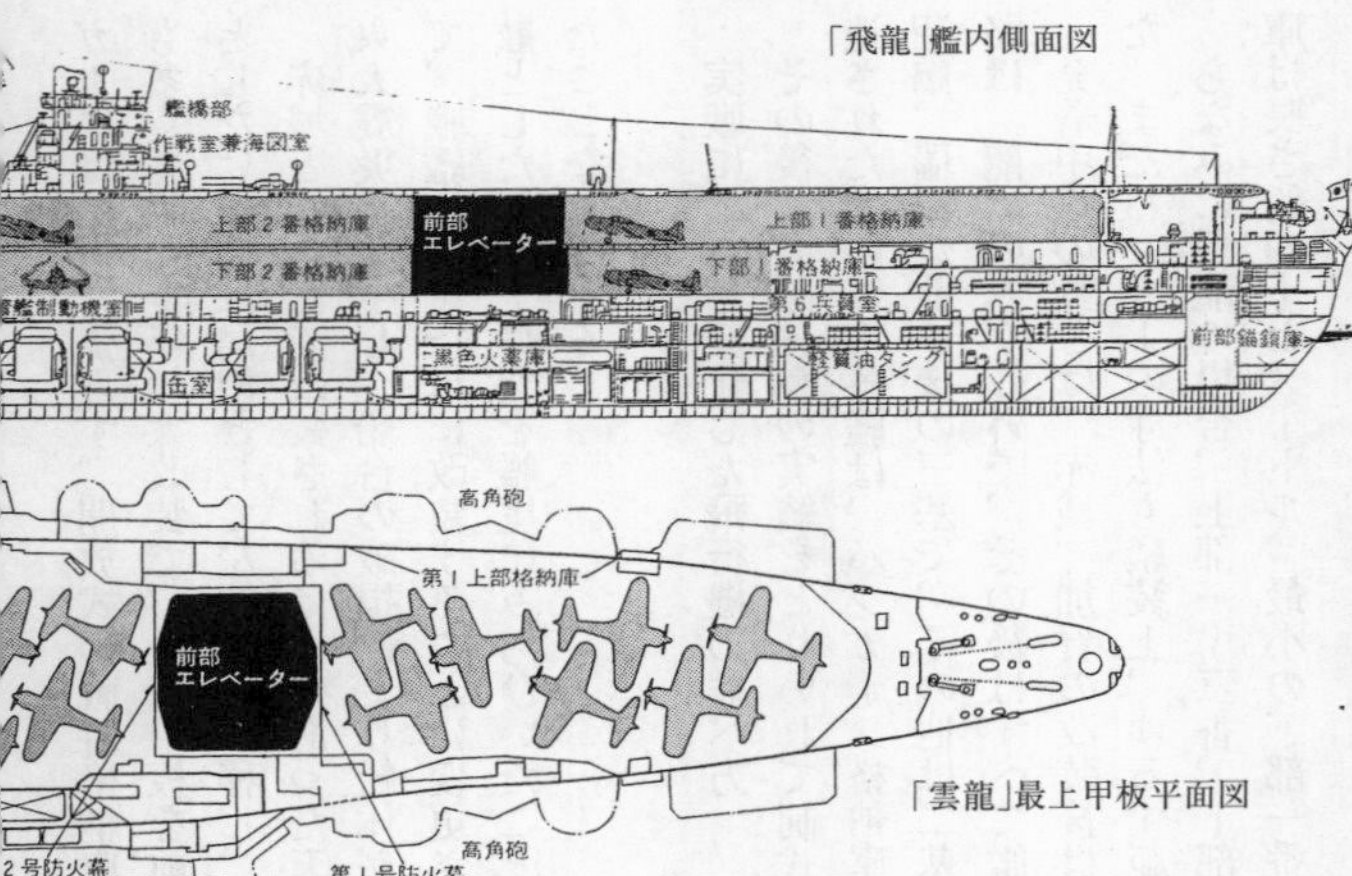

「雲龍」最上甲板平面図

の中央部あたりで約十八メートルぐらいである。(図参照)

空母に搭載する飛行機は日進月歩で、ことに戦時中はめまぐるしく変わった。空母計画中の最初の段階での優秀機も、建造中に旧式となってしまう。

実戦部隊の要望に応えて、ハンガー内の飛行機の配置を変えねばならない。大型機を採用すれば、とうぜん機数を減らさねばならない。また、エレベーター(昇降機／リフト)をはみ出すもの、天井につかえるものは積めない。

また、エレベーターの寸法は、計画搭載機種がちがうので、各艦によって異なっている。じっさいに就役した艦のなかの最大のものは、大鳳の長さ十四メートル、幅十四メートルである。形状は正方形ではなく、その他の艦でもかならずしも同一寸法、同

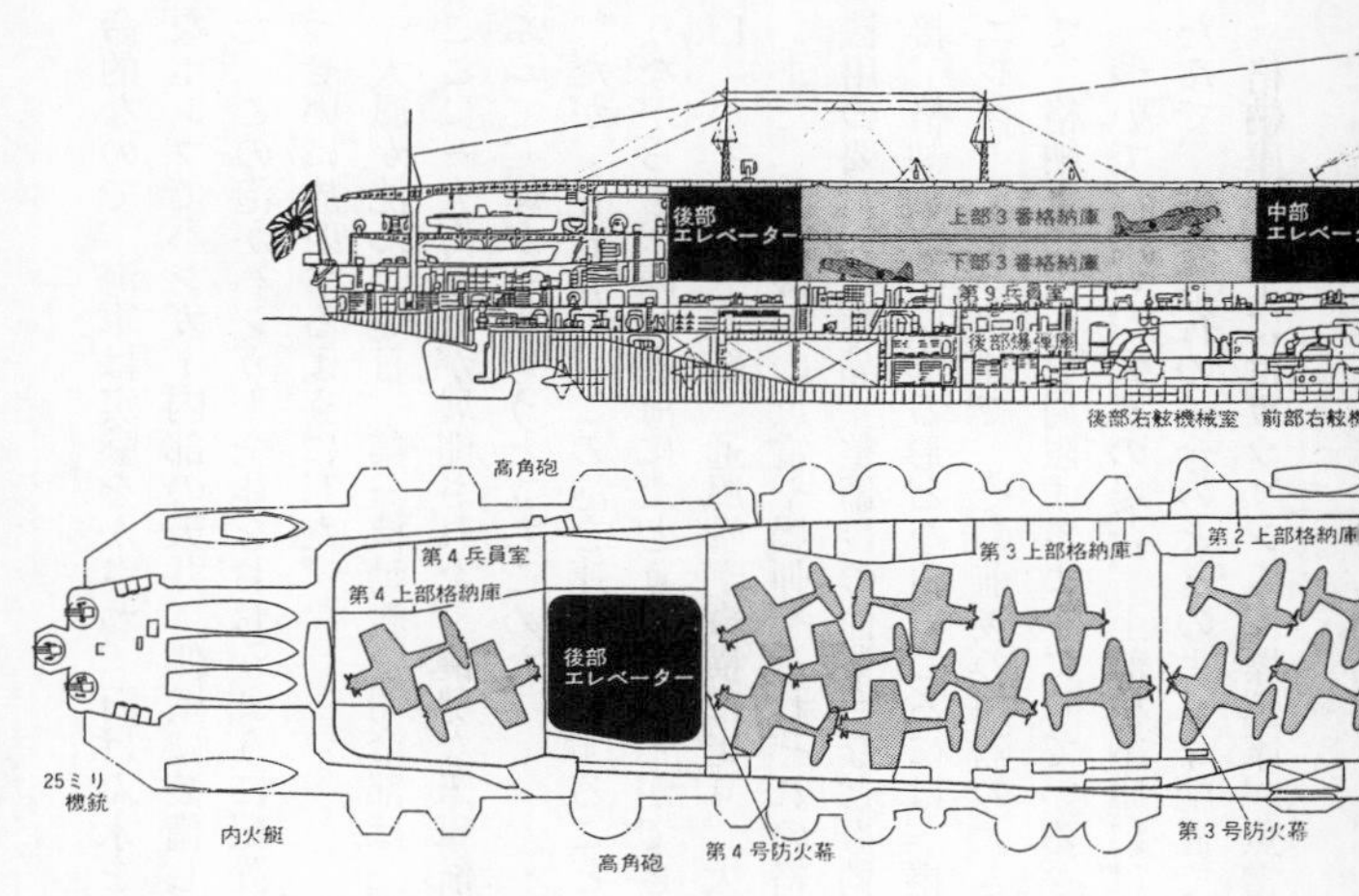

形状ではなかった。（図参照）

ハンガー（格納庫）の構造は、初期の艦では内部で爆発が起こった場合、側壁が吹きとんで艦内の重要部分に損害をおよぼさぬように、骨組を頑丈にして板を薄くし、ちょうど障子のようなものにする考えがあった。

しかし実際には、甲板をも吹きとばして発着艦ができなくなるので、側壁も厚くて丈夫なものにした。さらにハンガー内の飛行機を爆撃や銃撃から護るため、飛行甲板に防御甲鈑を張ることにした。

このように、甲板に重防御をほどこした大鳳も、水線下のガソリンタンクに魚雷が命中して、ガソリンが艦内に充満し、大爆発を起こした。防御甲板はもり上がり、全艦が火の海となって、ついに沈没した。

このガソリンの爆発は、空母にとって致

命的なので、海軍は実験をかさね、石けん水をタンク内に溜めておき、必要のときは、強力なポンプでハンガー内部の天井、側壁に装備した噴射口からこの泡を吹き出させるようにした。この泡がハンガー全体をおおうように配置し、これをハンガー内の防火管制所から、いっせいに放射するようにした。

大鳳が沈んだ翌日、第一機動艦隊司令部は二番艦の瑞鶴に将旗をうつして全艦隊を指揮し、ここに一大海空戦が展開された。優勢な米軍航空部隊の襲撃により、瑞鶴のハンガーもくすぶって、煙がもうもうと立ちこめた。

だが、さいわい、この泡を連続放射することによって消火に成功し、艦内は水びたしになりながらも、瀬戸内海にたどりつくことができた。ハンガーの天井と側壁には、これら噴射口、パイプ類、電線、通風管が縦横に走り、大型の探照灯が装備されている。

また、飛行機用の魚雷や爆弾をそれぞれの格納庫から運び上げる捲揚筒が設けられ、飛行機用の要具、予備品、整備員の作業台なども備えつけられている。エレベーターの前後が直接、格納庫に開口する形となるところには、捲込式の防火鎧扉を設けている。大鳳のようにエレベーターが二基で、その前後の間隔の大きいものには、途中に鎧扉または防火幕を設けて、格納庫の火災を局限するようにしている。

ついでながら、大鳳の場合、上部格納庫には戦闘機が、下部格納庫には艦攻艦爆が翼をたたんで、編隊飛行の場合のときのような配置で並べられていた。

格納庫の地下にはガソリン庫、爆弾庫、魚雷庫などがあり、一二〇本くらいの九一式改二魚雷が収納してあってリフトで引き揚げられた。

英国では、毎年八月の一週間を海軍週間として、各工廠と在泊の主な軍艦を公開して、軍事普及につとめていた。筆者はロンドン在勤中にこれを見学に出かけたが、各艦ともいずれも見学通路が定まっており、重要なものにはカバーがしてあって、機密保持には留意していた。

空母のハンガー内にティーショップが設けられて、発着甲板からエレベーターで見学者を運んでいた。エレベーターの速度は、日本のものと大差なく、またハンガー内には、とくに目新しいものはなかったようである。

格納庫と飛行機とエレベーターの三者は、密接な関係にあるわけだが、飛行機が着艦すると、待ちかまえていた受持ちの整備員がとび出してきて、パイロットから事故の有無を聞き、故障個所があれば、翌朝の出撃に間に合うように整備しなければならない。飛行機はエレベーターでハンガーに降ろされ、所定の位置に繋止される。機の整備もここで行なわれることは言うまでもない。

装甲なき〝改造空母〟建造うらばな史

条約制限下の保有量を補うべく出現した改造プランの背景と実情

元第三艦隊参謀・海軍大佐　末國正雄

古い時代の軍船は帆前船であり、攻撃兵器は大砲であった。それがやがて半分は帆走であったが、半分は蒸気船に発達すると水雷兵器が出現して、攻撃兵器は大砲と水雷の両方を装備するようになり、逐次発達して近代化した軍艦となった。水雷が出現するとこれを主兵器とする水雷艇が出現し、またもや発達して駆逐艦となった。

第一次世界大戦の初期に飛行機が出現して軍用に使用されるようになり、その母艦が必要となってきた。しかし、初期に海軍が使用した飛行機は、水上機であった。日本海軍は若宮丸という商船を改造し、水上機搭載を可能な船、すなわち水上機母艦として日独戦争の青島攻略戦に使用した。これが日本海軍における航空母艦の最初の艦であった。しかしこの艦は水上機の母艦であって、後年にいたって出現した陸上機の発着艦が可能な航空母艦とは、ま

末國正雄大佐

ったく異質の軍艦である。

水上機の発着は海上の波が静かであるという条件がともない、いつでもどこでも使用可能というものではない。軍用となれば、随時必要に応じて使用可能というものでなければ使用価値が減少する。また水上機は性能上攻撃には難点があるため、海上戦闘において軽快で攻撃に適する陸上機の利用が要求されてきた。そこで発想され出現したのが、洋上で飛行機の発艦、着艦が可能な航空母艦という従来の軍艦とはまったく型の異なった軍艦が生まれたのである。

航空機は後発の兵器であり、その母艦となる軍艦は後発の艦種である。したがって、その発達初期にはまったく幼稚なものであった。英国は第一次世界大戦の中期以後に、商船を改造して航空母艦とした軍艦を使用した。

日本海軍は八八艦隊建設途上の八六艦隊完成案の予算のうちに、特務艦として仮称艦名「龍飛」と称する航空母艦建造を計画した。この艦は大正八年十二月十六日起工したが、建造工事中の大正十年十月十三日に軍艦にあらため、大正十一年十二月二十七日に竣工し、航空母艦鳳翔（ほうしょう）となった。日本海軍が建造した航空母艦の第一号艦であった。

しかし当時は、はたして陸上機がこの艦に着艦しうるかいなか、まったく未経験のもので、着艦することは懸賞ものであった。だが吉良俊一大尉（鳳翔航空長）やそのほかの操縦技術のすぐれた飛行将校の必死で、勇敢な決断によって着艦実験に成功し、以後発艦、着艦の試験をくりかえし、航空母艦の価値を認識するにいたった。

この当時においては、まだ商船を改造して航空母艦とする着想はなかった。大正九年の八八艦隊完成案の予算のなかに航空母艦翔鶴（しょうかく）（二代）ほか一隻の建造計画があったが、大正十一年二月に締結したワシントン海軍軍備制限条約により立ちぎえとなり、建造は実現しなかった。その代艦として若干の装甲防備を有する赤城と加賀が生まれることになった。

脆弱性と保有隻数の基本方針

航空母艦は極言すれば箱船のようなもので、なんらの装甲防禦のないのが通例であり、きわめて脆弱な艦である。したがって一発の爆弾を受ければたちまち飛行機の発着能力をうしない、航空母艦としての戦闘力を喪失する公算の大なる艦種である。そのため海上航空戦においては、航空母艦相互が刺し合うかたちとなる公算がもっとも大である。したがって海上航空戦で一隻の航空母艦が生き残った艦隊は、絶対優勢となるのが通例である。

このような思想を背景として、日本海軍は対米作戦上の軍備計画において、航空母艦の保有隻数は最小限同数隻主義を基本方針とした。しかしワシントン海軍軍備制限条約において日本海軍が保有できる航空母艦の量は、米英の保有するそれぞれの量にたいし、保有比率を五・五・三とし、一隻の最大トン数を二万七千トン以下と定め、合計総トン数を日本は八万一千トン（三隻）、米国は十三万五千トン（五隻）、英国は米国と同数と定めた。すなわち日本は、米国にたいし二隻の劣勢、総量において五万四千トンの劣勢である。これによって日本の企図する航空母艦保有隻数の同数主義の実行は、もはや成りたたないことになった。

竣工当時の鳳翔。島型艦橋、探照灯や見張所のある三脚檣、艦橋前の起倒式揚収クレーン。起倒式3本煙突に昇降機2基。艦橋は大正13年に撤去、煙突は昭和11年に固定湾曲突出式に改造

しかし航空母艦の建造保有に関し特例をもうけ、条約会議の開始日当日に現に保有する航空母艦は試験的な艦とみなし、保有総トン数の範囲内において保有を認め、また廃棄すべき主力艦のうち二隻を利用し、一機のトン数三万三千トン以下の航空母艦に改造して保有できると規定した。日本はこの規定を適用して、すでに特務艦して建造工事中であった仮称艦名の「龍飛」を軍艦にあらため、名も航空母艦鳳翔とし八八艦隊完成案に計画していた翔鶴(二代)ほか一隻の航空母艦建造をとりやめ、防禦設備のある高速の巡洋戦艦赤城と天城を航空母艦に改造することにした。

しかし大正十二年九月一日の関東地方をおそった大地震により、天城は造

船船台上で損傷したため、戦艦加賀を代艦として改造した。だが鳳翔、赤城、加賀の三隻の合計トン数は、条約制限総トン数以内であり、なお余裕があるのでこれらの航空母艦使用の実績をみて、さらに改良した性能のよい航空母艦を後日に建造する予定であった。

昭和五年のロンドン条約において航空母艦の定義と制限をさだめ、ワシントン条約で航空母艦は一万トン以下と謳っていた定めを改めて、トン数にかかわりないものとし、合計総トン数にふくめることに規定した。

また昭和二年度補充計画において、水上機母艦若宮の代艦として水上機母艦の名義で建造したのが、航空母艦の龍驤である。

そののち軍縮条約制限下の時代にあっては、航空母艦の保有制限があるため水上機母艦または潜水母艦あるいは給油艦として建造し、戦時には直ちに短期間に航空母艦に改装できるように建造計画の当初からあらかじめ設計した艦を建造し、航空母艦の劣勢を補う方策を講じた。これに該当する艦が潜水母艦の大鯨（後の空母龍鳳）、給油艦の高崎（後の瑞鳳）、剣埼（後の祥鳳）、水上機母艦の千歳（後の空母千歳）、千代田（後の空母千代田）である。

商船改造空母の発想と実施

海軍が多数の正規の航空母艦を建造保有することは、やがて航空母艦建造競争を誘発することになり、軍備計画のうえから多額の経費を要し、資源や財政力が豊かでない日本にとっては、航空母艦建造競争の激化は好ましくなかった。このため基礎となる正規航空母艦を平

特設空母第一号の大鷹。昭和16年８月末に改装工事完成、春日丸として就役し一年後に大鷹と命名された。右舷中部の煙突脇に起倒式飛行機搭載用クレーン。低速のため遮風柵はなかった

時には適度の数を保有し、有事には急速にこれを増勢する潜在力を平時から保有する必要が生じてきた。このため軍備制限条約下の時代には、前述のようにほかの艦種として建造保有し、戦時には急速にこれを航空母艦とする方策を講じた。

軍備制限無条約時代となると航空母艦建造競争が激化し、米国のあいつぐ海軍拡充計画で有力な航空母艦を多数建造しているとの情報を入手した日本海軍は、これまでの航空母艦保有隻数を同数主義とするという方針は維持できなくなって、軍備方針の修正を余儀なくされた。そこで着想したのが潜在力の涵養（かんよう）保有であり、他の一面では量の劣勢不足を質の優でおぎなわんとして、大鳳型の若干の装甲防御をほどこした航空母艦を建造した。しかし、これは一隻だけにとどまったため顕著な実績はあげえなかった。

航空母艦の具備すべき要件の第一は、速力が大であることだ。洋上で飛行機を発着するためには艦が風に向かって航走し、飛行甲板上におこる合成風速が当時の性能

の飛行機使用において最小限十五メートル以上必要であった。このため海上が無風のときには最小限三十ノットは必要である。そこで高速の商船を選定する必要があった。

第二の要件は、飛行機を格納するために甲板と甲板とのあいだの高さが当時の飛行機の高さより大であること、第三の要件は多数の飛行機を格納する容積があることである。

最小限この三つの条件を具備する船を選ぶことになるのであるが、その選定に二つの方法がある。その一つは、既成の商船から選定する。他の一つは、商船建造の当初から設計の段階であるていどの要件をおりこんで建造するものであった。

日本政府は、こうした海軍の要望をとりいれた施策を実施し、建造助成金を交付して優秀高速の商船の建造を奨励した。昭和十二年発足のこの第二次助成施策で建造した商船のうち、のちに航空母艦に改造した船は、日本郵船株式会社の新田丸、八幡丸、春日丸、大阪商船株式会社のあるぜんちな丸の四隻があった。

また昭和十三年に実施したこの助成制度は、北米のサンフランシスコ航路に使用する速力二十四ノット以上、二万六千トン以上の大型高速優秀船の建造二隻であり、計画の当初から有事には海軍の特設航空母艦とする改造をもくろんで船体、機関馬力を設計したものである。この二隻は、管理および使用法の制限があったため、米内光政海軍大臣の説得で日本郵船株式会社に所有させた橿原丸と出雲丸であった。

戦争となれば、海軍の平時保有兵力だけでは戦争遂行の兵力が不足するため、民間所有の船舶を多数徴用してこれを海軍の手で改造して、特設艦船として戦列にくわえるのである。

これが作戦計画に付属する戦時編制である。この戦時編制のなかに戦時に急造の航空母艦がふくまれている。この戦時編制を実施するため海軍は、毎年、年度出師準備計画を策定するのである。

出師準備計画は、海軍の各部、部隊、艦隊を平時状態から戦時状態へ手順よく移行する計画であって、潜在兵力を現実の兵力化する計画がおもな項目となっている。特設航空母艦に改造する商船として出師準備計画で、欧州航路に就航していた浅間丸級三隻を予定し、改造用資材を準備していたが、進歩発達した飛行機の収容格納に適しないことが判明し、浅間丸級の三隻は特設航空母艦にはしなかった。

昭和九年の第二次海軍補充計画で蒼龍、飛龍の二隻の航空母艦を建造し、軍縮無条約時代となった第一年目の昭和十二年度海軍補充計画で翔鶴、瑞鶴の二隻の航空母艦を建造し、逐次に航空母艦の増勢をおこなったが、なお対米比率ではおよばなかった。

支那事変の発生や第二次欧州戦争勃発ののち海軍戦備促進が逐次にすすめられ、昭和十五年十一月に第一次船舶大量徴用がおこなわれ、出師準備第一着作業に着手したとき、海軍は建造工事中で未完成の春日丸（十六年五月買収）、橿原丸（十六年二月買収）、出雲丸（十六年二月買収）の三隻を買収して特設航空母艦への改造に着手し、航空母艦急速増勢にふみきった。これが商船改造航空母艦の第一回であった。

春日丸は改造工事が竣工したのち春日丸の艦名で就役したが、のちに軍艦籍に入り、大鷹と改名された。橿原丸は竣工ののち正規航空母艦として隼鷹と命名され、ただちに戦列に加わった。出雲丸は竣工ののち飛鷹と命名され、隼鷹とともに戦列にくわわった。

期待はずれに終わった改造

海軍艦政本部は、ミッドウェー海戦で日本海軍が赤城、加賀、蒼龍、飛龍の主力航空母艦四隻を一挙に失った報を知ると、ただちに独自に航空母艦緊急増勢計画をたて海軍大臣の決裁をえて、昭和十七年六月三十日に発動着工した。

その計画は、高速優秀商船四隻の改造と新造航空母艦の建造および既成軍艦の改造であった。改造すべき商船として選定した船は、八幡丸（改造完成後の雲鷹）、新田丸（竣工後の冲鷹）、あるぜんちな丸（竣工後の海鷹）、ドイツ商船シャルンホルスト（竣工後の神鷹）であった。シャルンホルストは開戦時、神戸に停泊中で本国へ帰ることができず、日本海軍がドイツから譲渡を受けた船である。

既成艦の改造は水上機母艦の千歳（ちとせ）、千代田の二隻であり、べつに戦艦伊勢と日向を改装して飛行機多数を搭載する通称航空戦艦とした。しかしこの二隻の航空戦艦は、攻撃機を射出機で発艦させるだけで着艦はできない艦であった。

隼鷹と飛鷹は直接戦列にくわわり、航空作戦に参加した。春日丸は一時航空戦隊に編入され作戦に従事したが、着艦訓練艦または航空機輸送に使用された。そのほかの四隻は一時海上護衛総司令部付属に編入、飛行機を搭載して任務に従事したことがあるが、主として飛行機の輸送任務に従事し、航空作戦に従事する機会はなかった。それは搭載機数の少ないことと速力が比較的低いためであった。

商船改造航空母艦は合計七隻となったが、建造計画の当初から改造を予定して設計した大型優秀船だけがかろうじて期待にそう航空母艦兵力として戦列加入ができたが、そのほかの商船改造航空母艦五隻は、商船としては高速船の部類であったが戦闘用航空母艦としては速力が不足であり、かつ船体自体も型が小さく飛行甲板の長さ、幅ともにやや不十分で、飛行機の発着に困難がともなうため、情況変化の激しい海上航空戦には使いがたい存在となり、航空母艦の潜在兵力として予期されたほどの効果はあげえなかったうらみがある。

一方、水上機母艦は艦上機航空母艦のように洋上で任意随時に使用するものではなく、かつまた飛行機を着艦させるものではないので、比較的高速の貨物商船を若干改造するだけで水上機母艦とすることが可能である。日本海軍は初期には若宮丸を改造して水上機母艦とし、航空母艦と称していた。そののち給油艦の神威(かもい)と能登呂(のとろ)を水上機母艦として使用し、水上機母艦専用として千歳と千代田を建造したが、この二隻は有事には艦上機用航空母艦に改造を予定したものであった。

ついで商船を徴用して若干の改造を加え、水上機母艦として使用した。昭和十二年七月七日、北支事変（のちに支那事変に発展）が発生して以後、商船を徴用して水上機母艦とした船は神川丸、香久丸、衣笠丸、富士川丸、山陽丸、讃岐丸、相良丸、聖川丸、君川丸、国川丸である。

これらの水上機母艦を組み合わせて航空戦隊を編成し、艦隊に付属して作戦に従事した。

編成した航空戦隊は第三航空戦隊、第四航空戦隊、第六航空戦隊、第十二航空戦隊、第七航空戦隊、第十一航空戦隊である。また艦隊付属水上機母艦として作戦に従事した艦があり、その多くは商船改造の特設水上機母艦であった。

天翔ける空母「鳳翔」の戦歴

世界の空母第一号

元「鳳翔」艦長・海軍少将　梅谷　薫

私が鳳翔(ほうしょう)の艦長を拝命したのは、昭和十六年の初秋のころ。それまで千歳航空隊の全力、九六陸攻と艦上戦闘機隊をひきい、南洋展開訓練から千歳にかえったときのことである。母艦転任はさすがにうれしく、千歳空をゆずる大橋富士郎大佐の着任が待ち切れぬほどだった。

鳳翔といえばずいぶん古い艦で、当時の第一線母艦機を着艦させるには、そろそろその性能の限界に達していた。

着速のはやい単葉機をおろすには着甲板が狭すぎて、熟練した操縦者でないと、安心して見ておれない。たいへん面倒な手続きをやらぬと、リフトから格納庫におろせないし、格納機数も僅少だ。けれども甲板繋止で発艦、着陸を基地とからませれば、かなりの小型機は積めたはずである。

着任してみると、搭載機は複葉の艦攻六機で、これは拘束装置を嚙まなくても、着甲板の半ばに行きつかぬうちに止まってしまうような便利な飛行機。また艦隊中、いちばん低速な飛行機であった。この条件は対潜哨戒機として必須の条件で、前者はどんな天候でも気軽においそれと命令が出せ、信号が終わらぬうちに、艦は風に立ち、風に立つか立たぬかにブーンと飛び出せることである。後者は近来ヘリコプターによって代行される傾向のある通り、垂直に近い高みから透視すると、おそるべき深度まで、とくに海水清澄な南洋では、速力を落として、ひそんだ潜水艦でも発見してしまう。

艦艇の水中聴音機も、効果的な対潜探知機だったけれども、艦は速力を落とし、聴音者は心耳をひそめて、松風を聴くような状態にならぬと効果的にならない。それにだいたい潜水艦の音の聞こえる位置には、偶然以外に占位しえない。これに引きかえ、適当に低速で、適当に位置がかわる、この飛行機はうってつけなのである。

しかし、あくまで相対的なので絶対的でない。上っすべりに飛んでいたのでは、海中の一粟は容易に見つからぬ。心身を傾倒して見張らなければ、このシステムでの最高の極限値には決して近づけない。この意味では九六艦攻一点張りは、有難い。シングルネス・オブ・エイム。それを日本語でいうなら、「蛇と百足（むかで）とをごらんなさい。無足はついに百足にまさるんだ。俺たちゃ蝮（まむし）の毒に生きんのみ」

そうだ、最後の一句はドンピシャリで鳳翔にあてはまる。蝮は一度嚙むとただの蛇、私たちの艦はホールドのだだっぴろい、防水区画の荒い、ただの商船に堕してしまう。それなのに、結末の「生きん」の一字、御用の終わるまで機能を果たさなければならぬとなると、難問題だ。

けれども有難いことに、十七、八ノットくらいの中速度で、あれほど軽捷に舵の利く艦もあるまい。まるで駆逐艦なみだ。

それから視界の狭い時、とくに夜間、またとくに原速（十二ノット）で走っているとき、あの蛞蝓（なめくじ）形の艦影は、内角外角はもちろん、艦首か艦尾かの判定さえ許さない。全く、測的屋さん泣かせだ。

私が鳳翔分隊長兼阿武隈（あぶくま）乗組というおかしな資格で、阿武隈士官室でやすんでいると、当時、兵学校出でないただ一人、名誉の水雷屋の艦長から艦橋に呼ばれた。上がって見ると、この蛞蝓（なめくじ）のお化け騒ぎ、さっそく首尾を見とどけよと来た。

闇に慣れない眼に何がわかるものか。仕方がないから、いちばん大きそうな眼鏡についていた見張員に、「なんだか透いて見えるような気のする方が艦首だよ」と怒鳴ったら、やっと通じた。やがて同航ですと正解が得られた。

ともかく相手あっての勝負、あるクリチカルな瞬間に相手の肝が読めたら勝ち。ある具象的な兆候、例えば雷跡とか潜望鏡などの兆候からでもよし、とっさに正しい処置ができれば、艦がうまく動いてくれて雷跡と平行となってくれれば、チャンスは、こちらのものだ。この点では、われわれの艦は艦隊随一の素質をもつと確信した。

古き艦に練達の乗員たち

ところで人の方がこれまた傑作で、これほど力強く、しっとりと心の通じ合ったチームは見たことがない。前艦長のお仕込みのよさ、さすが、と感服したものだ。

昔ながらのカーチスタービンと、油専焼罐に改装されたけれども、かなり古びた罐とて艦の心臓は相当に弱っているはずなのに、出動ごとにほとんど全力に近い二十四、五ノットまで、スルスルとのぼってしまう。艦橋からの機関待機が少しぐらいまずくても、ちゃんと間に合って、艦橋で、もどかしさを感じたことは一度もなかった。

対潜作戦では戦技の成績は抜群だし、長官も、参謀長も、君んとこの飛行機の報告で、艦隊の一斉回頭をやるんだと、いつも出動のさいはつゆ払いの役を仰せつかった。

これを指揮している飛行長は、六匹の鵜をみごとにさばいていく絶妙の手練で、自身練達の偵察員でありながら、その臭みがちっとも感ぜられぬ人だった。

それから、若い砲術長と航海長だが、これは艦長の私を教育してくれる。しかもそれが、きわめて適切な瞬間に、またきわめて適切な方法なので、まったく有難かった。

目顔も、合図もかわさずに呼吸の合うことはつねに力強い。

ただ剣道のルールに関しては異論があった。御推察の通り、母艦の飛行甲板は広々とした剣道の道場となる。赤城の草鹿龍之介艦長は無刀流の太い竹刀を構えて、殴っても叩いても〝少々〟〝少々〟といいながら、広い甲板を片舷から片舷まで押して行って、最後にまきを割るように強打する。

鳳翔ではその真似はできないし、その柄でもないので、せいぜいお籠手を、二本に一本ぐ

鳳翔の艦尾。飛行甲板支柱の上に停泊中旗竿。甲板越しに起倒式信号檣

らい取る。すると手のない奴が、きなくさい臭いのするほど人の顔をなぐりやがる。おおっぴらに艦長の頭をなぐれるのはこの時とばかり、しかし人と人との交流にはなったであろう。

戦技もだんだん高等科になり、二方向から雷撃機の襲撃を受けるようになると、一撃はかわせても二撃目は、きりきり舞いしているところを、芋刺しにやられる。遠い奴に艦尾を向けて近い奴に向首して、などとあまりナマハンカな兵法を語っているとどやされるから、これはやめよう。ともかく、こんなところにも優秀な人がいると、有難いという話である。

これは後日のいまいましい失敗談だが、ご披露しよう。場所はチモール島の岸近く。なにかの工作のために出現した敵側の航洋曳船に対して、こちらは延べ十二機の中攻に六〇キロ爆弾をもってする低空水平爆撃。しかも白昼。これが完全に全弾回避されてしまった。かなりに高速で、舵が利く小型艇であったには違いないが、そのほかにじつに巧みに速力の変化を示す。舵を取って止まりかけたと見て進入すると、突然、急な加速度で走り出す。機銃で穴だらけだと思うけど、とにかく、トライしてしまいやがった。

おなじようにけったいな経験は、柱島の艦隊司令部での図上演習で、私が在比陸軍航空隊司令官（ブレリートン少将）というあて馬役やらされたときのこと。たしか加古艦長の中川大佐が、米アジア艦隊司令長官（トーマス・C・ハート大将）の代役だったかも知れない。鳳翔は呉にいたので、加古に泊めてもらって、当馬同士、額を集めて一応の案を出して待っていた。

実にきてれつな立場で、台湾の日本軍の配備は薄々承知しているし、戦闘機隊がくることも考えていた。母艦も少しは来るだろうし、台湾との間の、なんとかいう島を燃料補給基地に使うことも予想していた。

演習経過は、予想とちょうど同じで、だいたい三日で片づいた。しかしB17で日本機の出発源——母艦にせよ、台湾にせよ——を反撃してやれという案は、ついに浮かばなかった。想定ではB17はずっと少なかったせいかも知れない。

鳳翔の初陣

戦いの火蓋が切られた当時、鳳翔は第一艦隊三航戦の一艦として柱島に在泊中であった。

第一回の出撃は、山本長官直率の主力艦隊が奇襲部隊の引きあげるところを後見したときのこと。

鳳翔の任務は、もちろんこの主力の対潜警戒。この任務の一部である前路の哨戒は、佐伯を基地とする各種の基地飛行機隊によって、ずっと前からつづけられ、出撃後の直接哨戒が鳳翔の役目となる仕組みであった。

一生懸命その任務に励んだつもりだったが、とんだ破目で、主力反転後の役目を欠いてしまった。それはこういったぐあい。

反転日の午後、主力が小笠原群島の南西方を北進中、鳳翔は主隊の右後方視界内で小笠原南方にあるらしい敵潜攻撃のため、搭載機全部を使って、索敵する。かくしているうちに、だんだんスコールが襲ってきて、これを避けているうちにいつの間にか主力は見えなくなる。夕闇が近づき、スコールはますます激しくなり、最後の一機――幸いに一番しっかりした者の乗っている――をおろすころには、ほとんど収容絶望かと思われる状態になった。

何回やっても、やり直し。あらゆる手段を尽くしたつもりだが、だいたい艦首尾線に乗って来ない。たまに乗って来るかと思うと、とんでもなく高い。

何回やり直したか誰も覚えていない。何度か舷側すれすれを飛んでひやひやさせる。とうとう何かの間違いでぶじ降りつけた。

つぎの問題は、この闇のなかをどうして主力と合同できるか、うっかり近づくと混乱のもとで、ロクなことはあるまい。どこからも何の音沙汰もない。前動続航のほかはない。敵潜所在地点と信ぜられるところを真っすぐに高速で乗り切れ。浮上潜水艦なんか、この暗夜ではこちらから蹴散らせる。それには斜め前方に駆逐艦を配して、二十ノット。そして明朝、小笠原の東まで乗り抜け、そこから主力との合流を策すればよい。

そう大変な決心をしてしまった。そしてその通りに行動して、翌朝、気づいて見ると、舷側に倒していた檣のアンテナは全部なくなっている。小笠原からの強力な電波によれば、主力は前日の夕刻に反転してしまったらしい。駆逐艦が一隊、どうやらはぐれており、それとわれわれ三隻だけがまごまごしていたらしい。

そのうちに駆逐艦がおなかがすいたと言ってくる、無理はない。けれども朝のお勤めだけはしなければならないから、一応あたりの敵潜制圧だけはしておいて、一隻だけはお乳を飲ます。司令駆逐艦だけは、お兄さんだから、小笠原までは独りで行けるだろう。それに無線封止だから、滅多に電波はだせないが、小笠原からは始末が報告できる、頼むぜ。それから、幸い風が順だから、父島の見えるところまでいっしょにゆく。昨晩とおなじ航路を引きかえすより、父島の北を回って帰った方がやさしそうだ。

かくして、主力から遅れること二昼夜分の、べら棒なオーバーランが出来あがった。

一隻の駆逐艦をつれて、豊後水道のところでもう一度ゆすぶられる。入口のところのたたずまいが尋常でない。掃海艇が活発に動いている。飛行機さえ飛んでいる。潜水艦がいるらしい。やがて威嚇投射がはじまる。然るべき号令をかけたつもりだが、口がかわいてたまらぬ。膝さえガタガタしているらしい。

ミッドウェー海戦後、瀬戸内海で訓練に従事した頃の鳳翔(上)。下は天山艦攻や彗星艦爆の発着艦に対応すべく昭和19年末に飛行甲板を前部後部ともに延長、最大幅も22.7mに拡張後の姿

「見張員、しっかり見張れ」「航海士、機関部に状況知らしてやれ」「航海長、速力を落とそうよ」

「うっかり回避して、機雷源に突っこまないように」

といったところが、われわれの初陣であった。

杵築沖で待っていてくださった桑原司令官に報告して、いっしょに柱島の旗艦につれて行ってもらい、司令官から報告していただいた。三和参謀には「世紀の大オーバーランだったね。しかし心配したぜ。鳳翔撃沈の噂まで聞いたんだ」と冷やかされたり、慰められたりだった。

　上甲板の煙草盆のところでは、山本長官から「艦長、水戦司令官となった気分は、どうだった。え」とニコニコされたときには、ジーンと来た。なにもかにも分かってくれたんだ。今度はしくじらんぞ。

ミッドウェー出撃とその後

　こんども、大和、武蔵の大きなお尻を眺めながら、時には、その後につづく戦艦の邪魔にならぬように大急ぎでワキにどいたり、風に立って収容中、別の隊列につっ込みそうになったり、ずいぶん気のもめる仕事であった――。

　機動部隊の決戦がどうやら不利となり、主力が反転するころになると、敵大編隊どこそこ、どちらに向かうといった電波が空中にみだれ飛ぶ。いまにも天から爆弾が降り出しそうに思えた。来たら、旗艦をねらうだろうか。小なりといえどもフラットトップを襲うだろうか。

「鳳翔に来いよ。まいてやるから」と力んだものである。ところが一機も来なかった。

　反転の翌朝、はじめて鳳翔艦攻に戦場付近の偵察命令が下った。鳳翔の艦攻は脚が遅く、敵の母艦機に見つかれば、ひとたまりもなく掃蕩されるし、航続力の限度もあった。つまり否定情報（ネガチブインフォメーション）を得るためである。その結果、
　(1)鳳翔機は敵機を見ず。
(2)明らかに空母の残骸と思われる浮流物と、その艦首とも艦尾ともわからぬ構造物のとこ

ろで、盛んに白いものを振っている一群の人々とを認む。

よし敵も芝居を立ち去っている。別の母艦群がいないかぎり飛行機はこない。今度は帰途に待ちかまえる潜水艦が当面の敵だ。しっかり見張れ。

あと一つ、もっとも鳳翔にぴったりくる仕事、それは医療品の投下だった。主力艦に収容された、おびただしい数の母艦乗員の、それもひどい火傷者を手当するための材料を艦内に投げこんでやる仕事である。これは鳳翔の飛行機のようにゆっくり安心して細い芸当のできる、つまりバスケットの中まで球を押し込むような、ジャンプショットの出来る奴でないとできない芸だった。

ともあれ、無事にミッドウェーから内地に帰ってからは、母艦搭乗員の着艦訓練と、潜水学校の練習潜水艦の目標となるのが仕事であった。ともに幼稚園の保母さんの役目だった。それも七月のなかばには第三艦隊付属という、いかめしい編成だが、じつは風光明媚な瀬戸内海で戦争をよそに、のどかな明け暮れだった。

着艦訓練の方は、あぶなっかしい初心者に肝を冷す一方で、訓練の効果はいっこうに上がらなかったが、潜水艦のお相手の方は満点の好成績。艦の水上見張りがすばらしかった。練習潜水艦の位置や露頂時刻を何にも知らぬ見張員の方が、計画した教官より発見が早い。本職の潜水母艦が子供を蹴とばす例があるのに、鳳翔ならば絶対安全であった。

その後、間もなく私は、南方第一線の有名な戦闘機航空隊の司令にかわり、艦は一つクラス上の山口文次郎大佐におまかせして、なつかしの戦友と別れをつげた。しかし、その後の鳳翔が出撃の機会をえたらしい話は聞かない。

あとで調べたところによると、昭和十九年十一月末までは記録が残っているが、それ以後、瀬戸内海のどこかにひそんでおり、風の便りに、終戦後、離れ島の残留者の収容に当たったと聞いている。たぶん〝最後〟は呉付近で天寿をまっとうし、スクラップとなったことと思う。そしてそれを、私はあの艦らしい最後とひそかに思っているのである。

空母「龍驤」緒戦時の知られざる海戦

ただ一隻の四航戦として比島から蘭印へ出撃した軽空母の航跡

戦史研究家　木俣滋郎

開戦時、軽空母龍驤（りゅうじょう）は春日丸（かすがまる）（のちの大鷹）と組んで、第四航空戦隊を編成していた。しかし、春日丸はまだ実用にならず、実際は龍驤だけの兵力である。同艦は開戦時、パラオ諸島から西進、南部フィリピン攻略部隊に加わった。

同じフィリピンでも、北部ルソン島にたいしては、台湾から第十一航空艦隊（艦隊といっても基地航空隊の大集団）の零戦や九六陸攻が打撃を加える。だが、南部フィリピンの中心、ミンダナオ島のダバオにたいしては遠すぎる。そこで龍驤が引っ張り出されたわけである。

龍驤は開戦二日前の昭和十六年十二月六日、パラオを出撃した。旧式駆逐艦汐風（しおかぜ）が直衛についた。第四航空戦隊司令官は闘将といわれた角田覚治少将（兵学校第三九期）である。真珠湾へ向かった南雲忠一中将の三期下で、クラスメイトには伊藤整一や阿部弘毅（ひろあき）、西村祥治などがいた。

角田少将の心配は、小型空母龍驤のパイロットの腕が未熟なことであった。なにしろ腕のよい者はあちこちからスカウトされ、みなハワイ攻撃に狩り出されてしまった。だから龍驤の九七式艦攻二十四機、九六式艦戦十二機は「第二軍」的存在であり、ちょっと気を許すと事故を起こしかねない。

龍驤は十二月八日、ダバオの東方一四〇浬（かいり）に接近した。豪胆な角田少将が思いっきり艦を接近させたのは、パイロットが航法の計算をあやまって、帰れなくなるのを心配したためにほかならない。ハワイ空襲の赤城らが、二三〇浬から空母機を発進させているのと好対照であろう。なお、ダバオには米フィリピン空軍の基地があり、ボーイングB17のような重爆さえ楽に着陸できる滑走路があった。ただし、戦線の後方だったため、常駐した兵力はなく、オーストラリアへの中継基地として使われていた。

ともあれ、龍驤の九六式艦戦九機に守られた九七式艦攻十三機が朝、ダバオを空襲する。なお、龍驤には九九式艦爆は一機も搭載されていなかった。

一方の米軍は兵力を大西洋艦隊と太平洋艦隊の二つに分け、そのほか植民地フィリピン防衛の小部隊として、アジア艦隊を置いていた（一部は中国に）。その司令長官トマス・ハート大将は重巡ヒューストンを旗艦に定め、一個水雷戦隊と二個潜水戦隊を持っていた。

アジア艦隊には空母はないが、水上機母艦ウィリアム・B・プレストン（以下プレストン）があった。しかし、米国の水上機母艦は日本の千歳や神川丸のような補助空母でない。飛行艇に燃料や爆弾を補給してやる「浮き基地」であり、司令部でもあり、またパイロットのホテルでもあった。たいてい水上機母艦は大型艦だが、前大戦型の四本煙突の駆逐艦から

一次改装後の龍驤。高角砲が４基に減少。右舷中部に太さの違う煙突。飛行甲板前方に遮風柵、艦尾両舷は着艦標識

改造したのが十四隻もある。プレストンはその中の一隻だった。

米アジア艦隊の基地は、マニラ湾内のキャビテやオロンガポ（スービック湾）である。しかし、ハート大将は日本との開戦が近いと直感し、軽巡二隻をふくむ自分の兵力をあちこちに分散しておいた。プレストンも、マニラ湾からダバオへ逃れてきていた。同艦は普通、カタリナPBY双発飛行艇十二機、つまり一個哨戒隊の面倒をみる。しかし、このときは飛行艇四機だけをつれてきたのである。プレストンは四本煙突のうち前部の二本と、船体内部下方のボイラーをとりのぞき、そのあとを飛行艇用ガソリンタンクや爆弾庫などに改造していた。

さて、龍驤を発進した九六式艦戦二機は、プレストンのそばに繋留されている飛行艇二機を発見した。彼らは急降下して九七式七・七ミリ機銃を飛行艇に浴びせて破壊した。プレストンは残りのカタリナ飛行艇二機を飛ばして、日本艦隊の接近を警戒していたのだが、広い洋上ゆえ、敵飛行艇は龍驤に気づかなかったのである。しかし、敵の水上機母艦も、なかなか豪のものだった。同艦は奇襲されつつも、一二・七ミリM2ブローニング機銃を撃ち上げ、九七艦攻一機を大破着水させた。そのパイロットは、のち駆逐艦黒潮に救助されている。

九七式艦攻は、九七式六〇キロ小型爆弾を投下したが、一発も命中しない。無電で「敵艦あり、逃亡せんとす」を知った龍驤は、すかさず十一時四十五分、第二次攻撃隊を送った。このときは九七艦攻二、九六艦戦二機だけである。プレストンは天気が悪いのを利用して、一目散に逃げだした。南西のオランダ領セレベス島方面へ向かったのである。

第二次攻撃隊は、第一次攻撃隊より発進が数時間おそかった。そのため彼らは、とうとうプレストンの姿を発見することができなかった。その腹いせにダバオの油タンクを爆撃して帰ってきた。

なお、プレストンは豪州のダーウィンに脱走、そこで飛行艇母艦として働いた。だが、昭和十七年二月十九日、南雲部隊の空母機による大空襲を受けた。このとき、蒼龍の九九艦爆から二五〇キロ爆弾三発を受けたウィリアム・B・プレストンは、艦長こそ海に投げ出されたが、艦自体は沈没をまぬがれたのである。

駆逐艦二隻を屠る

「爆撃の腕がなっていない」と、とかく評判のわるい空母龍驤だが、同艦が初期の蘭印進攻作戦で駆逐艦二隻を撃沈していることは、あまり知られていない。

龍驤は仏印カムラン湾を駆逐艦汐風(しおかぜ)と敷波に守られて、昭和十七年二月十日に出撃した。そして三日後の十三日には、スマトラ島の東部北岸に位置するバンカ島沖にあった。前方を小沢治三郎中将の南遣艦隊旗艦鳥海(ちょうかい)が走っている。鳥海の頭上にカタリナ飛行艇が飛来したとき、龍驤の九六式艦戦はこの敵を追いはらった。その後、鳥海の水偵が敵巡洋艦を発見する。午前十一時五分、龍驤は九七式艦攻七機を発進させた。

この敵はドールマン少将指揮のオランダ軽巡デロイテル、ジャワ、トロンプ、英重巡エクゼター、豪軽巡ホバート、オランダ駆逐艦二隻、米駆逐艦六隻の計十三隻である。彼らは接近してくる日本船団攻撃のためスラバヤから出撃してきたのである。巡洋艦を単縦陣にならべ、米駆逐艦六隻を前方に、オランダ駆逐艦二隻を後方に配していた。

龍驤の九七式艦攻は本来、命中率のよい雷撃をしたいところだが、訓練不十分のため諦め、水平爆撃に甘んじなければならなかった。水平爆撃は急降下にくらべて命中率が悪い。だいいち、鈍重な三人乗りの九七式艦攻は急降下ができない。だから訓練が必要なのだが、龍驤のパイロットは大急ぎのインスタント教育を終えた者ばかりだった。

さて、発進から二時間二十分後の午後一時二十五分、九七式艦攻七機が右舷斜め前方から敵艦隊を爆撃した。しかし、命中弾は得られない。一時間五分後、第二次攻撃隊六機が攻撃したが、これまた命中弾なし。第三次攻撃隊の七機は、さきの第一次攻撃隊が母艦にもどり、爆弾をつんで再度、出なおしたものだった。第四次攻撃隊六機も二次攻撃隊の再出撃であり、すでに午後七時を指していた。だが、爆撃の結果はかんばしくなかった。二十ノットで南下中の米駆逐艦ベーカーとブルマーが、至近弾で大きくゆさぶられただけだった。

敵艦隊の陣形がめちゃめちゃになったあと、元山、美幌、鹿屋航空隊の九六式陸攻と一式陸攻が攻撃をくわえた。が、延々八時間にわたって一〇九機もが爆撃を行なったにもかかわらず、一発も命中しない。天気のよい飛行日和（びより）だった。にもかかわらず、この有様である。陸攻隊でも「命中ナシ」なのだから、龍驤機ばかりを笑えない。世にこれを「ガスペル海峡の海空戦」とか「バンカ島北方の海空戦」と称する。

それでも二日後、やっと龍驤機に汚名を挽回する機会が訪れる。バンカ島のオランダ兵が

竣工当時の龍驤。小さな船体に大きな構造物がのり逆三角形のユニークな艦容。窓のある羅針艦橋下正面に見張方位盤、右信号檣の左に測距儀。格納庫基部にそい高角砲下までが舷外通路

輸送船スロエト・ヴァン・ベール（二九七七総トン）に乗って、ジャワへ逃亡しようとしたときのことである。

ムントク泊地へ派遣されていた重巡最上の水偵が二月十七日、バンカ島南東ガスペル海峡の南を駆逐艦一隻に守られた敵の商船が、必死に逃走中なのを発見した。元山航空隊の九六陸攻十五機が、この商船を撃沈する。だが、敏捷なオランダ駆逐艦ヴァンネスには逃げられてしまう。ヴァンネスは二日前、龍驤機に爆撃されたのとは別の艦である。

この残敵を掃討せよという命令が、龍驤に下った。ここで龍驤の九七式艦攻は大活躍し、夕方の四時五十七分、とうとうヴァンネスを撃沈した。龍驤はすでに二月十三日、スマトラ南東方でオランダ油槽船メルーラとマンバンタラ、英貨物船ディリーモアの三隻を撃沈している。だが軍艦を沈めたのは、これが初めてである。もっとも支那事変中、中国の仮装砲艦舞鳳（ホイフー）を撃沈してはいるが。

龍驤はその後、基地に向かい、仏印サンジャックへ入港した。そして八日ほど骨休めをしている。

第二艦隊司令長官・近藤信竹中将（旗艦愛宕）は、第十一航空艦隊（基地航空部隊）の戦果が少ないので、龍驤に出撃して協力するよう命じた。龍驤は第七戦隊の最上クラス三隻とともに、第三艦隊司令長官・高橋伊望中将の指揮下に入るよう指示される。そして蘭印作戦も大づめにせまった昭和十七年二月二十七日、龍驤はサンジャックより出撃した。

三月一日はいよいよ第十六軍（治兵団）がジャワへ上陸する日である。この日の朝、第四航空戦隊（龍驤）はボルネオ南西のカリマタ海峡の北方にあった。スラバヤ沖海戦で敗れた英重巡エクゼターは、駆逐艦エンカウンター、米駆逐艦ポープとともに西方へ逃亡中、重巡那智、羽黒に発見された。だが、日本重巡はスラバヤ沖海戦で砲弾を使いはたし、残弾が少なかったので、すぐ敵に飛びつこうとはしなかった。

この間、龍驤は三月一日の午後一時、九七艦攻六機を発進させた。彼らが二時間五分後に目標上空に達したとき、二隻の英艦はすでに日本重巡に沈められていた。だから現場には、米第二十九水雷戦隊のポープだけしかいなかった。龍驤機はそれぞれ二五〇キロ一発と六〇キロ小型爆弾四発ずつを抱いていた。が、一発も命中しない。それでも至近弾一発はポープの艦首左舷に、もう一発は第四発射管の左（外側）に落ちて、船体には小孔がたくさん開いた。後部機関室には浸水した。ポープ艦長は「もう駄目だ、総員退艦せよ」を令した。ボートが降ろされる。

このとき、駆けつけた高橋中将の足柄、妙高の二〇センチ砲弾が、ポープに止めを刺した。面目をほどこした第四航空戦隊司令官・角田覚治少将は三月五日、シンガポールに入港した。

されど新鋭空母「大鳳」恥ずることなかれ

飛行甲板も舷側も防禦万全のはずの不沈空母はなぜ魚雷一本で沈んだのか

当時在「大鳳」一機動艦隊司令部付技師長・海軍技術大佐　塩山策一

戦局がようやく激しさをましてきた昭和十八年十二月、私は連合艦隊司令部付兼明石工作部員を命ぜられ、トラック環礁内に水雷防禦網を両舷側にたらして停泊していた古賀峯一長官の旗艦武蔵に着任し、前任の岩崎正英技術大佐と交代した。そのころのトラック泊地は天然の良港で、連合艦隊の全艦を収容することができるほどのものであった。礁内では高速での訓練も可能であり、陸上の施設も整備されていて、日本海軍の一大前進基地であった。

ところで戦局の一大変換をはかる必要から、東京の軍令部と膝(ひざ)つきあわせての打ち合わせを行なうため、司令部は昭和十九年二月十日トラック出港の武蔵で横須賀へむかったが、この東京打ち合わせの最中、トラック諸島は敵機動部隊の大空襲をうけて陸上海上ともに大被害をこうむり、ふたたび基地としてつかえなくなったので、武蔵は二月二十四日に横須賀を

塩山策一技術大佐

出航してパラオに回航、しばらくここを艦隊の基地とすることになった。

そのうちに、参謀副長小林謙五少将を長とする南西方面要地への幕僚たちの出張がきまったので、私もこれに参加、艦隊の水偵でダバオ、アンボンにそれぞれ一泊ののちジャワ東部北岸のスラバヤに到着したところ、ここに意外な報告が待っていた。

それはパラオがまたしても敵の大空襲をうけ、ミンダナオ島ダバオへ司令部をうつすべく飛びたった飛行艇が、台風にまきこまれて遭難、長官以下が行方不明ということであった。同行の幕僚たちはスラバヤの南遣艦隊で善後策を講ずることになり、私だけは予定どおりシンガポールなどをまわって帰国した。この間、工作艦明石がパラオで被爆擱座したので、それとともに私の兼職は解消されていた。

さて、その後、連合艦隊後任の長官には豊田副武大将が親補されたが、旗艦大淀は瀬戸内海にあって全軍の指揮をとるので、私には機動艦隊にいくようにとの命令があった。そのため、パラオ港外で魚雷一発を艦首にうけて呉で修理していた武蔵が修理もおわり回航するというので、それに便乗してタウイタウイへ向かった。

五月十六日の日没すこし前、タウイタウイの環礁に入ると、見おぼえのある空母瑞鶴、翔鶴のほかに、さらにがっちりしたいかにも強そうな空母が一隻見えてきた。

この見なれぬ空母こそ大鳳の初陣の姿であった。大鳳は昭和十四年度からはじまった第四次補充計画のなかの唯一の空母で、神戸の川崎造船所で昭和十六年七月に起工、ミッドウェー海戦で主力空母を失った穴をうめるべく、夜を日についで突貫工事がすすめられ、その成果があがって昭和十九年三月に完成したばかりの新鋭艦で、これまでの海戦の戦訓をことごとく取りいれ文字どおりの〝不沈空母〟として、全海軍の期待のマトであった。

大鳳の艦型は珊瑚海海戦でその名を高めた瑞鶴、翔鶴をひとまわり大きくしたもので、公試排水量は三万四二〇〇トン（二万九八〇〇トン）全長二六〇メートル（二五七・五メートル）水線幅二十七・七メートル（二十六メートル）平均吃水九・五メートル（八・八七メートル）タービンの馬力は二艦とも十六万馬力、速力三十三・三ノット（三十四ノット）であった。（カッコ内は翔鶴型）

大鳳の特長は、これまでの空母が敵機の爆撃または機銃掃射により、格納庫の飛行機、燃料、魚雷などが火災をおこし、あるいは爆発して結局は致命的打撃をうけていたことに対応する思いきった防禦をほどこしたことである。

すなわち飛行甲板に厚さ二〇ミリのDS（デューコール）鋼板を張り、さらにその上に厚さ七五ミリのCNC（銅入り）甲鉄を張り、五〇〇キロ爆弾の急降下爆撃にたえるようにしたので、瑞鶴のように機銃掃射をうけたとき銃弾が飛行甲板を貫通して飛行機が損傷をうけ、あるいは火災を起こす心配はなくなった。舷側の魚雷防禦壁は外板から内方三メートルの位置に厚さ二五ミリDSを二枚張り、さらに内方に縦壁を設け、空および水中からの攻撃にたいしての備えはまさに万全であった。

タウイタウイはフィリピンの南西端、ボルネオ北東端沖にあるサンゴ礁でかこまれた良港で、艦隊を収容するには充分であったが、高速で走っている空母の甲板上に艦上機が発着訓練をおこなうだけの余裕はなかったので、環礁外へ出動しての猛訓練が開始されたが、訓練中に空母千代田が敵潜水艦に発見されて魚雷攻撃をうけ、かろうじてこれを回避し事なきをえた。

この〝椿事〟以後、とっておきの空母に万一のことがあっては——との配慮から、出動訓練がとりやめになったので、艦上機の発着艦訓練はできなくなってしまった。が、これより先、敵の反攻をおさえるために歴戦の搭乗員たちを相次いで前線へ注ぎこんだため、当時の機動艦隊の空母には搭載機はどうにか新鋭機がそろっていたものの、搭乗員たちは経験技量ともにいまだしのうらみがあった。

しかし、この頃になって待ちに待った電探がようやく艦隊に配備され、艦上機にも装備されたので、若くて元気な搭乗員は「われわれは腕は未熟だが、この新兵器を駆使し、つぎの戦さには華ばなしい戦果を——」と、大いに張りきっていた。

敵機動部隊はサイパンにあり

そのころの敵情は、機動部隊と上陸部隊双方のうごきが急に活発になっていた。そのため、連合艦隊は研究会や図上演習などをひんぱんにひらいて対策を研究していたが、五月二十七日になるとビアクに、敵上陸部隊来襲の報がはいった。そして、いまこの地を失えば今後の作戦に重大な支障があると判断した機動艦隊は、連合艦隊に意見を具申した結果「渾作戦」が発令され、五月三十日、戦艦扶桑は巡洋艦、駆逐艦など十二隻をしたがえて出港していったが、さらに六月十日にいたり大和、武蔵の二艦をこの作戦に投入、この巨砲をもって徹底的な打撃をあたえることになり、両艦は護衛部隊をしたがえて、決死の覚悟で錨をあげて出港していった。

しかしこの間に、メジュロ出港いらい杳として消息を絶っていた敵機動部隊の主力は、太平洋を、サイパン目がけて音もなく忍び寄っていたのである。

やがてサイパン大空襲、艦砲射撃、上陸とたてつづけの猛攻に、いよいよ皇国の興廃をかけた「あ号作戦」用意が発令された。ときに六月十三日であった。機動艦隊はただちに出撃準備を急ぎ、はやくも翌朝、タウイタウイ在泊の全艦隊は出港したのである。出港前夜は総員に酒肴がでて、夜がふけるまで兵員居住区はにぎやかな歌の応酬で、みんなは万丈の気焔をあげ、士気は一段とたかまったのである。

その後、タウイタウイを出港してシブツ海峡にさしかかったとき、こんなアクシデントがあった。それは対潜哨戒のために出してあった雷撃機天山の一機が、着艦のさいにあやまってジャンプしてバリケードを飛びこえ、さらに飛行甲板前部に繋止してあった飛行機のうえに墜落し、アッという間に艦上には火災が発生した。すぐに応急員が駆けつけてたちまち消火したものの、このため搭乗員に死傷者を出した。めでたい門出にあたってのこの事故は、みんなになんとなく前途のけわしいことを予想させるものであった。

そのころ艦隊は行動の隠密を保つため、フィリピンの内海にはいり、パナイ島とネグロス島間に位置するギマラス島の沖に仮泊して飛行機および燃料の最後の補給をおこない、さらに北上してサンベルナルジノ海峡から太平洋へ打ってでる手筈となった。フィリピンの内海の島々はふかい緑におおわれ、ところどころうっすらと煙が立ちのぼり、海はエメラルドのように澄みわたり、まるで鏡のように平板で穏やかそのものであった。熱帯の太陽は燦々と照りつけていて、戦争さえなければまさに平和そのものであった。

いよいよ太平洋に出ると、たちまち様相は一変し、海はあくまで濃い紺碧で、波濤が巨艦の艦首にうちあたって砕け散る。ここでかねてさだめられた輪形陣を形成し、完全な警戒体制のもとに進撃が開始された。やがてはるか彼方の洋上にビアク攻撃から呼びもどされた大和、武蔵の二大巨艦が姿をあらわした。この劇的な一瞬に全艦隊の将士はいちだんと力をえて、風雲急を告げるサイパンへ向かって急いだのである。

かくして一日、二日と事なくすぎたが、六月十八日の午後、索敵機から敵機動部隊を発見した——との報告がはいった。彼我の距離三八〇浬、まもなく夕闇がせまろうとしていたので、明朝決戦をいどむ手筈とし、攻撃距離を適当にひらくため一時反転を命ぜられた。結果的には、この反転によって大鳳および翔鶴の二空母が潜水艦の待ち伏せている射程に入ることになり、じつに不運であったというほかはない。

あ号作戦は最大の山場へ

さて一夜あければ六月十九日、相手から発見された徴候がないので、司令部はわれに成算ありと判断し、いよいよ待ちに待った「あ号作戦」の最大の山場である航空部隊の殴り込みをかけることになった。廊下ですれちがった参謀は昂然と「こんどこそは勝ちですよ」とささやいた。

そして、日本海海戦のときに東郷長官の旗艦三笠にあがったＺ旗が、スルスルと檣頭にかかげられた。やがて飛行甲板にならべられた飛行機は、艦橋後方の煙突脇の指揮所にたつ飛行長のふる合図の旗にしたがって、つぎつぎと甲板をけって発進していった。乗員たちは飛行甲板の外側に張りだしたリセスに立ちならんで、帽をちぎれんばかりに振って見送っている。一機また一機と、つぎつぎに飛行機が発進してゆき、上空を旋回して編隊をととのえていた。

最後に飛びたった彗星一機はこれにくわわろうとせず、急に舵を右にきって前方の海面にドサリとばかりに突っ込んだ。そのとたん魚雷の白い航跡が見えた。彗星は飛びあがった瞬間、発見した敵潜水艦の潜望鏡めがけて必死の体当たりを敢行したのである。

艦橋ではスワッとばかりに襲いかかってくる魚雷を回避すべく舵一杯、艦上のみなは固唾をのんで艦首の前方へのびてくる航跡を見つめていたが、突如カーンとするどい金属音がして右艦橋下に白い水柱があがり、飛沫は艦橋にたっし、艦全体に激しいショックがつたわった。魚雷が命中したのだ。すると、にわかに艦内が騒然としてきた。しかし、さすがは新鋭空母大鳳である。魚雷命中などなんのその、平然として白波を蹴立てて全力でつっ走っている。

だが、艦内がすこし心配なので、応急作業指揮官の内務長の持ち場の防禦指揮所へおりていくと、折りから防禦甲鉄の甲板人孔をおしあけて這いあがってきた兵員が「エレベーター室がやられました」と叫んでその場に倒れてしまった。そして、そこはガソリンの異臭が鼻をついた。

エレベーター室の下部はガソリンタンクである。内務長に浸水区画を確認し、とりあえず浸水を局限し、必要があれば注水して前後左右の傾斜をただすようアドバイスした。しかしなにはともあれ、ガソリンの漏洩をくいとめないと、ガソリンタンクの後部は弾薬庫、罐室

飛行甲板長257.5m、幅30m、大鳳の全容。外方へ傾斜した煙突、右舷島型艦橋の上部と後方に二一号電探を装備

とつづいているので、ガソリンが艦内にまわると火災の恐れがあり、差しつかえないかぎり舷窓をひらいて大気を入れ、通風をかけて、たとえガソリンが漏れても、これを追い出すよう指令してもらった。

タンク上部のエレベーター（昇降機／リフト）は戦闘機を乗せたまま、雷撃のショックでガイドからはずれて、傾斜したまま止まってしまった。二進も三進もいかない。あの大きな厚い甲鉄を防禦用として張ったエレベーターが飛び上がったのだから、相当に大きなショックだったのである。このままでは攻撃に出た飛行機が帰ってきても、甲板に大穴があいているので着艦ができないから、この穴を木材で応急にふさぐようにとの長官命令がでた。大鳳の工作長はさっそく、応急用木材を甲板にもちあげ、兵員食卓、長椅子までかつぎ出して、工作兵総出でバラ打ち式でふさぎ、どうにか着艦してくる飛行機にたいする落とし穴をふさぐことに成功した。

飛行隊からは、敵艦隊に突入するとの報告がつぎつぎに届いたが、待望の戦果の報告は、ひとつも入ってこなかった。司令部は焦燥のいろが刻一刻と濃くなってきた。もしも最悪の事態を考えると、おそらくめざす機動部隊の前方に戦闘機隊が出ていて、これと交戦、撃墜されたのではなかろうか。

一方ガソリンタンクの後方の弾薬庫からは、ガス侵入のため退去するとの悲痛な報告がくる。そのうちにようやく攻撃隊が帰ってきて、どうにか甲板に着艦して前甲板に繫止されていた。搭乗員の報告は、敵を発見できず引き返したということであった。

私は工作長とエレベーターの穴ふさぎの作業を見ていたが、どうやらかたちがついたので工作長に別れをつげて作戦室へあがり、長官に一応この作業状況の報告をして、朝からの疲れをいやすべく椅子に腰をおろし、しばし頭を両手でささえ、机にもたれて目をつぶっていた。

“不沈空母”南溟に死す

突然ものすごい轟音が耳をつんざいた。大型爆弾が艦の中央に命中して爆発したようだ。

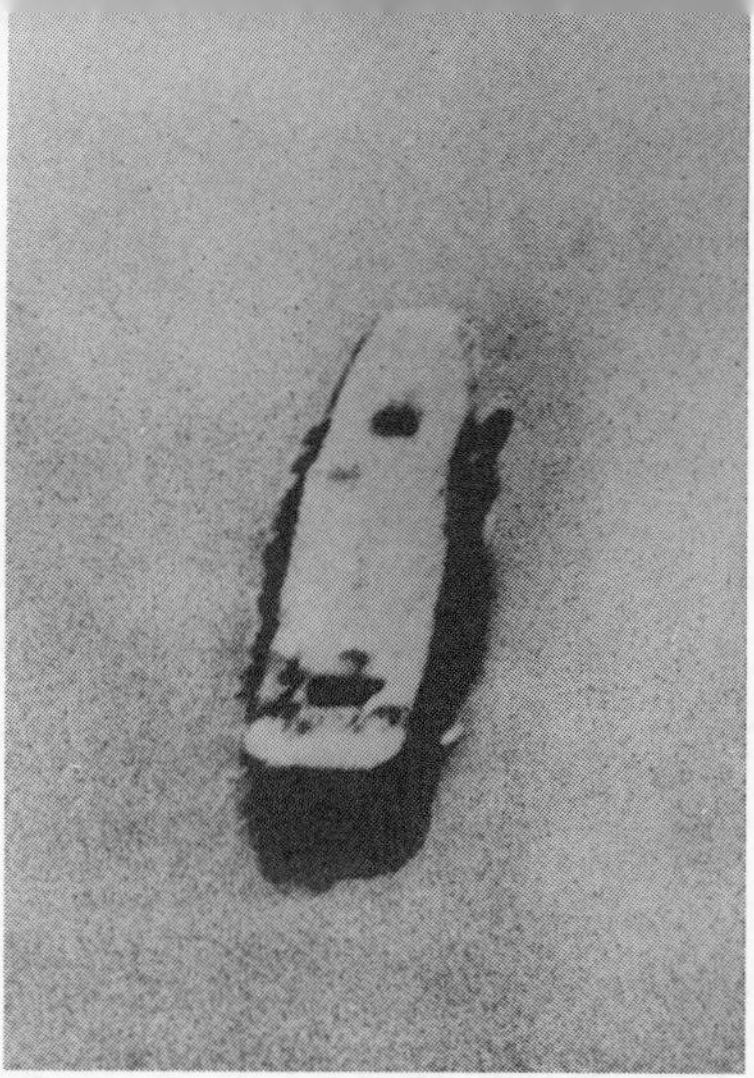

部屋は大震災のときのように振動し、天井からは塵(ちり)とともにビームにはさんであった海図がバラバラと落ちてきた。室内は濛々(もうもう)たる煙である。これは一大事とばかりに、肩にかけていたマスクをかぶって作戦室から飛び出した。海面を見るといままでの高速はどこへやら、ほんの残速が残っているだけであった。あたり一面は死の町のような一瞬の静寂がながれた。ただ南方の太陽だけは、中天に燦々(さんさん)と何事もなかったように照りつけている。

後上方より見た大鳳。飛行甲板上に黒く見える昇降機間の150m 幅20m に甲鈑が張られているそんな沈黙も一瞬にして破れた。たちまち飛行甲板の左舷の機銃台のあたりから、パッと火炎があがる。それにつれてパチパチと機銃の弾丸の爆発音があちこちから聞こえてくる。格納庫を防禦するために飛行甲板に張りつめた甲鉄は、痛ましくも中高に盛りあがって、甲板上には人っ子ひとり見えなかった。いまの爆風で吹き飛ばされたらしい。私と一緒にエレベーターのそばにいた工作長も、作業員も、その姿はどこにも見あたらなかった。

機銃台あたりの火の手がさかんになった。艦内の通信はまったく途絶し、火の手はしだいに艦橋にせまってきた。つい「消防管を」と叫んでみたが、機関部がやられていては、消防管のバルブをあけたところで水が出るはずもなかった。それでは駆逐艦をよんで舷側から消火させては——と提案した。しかしポンポン高角砲の弾丸が爆発し、飛び交っている舷側に、駆逐艦が近寄ることができるはずもなかったが、その駆逐艦は、スワッ敵潜の攻撃とばかりに、走りまわってその制圧に一生懸命であった。

ともあれ、大鳳の火災は応急用の水桶の水をぶっかけて、艦橋にせまってきた火を消しとめてどうやら小康をたもった。通信長がやぶれたワイシャツ姿のまま艦橋へあがってきて、無線室の状況を報告する。通信指揮室、無線室などは爆発により構造物がおしつぶされ、室内の配員はその場所により無事であったり死傷したり、紙一重の差の運不運であった。艦底の機関室などは全員戦死となったらしく、なんの報告もなかった。飛行甲板の砲台、機銃台などは死傷者で足の踏み場もないほどであった。

ホッとしたのも束の間、下火になっていた艦橋付近の火がふたたびさかんになって、防毒面をかぶらなければ熱くてどうにもならないようになってきた。艦長は司令部の退艦を進言し、艦橋のかげにあったため吹き飛ばされないで残っていたカッターをおろして、機銃台から縄梯子をぶらさげた。古村啓蔵参謀長は「長官、私が模範をしめします」とあの大きな身体で軽々と縄梯子をつたってカッターへ乗り込んだ。

やっと司令部職員が移乗しおわったとき、前甲板に繫止してあった零戦のガソリンタンクが引火して、このガソリンの炎が甲板をなめつくし、滝のように燃えながら海面へ流れ落ちると、海上に浮かんだカッターに迫ってきた。そのとき、急遽かけつけた駆逐艦若月に司令部は移乗、つづいて接近してきた重巡羽黒に内火艇で迎えられた。

このころになると、大鳳の艦尾がしばらく安全と認められたので、ここへ駆逐艦磯風の艦首をつけて、生存者たちはぶじ移乗をおわった。大鳳の菊地朝三艦長は退艦のすすめを退け、後甲板にひとりじっと立ったままであった。

そのうちに大鳳はしだいに浸水の影響が目に見えるようになり、左舷に傾斜をまし急にグラッと大きく傾いたかと思うと、周囲で見まもる各艦の乗員の敬礼のうちに、夕闇せまる南溟の海に沈んでいった。司令部の指示で待機していた内火艇は、菊地艦長が海中から浮きあがるのを認めて近寄り、これを救いあげた。

命取りとなったガソリンタンク

突然ズシーンと腹の底にひびきわたる轟音とともに、羽黒は魚雷が命中したような激しいショックを艦体に感じた。「それッ敵襲」とばかりにラッパが鳴りわたって、みなは緊張したが、その後なんら異常なく、ようやく胸を撫でおろした。おそらく大鳳の艦内で、魚雷か爆雷が海中で爆発したのであろう。

機動艦隊長官は「本職羽黒において作戦を指揮する」との布告をだして、ようやく一時は途絶していた全軍の指揮を再開したのである。このようにして海戦第一日はむなしく暮れ、第二日はさらに旗艦を瑞鶴にうつして戦勢の回復につとめたが、敵機の大空襲をうけ、満身創痍の生き残り部隊は、むなしく瀬戸内海の柱島泊地に帰投した。

帰投後ガソリンタンクの周囲にコンクリートを充塡し、その防禦をかためることになり、各工廠で突貫作業がおこなわれたが、つぎの比島沖海戦では、各空母とも空襲により爆撃をうけ、沈没か、大損害をこうむったのである。

大鳳の悲惨な最後の状況が明らかになるにしたがって、中央では本艦が技術的に練りにねった計画であり、いままでのあらゆる教訓をとりいれ、これまでの空母の泣きどころであった飛行甲板に、万全の防禦をほどこし、世紀の不沈艦と信じ、爆撃雷撃のなかを獅子奮迅の戦さをするものと期待していただけに、たった一発の魚雷で爆沈したことに落胆したのであった。

大鳳ではガソリンタンクを罐室の前方の、弾薬庫のさらに前方の水線下に設け、火災の危険をふせぐとともに、弾薬庫、罐室、機械室などの厳重な舷側防禦、甲板防禦をほどこしてある重要区画から隔離されていたが、じつはこのタンクが月の輪熊の月の輪にもたとえるべき命取りの個所であったのである。

一発の魚雷が命中してタンクの壁をやぶり、そのショックはエレベーターを跳ねあげて動かなくしてしまったものの、火災はぜんぜん起こらず、外板の破孔も大したものでなく、速力も落ちず泰然と突っ走りつづけ、乗員はそれぞれの持ち場で作業をつづけ、司令部の作戦指導にも事欠かず、エレベーターの穴のために一時、発着艦はできなかったが、これも応急処置で解決し、さすがは世紀の空母とひと安心したのであった。

しかし、魚雷の爆発の威力はタンクの後壁をやぶり、つぎから次とガソリンが艦内に充満していき、どこかで引火して一時に爆発して、あの堅牢をほこる飛行甲板をもちあげ、一瞬にして艦全体を破壊してしまったのである。

大鳳はこうして沈んだ　米潜水艦長の手記

米潜水艦アルバコア艦長が綴る第一航空戦隊旗艦「大鳳」撃沈の真相

米潜アルバコア艦長・米海軍少佐　J・ブランチャード

それは一九四四年（昭和十九）六月十四日のことである。私（ジェームス・W・ブランチャード少佐）の指揮する潜水艦アルバコアは、九回目の出動でヤップとグアムの間を哨戒中だった。僚艦が日本船団に触接したという通報を得たので、この船団に対して進撃に移ろうとしたのである。

すると午後になって、追跡をやめ、反対の方向に行けと電命された。ところが、七時間もしないうちにまた配備点が変更された。

まさかロックウッド提督が、この夜更けに面白半分の慰さみに潜水艦を動かしてるとは考えられない。これは何かあるぞ、と私は考えた。

まさにその通りだった。指揮官は十四日にボルネオ北東端沖のタウイタウイを出た日本艦隊が東進してくる場合の四角い洋上補給海面を想定し、ヤップ島を通ずる北の線にそって四隻の潜水艦、アルバコア、フィンバック、バングおよびスチングレーを配備し、四隅を三十マイル（浬）の半径で哨戒するよう下令したのだった。

翌日はなにごとも起こらず、終日、指定地点をぐるぐる監視した。その間、禁じられていたことだが、他の部隊あての暗号まで翻訳してなにかつかもうとした。つぎの日には、日本機が雲間から現われてきて急降下したので、急速潜航を一回やった。十七日にも日本機が二回やってきたが潜航しただけで、ほかにはなにも起こらなかった。

ところが、十八日の午前八時に、配備点を南に百マイル移動するように命じられた。敵艦隊を発見した方位測定所の報告によって、配備点を変更したのだったが、この発令はまったくうまく行ったことがあとでわかった。勇躍したアルバコアは全速力で新配備点に向かったが、その日も結局なにもなかった。

いよいよ六月十九日になった。時計が夜の十二時をまわると、乗員は今日はやれるぞという気持で賭けをはじめた。果たせるかな四時半になると、レーダーに敵の機影を二つ認めたので急いで潜航した。夜明けごろ浮上していると七時十六分、日本側の哨戒機が現われ、また潜航した。

こんな短い時間の間隔で日本機が姿を見せるのはただごとではない。こんな海面まで探しまわるほど日本海軍にはよけいな飛行機はないはずだ。七時五十分、ついに敵艦が見えた。だがそれは、ほんの一瞬、もうろうとした艦影が西の方角にチラリと見えただけで、それが何であるか私には判別できなかった。

総員配置につけ

だが、つづいて潜望鏡をのぞいたとき、私は髪の毛が逆立つ思いで叫んだ。声が変にしわがれていた。ときに午前八時十六分、小沢治三郎提督直率の空母部隊が四角形の南西隅を哨戒中のアルバコアの眼前に出現したからだ。

「潜航襲撃、総員配置につけ」いまや潜水艦乗りの夢想の標的——日本機動部隊がそこにいるのだ。潜望鏡の視野にはまごうかたなき大型空母、少なくとも一隻の巡洋艦をはじめ数隻の駆逐艦が見えるではないか。またと見られない光景だ。

乗員は警報ベルにおどりあがりながら、宙を飛んで持ち場につく。司令塔には先任将校アダムス少佐があらわれ、潜望鏡の上げ下げを受けもち、操舵員は舵輪を操舵長にわたして前部発射管室に降りていく。艦は左へまわる。

日本空母ははじめ方位角七十度で距離は七マイルもはなれていた。この対勢では射点につくのに一苦労だ。もし、日本艦隊が速力を増せば、大角度の変針をしてこちらに向いてくれないかぎり望みがない。

「潜望鏡上げ」めざす目標は右艦首に見えるはずだ。ところが、なんと右真横にも別の空母がいるではないか。私は、潜望鏡を一回転させて全周を見わたすと「面舵(おもかじ)一ぱい」と怒鳴って、潜望鏡をひっこめた。先任将校が腑(ふ)に落ちないような顔をして、私を見つめている。それまでの情況では右に回頭するなど、思いもよらない行動だったからだろう。

「もう一隻空母がいるんだ。これがわれわれの方にやってくるんだ。これを待つにかぎるぞ」私はみんなにこう説明すると、ここにたった一隻の潜水艦しかいないことを口惜しく思った。たしかに、あと一隻の日本空母はまんまと逃げてしまうにきまっている。

第二の空母こそは、最新式の三万四千トンの大鳳であり、檣頭（しょうとう）には小沢提督の中将旗をへんぽんと翻えしていた。しかし、私にはただ一隻の空母にすぎず、最初に発見した空母よりも攻撃に容易な位置にいたので、目標に選定したまでだった。

日本機動部隊を発見してからまだ十分とは経っていないが、情況はどんどん変わっていく。ぐずぐずしてはいられない。いまや、距離は八二〇〇メートル、方位角は右十五度で、敵空母に対し二六〇〇メートルで直角発射できることになる。

一分後に私は潜望鏡をあげて、敵の直衛駆逐艦や哨戒機のぐあいをたしかめると、「取舵（とりかじ）一ぱい」を命じておいて敵情や判断を乗員に説明する。「ちょうど本艦と日本空母との間に駆逐艦が割りこんでいる。そいつがわれわれのすぐそばを通過しそうだ。しばらく針路を北の方に振っておいて、やりすごしてから大物を料理してやろう。ジグザグ運動はやっていない」

死中に活をもとめて

やがて、潜水艦アルバコアは敵陣のなかに潜りこんでいく。距離を四八〇〇にちぢめ、射程を一八〇〇にする考えである。駆逐艦は前方九百メートルを潜水艦に気づかずに突進していく。高速のため聴音がきかないのだろう。重巡一隻が艦尾の方をかわっていく。最初に発見した空母は右後方三マイルのところだ。

見わたしたところ、空母の右後方にいる駆逐艦二隻がどうも邪魔になりそうだったので、私は二隻がやってこない前に発射を終わらせたいと思った。上空には敵機はあまり見あたらないが、いまここで見つかると絶体絶命になる。空母は、左転すれば無難ですむし、二隻の直衛がまっしぐらに飛びかかってくるだろう。またもう一隻の方は面舵(おもかじ)をとればアルバコアの上を乗りきることになる。

「深度六五フィート」私は深度を一フィートだけ深め、潜望鏡をほんのわずかしか水面に出せないようにしておいて、「潜望鏡上げ」を命じた。

最後の観測が終わる。先任将校は「射点まであと一分。発射準備完了」と報告する。司令塔内はシンと静まって咳一つない。部下は一斉に私を見つめ、彫刻のように突っ立って最後の号令を待っている。六本の魚雷が命令一下、躍り出すばかりだ。

「一番発射管発射用意」「一番発射用意よし」あとは鳩を射つぐらい容易な仕事が残ってるだけだ。

と、突然、水雷長が腰をかがめた。魚雷諸元調定盤の故障が発見されたのだ。「発射待った。修正標示灯が消えた」

敵艦は二十七ノットという高速で走っていくのだ。私は万一の場合に応ずるため方位盤は使わないでもすむ心組みだったが、こんな高速では大変なことだ。潜望鏡を長いこと出していれば、敵に発見されるのは必定だ。数秒もたたないうちに駆逐艦が殺到するにちがいない。

とつぜん幸運が逃げ去ったように思われた。私はいそいで三隻の駆逐艦を注視したが、まだ潜水艦に気づいた様子はない。心は矢竹のようにはやる。もし、いまここで攻撃をあきらめれば、潜望鏡を出さないでいれば、まだ逃げられるチャンスはある。

もう一つ残された道は、できるだけ空母に近寄って、回避できない近距離から目測発射をやることだ。死中に活を求めるのはこれだ。とっさに私は捨身の肉薄攻撃を決意した。——が、反撃をくうことは覚悟のうえだ。いましも日本海軍最大の空母が、右舷間近の敵潜望鏡にも気づかず、海の女王さながら悠然と白波をけたてて過ぎていく。

あまりにも目標が近く、高速で走ってるうえに、発射の要目は皆目わからないので、私にはうまく命中させる自信がなかった。だが、この絶望の情勢からなんとかして光明をつかもうと、私は最後の努力を払いたかった。魚雷を一本ずつ、そのたびに直接照準して発射した。時刻はすでに九時十分。わずかの気泡を残して去っていく魚雷は、どれも後落して敵空母の後方へそれるように感じたので、つぎはだいぶ右へ修正して発射した。最後の魚雷——六本目は、思いきって敵艦首の前方に射ちこんだ。

六本の魚雷はうまく走っていった。敵機が一機この魚雷の一本に急降下するとみるや、体当たりをくらわした。あとでわかったところでは、この母艦を救わんとした天晴れな勇士は、小松咲雄という飛行兵曹長であったという。さて、アルバコアのやることは、これからいかにして逃げ延びるかだけである。

たぶん空母一隻撃破

「潜航急げ」「両舷前進全力」アルバコアの船体は大角度に傾き、必死の潜入にうつる。何本の魚雷が命中したかを見とどける時間もない。一刻も早く爆雷の有効距離外にもぐらねばならぬ。案の定、三隻の駆逐艦がやってくるのが潜入直前に見えたが、その一隻はたったいま頭上を通りすぎた。

潜望鏡をおろして、三十秒たつかたたぬとき、乗員は魚雷一本の命中音を聞いた。二本は命中したはずだが、あの自爆機の突入で爆発して届かなかったのかも知れぬ。

——一発命中。とにかく、あの困難な条件を克服してなんとか手に入れた貴重な一点だ。だが絶好の射点にいながら、六本も発射してたった一本しか命中しないとは。方位盤さえ故障していなかったならば。

さて、一分後にはもうこんなことをくよくよ考えている余裕はなかった。あまり長いこと、潜望鏡を出したままだったので、アルバコアが発射を終わったときには、日本駆逐艦はすでに五百メートル内外にまで迫っていた。

特急列車のように驀進する駆逐艦のプロペラ音が、叩きつけるように潜水艦の船体にはねかえる。とにかく、世の中でなにが気持悪いかといって、刻々息の根をとめるように迫ってくる対潜艦艇の兇暴な近接ほど不気味なものはあるまい。その相手が自分をめがけてやってくる場合は、なおさらのことだ。

私は、ストップウォッチをにぎりしめて敵潜の推進器の音に耳をすました。——その怒号

昭和19年５月、マリアナ海戦を前にタウイタウイ泊地に進出した大鳳。飛行甲板には航空機の姿があるが、搭載機は零戦、九九艦爆、天山艦攻、彗星など60機。後方は翔鶴型の空母と戦艦長門

が次第に大きくなり、ひどい騒音になり、ついには引っかきまわすような悪罵にみち、執念ぶかい激怒の金切声になるまで。シュッ、シュッ、シュッ……艦内の隔壁が、ブルブル震動をはじめ、タンタンタンと立てつづけにやってくると、アルバコアの船体全体がちょうど巨大な音叉（おんさ）のようになって反響をはじめる。

私はストップウォッチを押す。だが、目は深度計に釘づけになったままだ。艦はまだ深々度潜航の途中だ。

日本の爆雷深度を心得ている私は、百メートル近く潜る時間をもどかしく思った。もうそろそろやってくる頃だ。

ドカーン……ドカーン……ドカーン……グワン……グワン……ドカーン！

いよいよ爆雷のご入来だ。六発、同じ間隔をおいてみごとに落とされた爆雷だ。

四発目と五発目が間近に落ちたらしい。

アルバコアは艦首から艦尾にわたって、ブルブルと身をふるわす。電球は粉々になって飛び散り、艦内には埃とコルク粉（艦の内壁に塗りこめられたもの）がもうもうと舞い上がって空気がにごってしまった。床に叩きつけられた者もいる。

それにしても、日本駆逐艦の攻撃はすこぶる巧妙きわまるものだった。一度通りすぎると向きを変え、プロペラを止める。それからまた、真上にやってきて爆雷を落とす。と、また反転して爆発の余波がおさまるのを待ち、潜水艦の位置をよく確かめてまたやってくる。私は、これはおそらく、日本対潜学校の優等生のしわざに違いないと思った。あるいは、豊後水道の沖で米潜を手荒くやっつけた手強い連中の秘蔵弟子だったかも知れない。

とにかく、私は艦を最大限度まで沈め、そろそろと動きながら、敵がいなくなるのを辛抱づよく待った。そして私たちが潜望鏡を出せる深度まで浮上したのは正午近くのことだったが、すでに敵機動部隊の影はなかった。

危機を脱したアルバコアは、基地帰投後、第六本目の魚雷一本命中により翔鶴型一隻を撃破と報告した。真珠湾司令部の査定は〝たぶん空母一隻撃破〟となっていた。

運命の魚雷

さて、アルバコアの運命の魚雷が、右舷前部のガソリンタンク付近の舷側（エレベーターの下）に命中したとき、大鳳は第二次攻撃隊の四十二機を発進させたばかりのところだった。

前部エレベーターは動かなくなり、その通路はガソリン、海水、燃料油で充満したが、べつに大火災は起こらなかった。速力もわずか一ノット落ちただけだった。

飛行甲板はすっかり空いているし、艦長はこの小損害を乗員が間もなく処理するだろうと期待した。小沢治三郎提督も旗艦の被害をべつに重視せず、確信と満足を示していた。大鳳はミッドウェーで沈んだ空母よりずっとよく建造されており、一本の魚雷ぐらいで大損害をあたえられないことは確かであった。甲板に起こった小火災を始末するぐらいなんでもない。大鳳は相変わらず何事もなかったように走りつづけている。

しかし、実のところ、重いガソリンのガスが低い甲板に充満したので、消火作業はいささか始末がわるかった。この悪い空気を一掃するため、送風機と扇風機を全部動かし、通風管と隔壁の防水扉を全部開放せよという命令が下された。

ところが、不運にもこの処置は、けっきょく日本海軍の第一級空母の最精鋭艦を破壊する手助けをすることになってしまった。というのは、まもなくシュッという不気味な音がしたと思うと、火花一閃（いっせん）、低甲板全部のガスに引火し、大鳳は瞬時にして渦巻く紅蓮の炎につつまれた鉄塊と化してしまった。

かくして、アルバコアのただ一本の魚雷が命中してから八時間後、被雷地点から三十マイルの場所で、大鳳は命脈つき重傷にあえぎながら停止した。船体の継目は内部の火熱でポッカリ口を開け、吃水線上の区画のいくつかは消火のため注水した海水が充満し、ちょうど過熱された巨大なシリンダーが点火を待つような危険な状態になった。

午後二時半すさまじい爆発が起こり、飛行甲板はまくれ上がり、まるで模型の山脈のように波打った。格納甲板の舷側は吹きとばされ、艦底に達する破孔を生じ、機械員の全員は戦死した。大鳳は沈みはじめた。

司令部は駆逐艦若月、ついで重巡羽黒に移乗した。

午後四時半すぎ、大鳳は火炎につつまれ、救助作業ははかどらず、見るかげもなく変わり果てた惨憺たる姿となって、たそがれのフィリピン海にただよう巨艦に、最後の刻がおとずれた。白煙と蒸気の雲をムクムクと噴出するとともに、左舷にかたむいて転覆し、艦尾を下にすると二千五百尋の海底に消え去った。

二一五〇名の乗員中、わずかに約五〇〇名が救助されたにすぎない。

一方、アルバコアは次回の哨戒で沈没（昭和十九年十一月七日、津軽海峡東口の恵山岬灯台沖で触雷。特設掃海艇第七福栄丸が水柱を視認したといわれている）し、大鳳が撃沈された事実は数ヵ月後に捕虜の口からはじめて確認された。したがって乗員の大部分は、この快報を永久に耳にすることができなかったわけである。

世界の眼に映じた日本の航空母艦

日米の空母はどちらがすぐれていたか。構造の違いと性能の実力

元大本営参謀・海軍中佐　吉田俊雄

吉田俊雄中佐

「日本は早くから艦上航空兵力に関心をもってきた。軍縮条約の規定は、日本が一九二〇年代に新しい航空母艦を建造することを禁止していたが、小型航空母艦若干のほかに、わが航空母艦レキシントンおよびサラトガに相当する二隻の主力艦改造航空母艦として加賀および赤城があった。そして一九三六年以後は、はじめから航空母艦として計画されたものが建造された。太平洋戦争の勃発当時、日本海軍はわが航空母艦七隻にたいして航空母艦十隻を有したが、わが方のもので太平洋にあるのは三隻であった。そして戦争に関する不快な脅威の一つは、日本の航空母艦搭載機の各機種、とくに零戦と九七式艦上攻撃機であった」

これは米国戦史家モリソン博士の言である。日本の航空母艦にたいする評言としては、おそらくこれが、もっともよく言いあらわしているものの一つではなかろうか。

空母については、日英米とも内容は厳秘に付していた。性能は、わからない。したがってこれを比較するものは、大きさと、数と、建造年月の早い遅いしかない。要するに、世界は巡洋艦や駆逐艦ほどに日本の空母を問題にしてはいなかった、というわけである。これを裏書きする永野修身元帥の言葉がある。

「航空母艦を強化しなければならぬことを教えたのは米海軍であった。航空母艦そのものについても米国のほかに、われわれの先生とすべきものはなかった」

そういう日本の航空母艦にたいする評価は、開戦初頭のハワイ空襲へのアメリカの準備としてあらわれた。「いろいろ考えてみると、日本の飛行機魚雷の能力が、はなはだしく過小評価されていた。これは明白である」合衆国艦隊長官キング大将は、真珠湾事件の責任を追及する査問会のためにこう手記を書いた。たしかに、アメリカは航空母艦について満々の自信を持っていたようだ。

ワシントン会議で決めた航空母艦の比率は、英米十三万五千トンにたいし、日本は八万一千トン（五・五・三の比率）。イギリスに拮抗させるため、日米は主力艦制限で廃棄する戦艦二隻を、それぞれ三万三千トンまでの航空母艦に改造していいことにきめた。これによってできた艦が、アメリカのサラトガとレキシントン、日本の赤城と加賀であった。

さらにロンドン会議では、空母の基準排水量を二万七千トン以下に制限した（日本の蒼龍、飛龍）。結局、日本は主力艦でも空母でも第二流海軍のマークをつけられ、まったく身動きができなくなったのだが、先ほどのサラトガ、レキシントンと、日本の赤城、加賀が出そろ

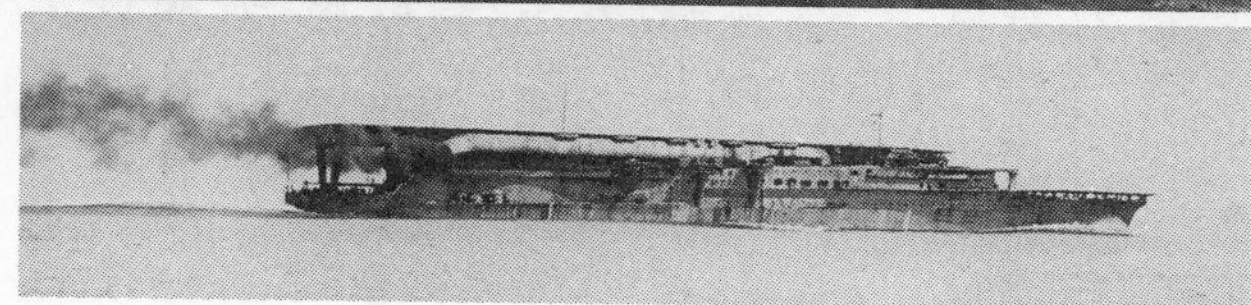

三段甲板時代の赤城(上)と加賀。赤城の右舷中部に上向き第二煙突、下向き第一煙突。加賀は飛行甲板下の両舷に長大な煙路。上部飛行甲板は発着兼用、中段は小型機発艦、下段は大型機発艦用。前方甲板上に20cm連装砲２基、後部両舷に単装各３基。中部両舷に連装高角砲各３基装備

ってみると、日米の空母、ひいては母艦搭載機の用法にたいする考え方が、ハッキリとしてきた。

サラトガとレキシントンは、ともに公表三万三千トン、速力三十三ないし四ノット。搭載機数は八十二ないし七十九機（いずれも公表の数字）であるのに、加賀と赤城は公表約二万七千トン（事実は三万トン）、速力は赤城の二十八・五ノットにくらべ、加賀は二十三ノット。事実は赤城が三十二・五ノット、加賀は二十六・七ノットであった。そして搭載機数は両艦とも六十機である。

出来あがったものを見るに、米空母は艦首から艦尾まで一枚甲板で、煙突と艦橋が厖大な屏風のように艦の片端に突ッ立っており、飛行機を

飛行甲板の上に雨ざらしに積んでいるのに反して、日本は三段の飛行甲板で、いちばん上は発着甲板、二段目、三段目は出発甲板。二段目は短くて小型機用、三段目はやや長く大型機用とされた。こういう芸の細かい考え方は、日本の独創にも見えるが、じつは英国のフューリアスに倣(なら)ったものだった。フューリアスは二段の甲板をもっていた。空母の先達はイギリスなのだが、それではどんな形につくったら一番いいかという定説は、まだ出ていなかった。

英国は、そこでいろいろな形のものを造った。一枚甲板もあるし雛壇式のもある。また艦橋が島型に突出しているのもあれば完全に平らなのもある、というふうにである。そんな次第なので、赤城も加賀もほんとの手探りで造った、といって言い過ぎではなかった。だいたい無理なのだ。そのころ日本の持っていたのは、七千トンの豆空母鳳翔(ほうしょう)一隻だけだ。すべて物事は、経験とデータの積み重ねがいる。ほとんどそんなものは何もないときに、ズバリ三万トン空母を造るのだから大変だ。

下算されていた日本の空母

やっとの思いで造り上げた赤城と加賀であったが、赤城はうまくできたが、加賀はまず煙突が失敗だった。赤城の煙突は、罐室からきた煙路を一つは上向きに、一つは下向きに、右舷の舷外につけたが、加賀は右と左の艦尾まで舷側を這(は)わせて導き、艦尾のところで外向きに開くよう口をつけた。この艦尾の開口から熱気が流れ、空気がかきまわされ、いちばんデリケートな着艦前の、スピードを落とした飛行機が、艦尾に近づくとき異常に奔弄される。

その上に、速力二十六・七ノットという低さが、当時の飛行機には低すぎた。加賀はそれで、出来あがったと思ったら、間もなく改装に着手した。しかしこれは、設計者の責めにばかり帰するわけにいかないことは、誰が見ても明らかである。だいたい、どう飛行機を使うのか、飛行機はどういうふうに進歩するのか——そういう根本がアヤフヤだったから、立派な設計もできなくなる。アヤフヤという言葉を使ったが、海軍の飛行機はそのくらいまだ揺籃期にあったのである。そしてその中でも、いちばん進んでいるのはアメリカだった。イギリスもそうだ。

大正五年、海軍は金子養三少佐を、英国が世界にさきがけて造った空母フューリアスを見学するために派遣した。発着艦訓練の様子を見るためであった。金子少佐は、海軍が飛行機に力を入れだした明治四十四年、フランスに渡り、飛行機の技術を修めた人。翌年には米国にも三人の若い士官を派遣したから、当時の飛行機にかんする先進国は、フランスとアメリカだったわけだ。

日本海軍は、懸命に先進国に追いつくための努力をした。日本の飛行機が、ほんとうの意味で長足の進歩を遂げたのは、支那事変前後なのだが、この戦いは英米の注意をあまり惹かなかった。というのは、三流国が四流国とパチパチやってるわい、といったふうにしか受け取られていなかったのだ。

昭和十六年に発行された米国の航空雑誌「エヴィエイション」には、次のように書かれている。

「日本のパイロットは世界一事故を多く出し、支那事変では中国のパイロットに劣り、人も少ないので、大空軍はつくれない。日本空軍は戦術的には攻撃的だが、大規模作戦の経験はなく、たった一つの大規模作戦といえるノモンハンでは、ソ連空軍に負けてしまった。航空技術も模倣一点ばりで、米英独伊ソに遠くおよばないし、外国機の製作権を買っても、もとの性能すら出せないでいる。アメリカの航空専門家たちは、躊躇なく、日本の主な軍用機は旧式であり、旧式でないにしてもどんどん旧式になりつつあると断言する」

また英首相チャーチル卿は、プリンス・オヴ・ウェールズとレパルスの最後のシンガポール出撃の動機について、こう述べている。

「クアンタン攻撃は、敵の基地雷撃機の足は届かぬとフィリップス提督（英東洋艦隊長官）が信ずる確かな理由があったから決意したのだ。サイゴンからクアンタンまで、距離は四百浬以上ある。当時この距離、いやこれに近い距離であってさえ、これを攻撃した雷撃機はなかった。当時の日本の航空戦力は、われわれにも米国にも、どちらにも甚だしく下算されていた」

日本の飛行機や搭乗員の技量や戦術などは、このように「甚だしく下算」されていた。この「下算」が緒戦の圧倒的勝利を容易にし、その反動としての「上算」が、その後の戦局を動きのとれぬものにした、ともいうことができるであろう。

飛行機は、おどろくべきスピードで発達していた。とても芸の細かい赤城と加賀の三段式飛行甲板では、間に合わなくなった。そこで両艦は大改装をしたのだが、出来あがったものは、アメリカの空母に近くなった。

そのいい例が、翔鶴である。翔鶴と瑞鶴は、条約の制限を脱したあとの最初の空母だ。いわば、何の制限も受けず、設計者が存分の腕をふるった艦だったが、完成してみると、同時期にできた米国のエセックスとほとんど同じだった。トン数も二万六千トンから七千トン。速力も三十四ノット前後。搭載機八十機前後。しかもこれは、英国についても言えた。イギリスのフォーミダブル（二万五千トン）、イーグル（二万七千トンから三万トン）も大差なかった。空母をもつ三大海軍国の設計者たちが、みなほぼ同じことを考えていた、というのは、たしかに驚くべきことであった。

致命的な閉鎖式格納庫

さて、それでは日米の空母をくらべたら、どう評定できるだろうか。少し標題からそれるが、ついでに検討を加えておこう。

飛行甲板は、すでに述べたようにアメリカは一枚甲板であったが、日本の加賀と赤城がその後改装したように、一枚甲板でないといけなかった。飛行機の性能が向上し進歩すると、速力と重量が増してくる。これには、長い滑走路がいる。できるだけ長い甲板といえば、艦首から艦尾にわたってピンと張った飛行甲板でなければならない。

飛行甲板は、その全長を適当に仕切って、発甲板と着甲板に分けられる。ちょうど艦橋のあたりがその境目になる見当である。ところが、第二次大戦後の飛行機の進歩で、エセックス級でも足りなくなった。アメリカのフォレスタル級は一つのその解答だが、イギリスはさすがにウマいことを考えついた。——斜甲板（アングルドデッキ）と蒸気カタパルトとミラーランディング（着艦指導鏡による着艦システム）である。斜甲板で、飛行機の翼が隣りの翼にぶつからなくなった。蒸気カタパルトで、発艦のための長い滑走路が要らなくなった。そしてミラーランディングで、スピードの速い飛行機も、安全に狭い着甲板に着陸できるようになった。

この三つの装置は、エセックス級やイーグル級の、いわゆる中型空母を生き返らせた。むろんフォレスタルみたいな万能選手ではないけれども、近代飛行機のむやみと大きなものでないかぎり、十分にこなせる画期的発明といってもよかろう。

つぎに、格納庫の作り方だ。アメリカのものは開放式であり、日本のものは閉鎖式であった。開放式というのは、もともと橋のように、左右は筒ぬけであるはずのもので、それでは風が当たって困るというところだけ、ペタペタと外鈑を張ってある。ある場所はケンバス張りのところもあれば、ある場所は風の吹きこむに委せたところもある。

だから、いわゆる格納庫の、飛行甲板の下の部分は飛行機を仕舞いこんでおくところではなく、機械工場とか修理工場とかになる。飛行機は飛行甲板の上にならべて、しっかりと止めておくのだ。この方法は爆弾などを受けたとき、被害の拡大を喰い止めるのに役立つ。日本は反対に閉鎖式で、飛行機は全部格納庫——つまり外から見えぬ部屋の中に入れ、風にも当てぬようにするばかりでなく、ガソリンを入れるのも、爆弾や魚雷を積むのも、全部格納庫の中でやった。

ミッドウェーで四隻の巨大空母が、たった二発か三発の爆弾で沈没の破目に追いこまれたのも、じつはこの閉鎖式——飛行機を風にも当てぬよう大事にしすぎた結果だといえる。帰ってきた飛行機を整備員が大勢駆けていってリフトの上にまで運び、チャンチャンと警報のベルを鳴らしながら、地下一階か地下二階にまでおろし、そこからまた動かして、そこでガソリンを積み、爆弾を抱かせる。したがって、危険物は全部、腹の中に入っている。だから、もし火がどこからか入ってくると、一番怖ろしい誘爆が起こる。いったん誘爆が起こったら、燃えるもの爆発するものが何もなくなるまで爆発しつづけ、燃えつづける。

この点でも、たしかに米国の方が現実的であり、また急ぐとき、とくに戦争の場合のような複雑さを嫌うところでは、打ってつけのやり方だった。

大鳳の爆沈などもその適例である。大鳳は一本の魚雷で沈んだ。沈むはずのない、わずか一本の魚雷であったが、ガソリンタンクにヒビを入らせ、ガソリンのガスがピシッと閉められた艦内に充満、そのガスに電動機の火花が移って、いっぺんに艦が割れ、艦内火の海になってしまった。

ところが、フォレスタル級では、アメリカも閉鎖式を使っているらしい。ふしぎな話だ。理由がよくわからない。あるいは原爆の搭載は野天ではできないということなのか。それともジェット燃料の都合なのか。あるいはまた、原爆防禦のためなのか。ともかく妙なことになったものだ。

ネジ曲げられた煙突

もう一つ。リフト（エレベーター／昇降機）だ。日本のものは翔鶴以後はたいてい二基だったが、アメリカは三基あった。翔鶴は三基である。これはイギリスのアークロイヤルとも一致した。が、米国のものは、ちょっと違う。一つは舷外エレベーターだった。飛行機が大きくなると、はなはだこれは便利である。

リフトは飛行甲板のアキレス腱だ。ことに飛行甲板に装甲でもつけると、ものすごい重さになる。その重さをモーターとワイヤで上げ下げするのは、容易ならぬ。また妙なもので、空母が爆撃されると、とかくリフトのそばに当たりやすい。重さと大きさ（当然リフトの真ん中には柱はつけられないので、四隅の柱で重い装甲を支えなければならぬ）の折り合いがつかなければ、リフトの天井だけは、他のところより薄くなる。しかもそこに当たりやすいと来ているから、事はますます面倒だ。

瑞鳳の例だが、爆弾がちょうどリフトの隅のところに当たって、弱点を貫通、格納庫に火の雨をふらせたことがある。そういう点では、舷外リフトは大きな価値がある。貫いても、爆弾は海に落ちるだけだ。

また、煙突もある。アメリカは煙突と艦橋といっしょにして、片舷に寄せて直立させた。日本は商船改造空母の一部（隼鷹など）と、大鳳と信濃だけしかこの式にせず、煙突は舷外に下向きにして艦橋と別にした。

大鳳などに採用した直立煙突は、日本のように夜間発着艦を重要視するところでは、できるだけ甲板の突起物を小さくする方針に反するので、付けるかつけないかで議論になったが、結局、艦の復原力を保つために採用された。ただ米国と違うところは、煙が飛行甲板にかからないようにするため煙突を相当高くし、その先のところを外側にネジ曲げた。だから、見る角度によっては、異様な感じがすることになる。

乾舷の高さは翔鶴はエセックスより低いが、これは空母というものが長方形の側面をもっていて、風圧を強くうけ、錨や錨鎖をむやみに大きくしなければならないことから、飛行機が低翼で背が低いのを利用して天井を低くとり、かたがた外から艦体を小さく見せるようにしたものである。

空母へ改装中の祥鳳飛行甲板前部。13m×12mの前部昇降機、左舷には12.7㎝連装高角砲塔が見える。その前方の遮風柵の立つ飛行甲板は木張りで、格納庫は上下２段

造船技術者も驚嘆した防禦力

防禦の点では、日米どちらがす

ぐれていたか。格納庫の床に、エセックスは二インチないし三インチの装甲を張っていた。この強さはハッキリはわからないが、日本の翔鶴は六インチ砲弾には十分の防禦をしていた。

魚雷防禦は、エセックスは戦艦の魚雷防禦つまり菓子のパイの皮みたいに幾重にも薄い甲鈑を並べたものであったが、翔鶴は日本の酸素魚雷にたいする防禦を固めていた。つまり戦艦と同じだから、その後の日本戦艦の奮戦ぶりから見ると、魚雷七、八本は大丈夫だったろうと思われる。ところが、サラトガは潜水艦の魚雷一本を喰っただけで、半年も動けなかった。防禦は青写真の上からも、実績からも、日本の方が強かったといえるのではなかろうか。

艦の強さも、日本のは非常に強かった。造船技術者が目を見張るくらい、強靱さを発揮した。これはむろん技術者の功績でもあるが、最後まで艦を守ろうとした乗員の努力が、その大部を占めている。やはり艦というものは、造り手と使い手の合わせた力で、その威力をフルに発揮できる。私たち日常生活の場での経験と同じことが、艦についてもいえるのである。

防禦についてはミッドウェー作戦以後、ことに「あ号作戦」以後、完璧になった。艦を生活する場と考えるのをやめ、戦闘一本にしたのだ。

ガソリンを半分にした。そこで半分になったタンクを掃除して縁を切った。倉庫も要らないのは塞ぐし、マンホールも熔接してしまった。パイプも防弾をした。スイッチも防いだ。居住の不便さは、まったく無視した。だから、戦いがながびくと乗員はたまらない。が、幸か不幸か戦場が近くなったので、戦いの期間は短くなった。

こんなとき、エセックスは特攻機に突入されて、大火災を起こした。以上のような不沈対策をした日本の空母は、おそろしいほど頑張った。レイテ戦での小沢部隊の頑張りは、一つには徹底した不沈対策のおかげだった。むろん兵たちの、自分を犠牲にしての奉仕が、その土台に活を入れた。

たしかに、日本の空母はよくやった。開戦当時の空母は日本十一隻、米国七隻、英国八隻――この数字をジッと見つめていると、山本五十六元帥をはじめ航空先覚者たちの声が聞こえるようだ。英米の「下算」を至当とするほど立ち遅れていた日本海軍が、営々と築き上げた実力がこれであった。

慟哭の海に消えた赤城の一番長かった日

爆弾三発により誘爆を起こした旗艦の最後と艦隊司令部の憂鬱

当時「赤城」乗組海軍報道班員・日映カメラマン　牧島貞一

昭和十七年六月五日午前四時、日本海軍の機動艦隊はミッドウェー島の北西二〇〇浬（かいり）の海上に進出していた。いよいよ攻撃開始である。赤城、加賀、飛龍、蒼龍の四隻の空母からは、攻撃隊が発進していった。じつによく晴れた朝だった。昨日までの悪天候が、まるで嘘みたいに思えるほどで、空には星がまたたいていた。ただし、寒かった。

攻撃隊は一機の故障もなく、全一〇八機がミッドウェー島に向かって飛び去っていった。つづいて上空直衛戦闘機が発進する。

「さて、一休みするか」主計長と軍医長が士官室へ降りていった。私もあとについて士官室へ入ると煙草に火をつけ、一休みしていた。すると突然に「対空戦闘」のラッパが鳴りひびいた。

牧島貞一カメラマン

「きたな」――みなは一斉に飛行甲板に飛びだしていく。水平線上の駆逐艦が、真っ黒い煙幕を展張しつつ、さかんに発砲している。

「敵はどこだ」「飛行艇一機です」「バカに早く出てきたな。アメリカ人は気が早くて困る」甲板でワイワイ言いながらこれを見ていたが、やがて豆粒ほどの飛行艇は見えなくなってしまった。しばらくすると、また一機の飛行艇があらわれた。つづいて、また一機、つぎからつぎと飛行艇が出現する。戦闘機は、この飛行艇を片付けるのにあわただしい。

「双発爆撃機六機、こちらに向かってきます」見張員が叫ぶ。駆逐艦も巡洋艦も、すでにこの目標にむけて発砲していた。右側を走っていた戦艦霧島が主砲を射った。茶褐色の煙が濛々とたちのぼる。

赤城の舷側からパッパッと黄色い閃光が、一斉にほとばしり出た。高角砲と高射機銃を射ち出したのである。その方向には、真っ黒な双発爆撃機が一団となって突進してくる。

海上に見なれないかたちの水煙が立ちのぼった。この水煙は、じつに間のぬけた、ゆっくりした速力で立ちのぼると、いつまでも同じかたちをしていた。これが魚雷の水煙だった。

上空直衛の戦闘機が、これらの敵に向かって飛びかかり、全機を撃墜してしまった。そのうちの一機は、赤城の艦橋すれすれに飛び越えて海に落ちた。

やがて「第二波攻撃の要あり」というミッドウェー攻撃隊隊長の友永丈市大尉からの電報がはいった。そのため、米艦隊の攻撃にそなえて魚雷をつけていた雷撃機は、急きょ陸上用爆弾にとり替えよとの命令がでた。上層部では、米艦隊は近くにいないと思いこんでいたのである。

兵装の交換中、またしても敵機が攻撃してきた。今度は急降下爆撃機だった。十機ばかりの一隊が飛龍をねらって攻撃してきたが、一発も命中しなかった。そして、この敵機のほとんどを、上空直衛機が撃ち落としてしまった。じつに零戦は強かった。

そのようなところへ、ミッドウェー島を攻撃した味方機が帰投してきた。なにをおいても、これを収容しなければならない。

飛行甲板は、まさしく戦場だった。乗員がいそがしく飛びまわっていると、またしても爆弾が落ちてきた。これは四発のB17爆撃機から投下されたものであった。照準がいいかげんだったからか、一発も命中しない。味方の各艦は、このB17にむけて一斉に射撃を開始したが、これまた敵の爆弾とおなじく命中しなかった。

握りつぶされた勝機の一瞬

これより先、われわれが敵機の撃墜されるのを見て喜んでいたとき、味方偵察機から意外な報告が入ってきた。「敵らしきもの十隻見ゆ。方位ミッドウェー島より一〇度、二四〇浬、針路一五〇度、速力二十ノット」と。

「艦種知らせ」と電報を打つと、「敵は巡洋艦五隻、駆逐艦五隻なり」との返事だった。しかし、しばらくすると、「敵は、その後方に空母らしきもの一隻を伴う」といってきた。さあ、大変なことになった。いままで敵はいないとばかり思っていたのに、空母をつれて出てきたのである。われわれは愕然とした。

早く敵空母をやっつけないと大変なことになる、と誰もが考えた。そのため「魚雷を爆弾に替えよ」との命令で、あの長い魚雷をおろして八〇〇キロ爆弾に替えたばかりのところへ、こんどは「爆弾を魚雷に替えよ」との命令が出されたのである。狭い格納庫のなかでの作業は、じつに大変なことだった。

ただ、三十六機の艦爆だけは、いつでも出発できるように朝から待機していた。空母飛龍

日米開戦当時の赤城。左舷中央部の艦橋、飛行甲板前部に零戦、右舷中部の煙突、その後方に12cm連装高角砲3基装備

の山口多聞少将から、「ただちに攻撃隊発進の要あり」との意見が具申されてきた。山口少将は、この艦爆をもって敵艦を攻撃すべきと思ったのである。しかし、わが赤城の司令長官南雲忠一中将はこれを握りつぶして、雷撃機をともなった総力をもってこれを攻撃するよう命令を下した。敵空母は、わずかに一隻か二隻にすぎないのにである。

赤城の甲板では、直衛の戦闘機が着艦したり発艦したりしていて、攻撃隊の番がなかなかこない。

「こんなことをしていたら駄目だぞ。防禦ばかりじゃないか」飛行長の増田正吾少佐が、怒ったように叫んだ。私も、戦闘機の着艦を一時中止して、早く攻撃機を出発させるべきであろうと思った。赤城の甲板には、ふたたび戦闘機がつぎつぎと上げられてきた。これを飛ばせておいてから、攻撃機を出発させるつもりらしい。

「敵機の大群、来襲す」戦闘機からの無電が入った。肉眼ではまだ見えない。見張員は、はるか水平線上に、たくさんの雷撃機があらわれたことを報告してきた。増田飛行長も大きな眼鏡で、水平線上をじっと見つめていたが、やがて彼の顔がほころびた。

「よし、あちらの敵は、おおむね片づけた」私もほっとひと安心した。

「ドカーン!」いきなり赤城のすぐ近くに爆弾がおちて炸裂した。真っ黒な水煙が天高くあがった。蒼龍の近くにも落ちた。どうも敵機は、頭の上にまできているようだ。私は大空をふりあおいだが、機影は見えなかった。

そのとき、加賀は左前方を走っていたが、パッパッと対空砲火を射ちだすのとほとんど同

開戦当時の赤城艦橋前面。上部右より1.5m 測距儀、方位測定用ループアンテナ、4.5m 高角測距儀、その後方に信号灯と信号用の三脚檣と信号桁。窓のある羅針艦橋の下の黒四角は操舵室

時に、真っ黒な爆煙が艦をつつんでしまった。艦橋のあたりに閃光がはしった。「アッ加賀がやられたぞ」だれかが叫ぶ。加賀は黒煙をはきながら、海上をのたうちまわった。

この光景を発着艦指揮所で撮影している途中で、フィルムがなくなった。私は隣室に入ってフィルムの交換をはじめた。交換袋のなかに手をつっこんで、カメラのフィルムを交換していると、「総員配置につけ、対空戦闘」の号令がかかった。大いそぎで外に飛びだして上空を見ると、三機の敵が、すぐ近くまで急降下してきていた。いまにも爆弾を落とすところだった。バタバタと近くの乗員が床に伏せる。私もマントレットのかげに伏せた。

「ガン」それは、もう音ではなかった。体も艦も、いちどに跳ね飛ばされるような震

動だった。

「ガン」こんどは、さらに大きかった。熱い爆風が、体の半面にたたきつけられた。爆風で首にまいていたタオルが飛んでしまった。顔の皮膚が引きさかれるような感じだった。

「ガン」三度目はすこし小さかった。私の横に伏せていた水兵が身を起こしたので、私も起きあがった。

見ると、私のいたところから十五メートルばかり後方の甲板の真ん中に、大きな穴があいていた。エレベーターは裂け、そこから黒煙と炎が噴きだしている。甲板に並べられてあった戦闘機も、メチャメチャに破壊されていた。とくに、ある一機などは滑走の途中をやられたらしく、五十メートルほど前方で逆だちして燃えていた。

わずか三発の地獄行キップ

赤城にむけて投ぜられた三発の五〇〇キロ爆弾のうち、最初の一発は、艦橋すれすれに海におちて炸裂した。二発目は飛行甲板の真ん中に、三番目は艦尾ちかくの海中で爆発したものである。

この三発目の爆発で、飛行甲板の後尾がめぐれあがってしまった。一見すると艦尾に命中したように見えたが、実際は至近弾であった。

「用のない者は外にいちゃいかん。危ないから、みんな内に入れ」飛行長が大声で叫ぶ。発着艦指揮所にいた十名ほどの士官や水兵とともに、私も搭乗員待機室に入った。

「ああ、蒼龍もやられたぞ」と山田昌平大尉がいった。味方の戦闘機は、先ほどの敵雷撃機をたたき落とすため、全機が低空へ降りてしまっていて、高空はがら空きになっていた。そのため敵の艦爆は、一瞬にして三隻の空母を撃破することができたのである。

格納庫には、ガソリンを満載した飛行機をはじめ、爆弾、魚雷がいっぱいに詰まっていたからたまらない。さながら、火薬庫に火をつけたようなものだった。

そのなかでも加賀がいちばんひどかった。投下された九発の爆弾のうち四発が命中したが、その一弾が、艦橋のすぐ前にあったガソリン補給車に命中し、艦橋にいた艦長以下、艦の首脳部全員を即死させた。ただ一人、飛行長の天谷孝久中佐のみは、後部につきでた発着艦指揮所にいたため軽傷で助かり、それ以後は、艦長代理として艦の指揮をとった。

蒼龍は投下十二弾のうち、三弾が命中した。飛行甲板の前、中、後部に命中した三弾によって、一瞬にして火の海となってしまったが、ただ艦橋の近くだけが比較的に安全だった。

三艦とも、つぎつぎと誘爆をおこした。

誘爆がおきると、搭乗員待機室も煙で一杯になって、私たちはふたたび指揮所へ逃げだした。火に追われた水兵が、ぞくぞくと逃げこんできた。搭載していた爆弾に引火して自爆するたびに、火災は激しくなっていった。もはや手のつけられる状態ではない。

司令部は赤城をすてるらしい。草鹿龍之介参謀長が艦橋の窓から外に出ると、綱をつたわって、下へおりていった。

「君は死んじゃいかんぞ、逃げろ」増田少佐が私にむかって叫んだ。私も参謀長のあとについて、燃えあがる甲板にとび降りると、前部鎖甲板へ走った。ここは比較的に安全な所だった。飛行機の搭乗員をはじめ、ありとあらゆる乗員が集まってきた。

一隻のカッターがおろされて、司令部の全員がこれに乗り込むと、軽巡洋艦の長良へ乗りかえた。三隻の空母は、いまや火山の爆発のような煙をあげて燃えていた。ただ一隻生き残った飛龍は、飛行機を飛ばして孤軍奮闘をつづけていた。

藻屑と化した空母四隻

「おい、昼飯を食べよう」といわれて長良の士官室に入ると、司令部の全員が食事をとっていた。赤城の艦橋で威張っていた参謀たちのいままでの態度が、ガラリと変わっているのに気づいた。

「これから、どうするんですか」私は問いかけた。「魚雷で敵をやっつける」

「雷撃機を飛ばすんですね」「いや、艦でやるんだ」吉岡忠一参謀が答えた。

南雲長官は水雷科出身だった。長年、このクラスの軽巡に乗り組んで駆逐艦をひきつれ、敵主力への攻撃訓練ばかりやってきた人である。昔なつかしい長良に乗りこむと、すぐに魚雷攻撃のことを考えはじめたらしかった。

「航空参謀も、もう用がないわい」吉岡参謀が小さな声で私にいった。

艦隊は隊形をたてなおすと、敵に向かって進撃をはじめた。これから米艦隊まで何百浬あるのか知らないが、わずか二十八ノットしか出ないボロ艦で、敵のいるところまで辿りつけるのか、南雲長官は気が狂ったのではないかと思った。

それから二時間あまりして、「おい、飛龍が敵空母二隻をやっつけたぞ」と艦橋で叫ぶ声がした。これに応えて「バンザイ」を叫ぶ声が聞こえてきた。

「なんでも敵は大変な陣形をつくっているらしい。一隻の空母を巡洋艦と駆逐艦とで囲んで、小さな輪形陣をつくっているのだが、これが幾つあるのか、十浬くらい離れているから分からんそうだ。いままでに二つは見つけたがね」

「思いきった隊形を組んだものだ」みなが感心して聞いている。

太陽がだいぶ西に傾いたころ、ふたたび「対空戦闘」のラッパが鳴った。敵機の一群は、太陽を背にして攻撃してきた。ただ一隻で奮戦していた飛龍も集中攻撃をうけたのでは、たまったものではなかった。三弾が命中すると、たちまち黒煙をあげて燃えだした。

いまや、ミッドウェー攻略に向かった日本艦隊には、空母がいなくなっていた。このような日本側の状況をみて、B17が低空をゆうゆうと飛んできて戦艦や重巡を爆撃したが、一発も命中弾はなかった。

夜になった。いまなお飛龍は真っ赤な炎をあげて燃えている。長良は飛龍に近づいて停止すると、カッターをおろして救助にあたった。しかし夜中になって、連合艦隊司令長官山本(やまもと)五十六大将の命により、救助作業を中止して退却した。

これより先、午後四時すぎに蒼龍と加賀は大爆発をおこして、あい前後して沈没したが、赤城だけはまだ浮いていた。

「赤城を処分せよ」との山本大将の命をうけた駆逐艦三隻は、各艦一発ずつの魚雷を発射して、これを沈没させた。もう夜明けが近かった。あたりは薄明るくなっていた。

「飛龍がまだ浮いている」との報告をうけて、長良に一機だけ搭載してある水上偵察機が、昼ごろに偵察にむかった。この偵察機が飛龍の停止していた海域にいって見ると、すでに沈没してしまったのか、空母の姿は見あたらなかった。

長良は、ただ一隻で走っていた。昨日までのあの大艦隊の姿は、もうどこにも見られなかった。

長良へうつってから、私は体の関節が痛んで困った。とくに腕と足が痛かった。これがだんだんひどくなって、針をさされるように痛んだ。タラップを降りるときなどは、這って降りるほどである。どうなったのかと思って、軍医に相談してみると、「ああ、赤城からきた人たちは、全員が痛い痛いといってるよ。爆風でやられたんだ。一週間もすれば、自然になおるよ」といわれて、やっと安心した。

泣きツラに蜂の「部内秘」

「まったく馬鹿なことをやったものだ」吉岡参謀が怒っている。また何かヘマをやったなと思ってたずねると、重巡二隻が衝突し、うち一隻が沈没したという。

「陸軍の上陸部隊を援護していった七戦隊の重巡四隻がよ、ミッドウェー島を砲撃せよとの命をうけて、全速力で突進していったのだが、夜中になって、山本長官の退却命令で引き返す途中、敵の潜水艦が浮上しているのを発見して、これを避けるために一斉回頭をやった。そのときに、ガチャンと衝突してしまったのだ。このため三隈は横腹に大穴をあけて重油が流出し、いっぽうの最上は艦首がぐにゃりと曲がってしまった。こいつらが昨日一日はよたよた走っていたものの、今日は敵機の集中攻撃をうけて、とうとう三隈が沈没してしまったよ。敵は一発の魚雷もつかわずに、重巡二隻をやっつけたわさ」

翌日、長良は連合艦隊旗艦の大和に追いついた。草鹿参謀長以下、参謀たちはカッターで大和へ向かい、善後策などをいろいろと打ち合わせてきたが、案外と晴れやかな顔色で帰ってきた。そして速力をあげると、大和を追いぬいて内地の呉へ向かった。

今後の対策のために、二日ほど早く帰れることになった。私たちは喜んだ。内地へ帰投すれば、上陸できるものと思い込んでいたからである。しかし、呉につくと「全員上陸禁止、通信禁止」の命令がきた。艦長以下、全員が上陸できなかった。ただ、参謀たちだけがランチで忙しそうに、行ったり来たりしているだけだった。

呉についた二日目に、われわれは柱島に帰った。そこには、山本長官からの特別命令がまっていた。「部内秘」と記された特別命令だった。「本作戦に関する一切の事項および本作戦に参加の事実は、海軍部内においても極秘とせよ」

司令部の杉山中尉は私に向かって、「この作戦に関することはすべて、しゃべることも書くことも禁止だぞ。ミッドウェーに行ったとさえも言えないぞ」という。「それじゃ監禁と同じじゃないか」と不満をのべると、「その通りだ」との返事がかえってきた。

司令部は戦艦霧島へ乗りかえることになり、私も霧島に乗り込んだ。この艦は、まさに敗残兵の収容所であった。「部内秘」といわれても、われわれミッドウェー帰りのあいだでは、なにを話しても自由だったので、「君はどうして助かった」から「いかに戦ったか」が、挨拶の言葉になってしまった。そして海軍の行く末と、海軍航空部隊の再建が一番の話題となった。

空母四隻の喪失は、日本海軍にとってあまりにも大きかった。とくに、これらの空母とともに失われた飛行機と搭乗員をどうするか、これからは攻守ところをかえて、攻撃してくるのは連合軍である。われわれは守勢に立たざるをえなかった。

「攻撃は最大の防禦なり」――航空戦においては、攻撃だけが唯一の防禦であることを、みな痛いほど知っていた。戦艦の時代は、もう終わっていた。空母が海軍の主力であることを血と汗をもって全世界に証明したのは、誰でもない、いま私のまわりに敗戦の身を横たえている搭乗員たちであった。開戦いらいの戦果の九〇パーセントを独占してきたのは、これらの人たちであった。山本大将が「部内秘」の命令を出したのも、当然のことだった。

負傷者は全員、全国の海軍病院の隔離病舎に入れられた。搭乗員は訓練のため陸上基地へ送られたが、特別の兵舎に「軟禁」された。軍艦の乗員は、全員が柱島の各艦に乗ったまま、上陸禁止、通信禁止だった。

約一ヵ月ほどして、機動部隊の司令部にも転勤者が出てきた。だが、これらの士官たちの行き先は軍艦か南方の遠い基地で、内地勤務の者はいなかった。

そのうちに、参謀全員が更迭された。かわらなかったのは、南雲長官と草鹿参謀長だけだった。そして、ただ一人の報道班員だった私も残された。それ以後、参謀長と私は、夕食後よく甲板に出て二人きりで無駄話をした。この人の私にたいする態度が、以前とはすっかり変わってきた。この無駄話が、彼にとってはただひとつのレクリエーションのようであった。

栄光燦然たり空母「加賀」の奮戦

命中弾四発、誘爆七回により沈没、艦長以下の幹部多数戦死の実相

当時「加賀」工作長・海軍大尉　国定義男

五月二十七日の日は暮れて、故国の山々は次第に夕闇の中に消えていった。我々はしばらくの別れと名ごり惜しく、これを眺めていた。

南雲忠一中将の指揮する第一航空艦隊は、昭和十七年五月、海軍記念日を卜(ぼく)して瀬戸内海を出撃した。行く方はミッドウェー水域である。主力は空母赤城、加賀、飛龍、蒼龍で、岩山のようなその艦容は、まことに威風堂々あたりを圧し、旬日を経ずして全滅の悲運にいたろうとは、誰一人、思いもせぬことだった。

私は飛行長の天谷孝久中佐、飛行隊長楠美正少佐および砲術士石原少尉とともに、空母飛龍より五月早々加賀に転勤したものであり、したがって乗員ともなじみは浅く、また艦内にも精通していなかった。それで航海中を利用し、担当の諸装置および配管等をしさいに調査していた。

明けて六月五日未明。発艦する飛行機を見送って、私は指揮所へ入った。今日の第一次攻

三段甲板と長大な煙路を排し右舷に艦橋と煙突を設けた改装後の加賀

撃隊指揮官は、飛龍の友永丈市大尉で、私と同年卒業の親しい飲み仲間である。彼の成功をねがっているうちに、拡声器は「警戒」の令を伝え、同時に、高角砲機銃のはげしい対空射撃が開始された。

敵機は陸続と来襲し、射撃は間断なくつづけられている。そのうち拡声器が「来襲の敵機全部撃攘」と知らせたので、私は飛龍時代からの習慣で、のこのこと飛行甲板へ上がっていった。なんとなく殺気がみなぎっている。

しばらくして拡声器が「敵雷撃機来襲」を令達し、またも高角砲機銃の射撃がはげしく開始された。対空射撃指揮官は副砲長の平塚大尉で、やはり私と同年卒業である。開戦いらい対空戦闘らしいものはほとんどなく、肩身のせまい思いをしている様子だったが、今日は休む間もない忙しさである。「一つ戦闘が終わったら、からかってやろうか」などと、よからぬことを考えていた。

なにせ私の配置は、被害か故障かがない限り、いたって暇である。間もなく射撃はやみ、拡声器は「ただいまの雷撃機は全部撃墜した」と、高らかに伝えた。

大爆発は七回あった

私が伝令たちと喜び話し合っていると、突然、また機銃射撃がはじまった。そして、「ズスーン、ズスーン」とにぶい振動を三回ほど感じた。私は「二〇サンチの主砲を射ったな」と思ったところが、ややあって拡声器は「後部に爆弾二発命中、火災」と伝えたが、実際は前部にも二発命中していた。

バネのように立ち上がった私は、「各部へ応急員発進、消防ポンプ全力」を命じ、伝令が手ぎわよく各応急群へ伝達する声を耳にして、室外に出た。「待機応急員集まれ」と叫び、指揮所前にサッと整列した応急員二十名に、被害状況と消火要領を指示し、「かかれ」——と令した。

応急員が一斉にかけ出したそのとき、ものすごい大爆発！　私たちは無残にはね飛ばされてしまった。艦内はまったく暗黒と化した。私はすぐ立ち上がり、ポケットから手廻し発電の懐中電灯をとり出して、周囲を照らした。すると、「工作長やられました」と叫んで、私の足にすがりついた者がある。

見ると、工作兵曹であった。足が折れて両踵が反対向きになっている。抱き上げると、二度目のすごい大爆発に二人はまたもはね飛ばされた。私はふたたび立ち上がった。

このころ、加賀の被害を望見していた榛名副長の堤中佐は、「大爆発は七回あった。あまりの凄まじさに一名の生存者もあるまいと思った」という。事実、搭載機をふくんで格納庫内には魚雷約二十本、八〇〇キロ爆弾約二十個、二五〇キロ爆弾約四十個があったといわれ、これが七回に分けて誘爆したのである。

逆に考えれば、これだけ命中したような結果になったのである。したがって、乗員たちは悲惨のきわみであった。私はあお向けに倒れていた。起き上がってみると、上甲板への昇降口付近である。位置がわかったので、指揮所へ行こうと一歩ふみ出すと、靴にぐにゃっと触感があった。死体である。応急員の主計兵らしく首がちぎれてなかった。

私は指揮所と思われる部屋に入ったが、まちがえて隣りの准士官寝室だったのがあとでわかった。室内には工作兵が二名伏せていた。舷窓の盲蓋を開かせると、室内と通路は急に明るくなった。

「工作長はここにいるぞ、みんな集まれ」と怒鳴ると、これに応じて光を見当に集まって来た。計八名、半数は負傷していた。すこし遅れて第三応急群指揮官の掌工作長（名前失念）特務少尉が、虎口をくぐり抜けたようなかっこうで復帰して来た。すすと血で、全身が真っ黒に汚れている。

「工作長、部下は全部やられました。私一人になりました」と興奮して報告し、一同をかえりみて、「おいみんな、工作長と一緒に死ぬんだぞ」とくりかえし激励した。

と、今度は入口付近が燃え上がった。我々はびっくり仰天、あわてて舷窓を閉めるやら、火をたたき消すやら大騒動したが、消しても消しても火は燃えるばかり、そのうえ呼吸はますます苦しくなってしまった。

私はもはやこれまで、と決心して、舷窓より外舷バルジの上に脱出を命じた。

バルジの上は、すでに五、六名が避難していたが、しかし、ここも安全な場所ではなかった。頭上二十メートル付近に高角砲および機銃がずらりと並んでおり、これらは、すでに火炎につつまれており、機銃弾は間断なく誘爆し、その発射弾は四方八方にとび散り、また高角砲弾は砲側で、それから揚弾筒の上部、つぎに中部というぐあいに誘爆し、このため、負傷する者もあった。

はなはだ危険なところではあったが、しかし、呼吸が苦しくないだけまだましである。

硝煙の中の退避命令

これほどの大被害をうけてはいたが、さすがに加賀はがっしりと浮いている。海上には飛行甲板からはねられた乗員が三々五々と漂流しており、これを駆逐艦萩風がしきりに収容していた。一万メートルほどの距離に、赤城が前部から黒煙一条を高くなびかせて、ゆっくり動いており、また水平線ちかくには蒼龍が停止してかたむき、全艦紅蓮の炎につつまれている。

突然、一人の負傷兵がずるずると、バルジの上から海中にすべり落ちた。周囲の者が、急いでロープを投げてやった。しばらくはこれを握っていたが、ついに力つきて手を放した。

「頑張れ、しっかりしろ」と激励したが、直立のまま、静かに静かに沈んでいった。水がきれいでその白い作業服がいつまでも見えた。

我々一群のいる右舷中央部のバルジは、艦首方向は煙突支柱に、艦尾方向は高角砲、揚弾筒にさえぎられていて、視界はきかず、また通行もできず、まったく孤立している。こんな危険な場所はなんとか早く脱出して、前部応急員に合流し、防火任務に従事しなければとしきりに焦慮思案しているとき、ふいに「工作長、魚雷、魚雷——」と、ただならぬ声がする。反射的にふり向くと、艦尾方向に雷跡一本……わずかにそらした。

煙熱冷却装置により冷やされた白色水蒸気を含んだ排煙を放出する加賀改装後の煙突。25ミリ連装機銃も見える

右舷後方に敵潜水艦がいるらしい。しかも加賀にとどめを刺そうとしている。また、一本——。白い雷跡は、息をひそめて見つめる我々の眼前を、やや平行に走り艦首方向にそれた。つづいて、また一本——。ななめの後方より白い雷跡がどんどん延びて近づいて来る。一直線に右舷中部へ向かってぐ

んぐん迫って来る。

「魚雷が当たるぞ、みな海へ逃げろ」と怒鳴った。

魚雷は見るみる近づく。いら立って「工作長は飛び込むぞ、みんな飛び込め」と怒鳴ってとなりの負傷兵の手をすばやくバンドの下へつっ込み、抱えるようにして飛び込むと、十七、八名つづいて、さっと飛び込んだ。

有難いことには、伝令の織田工作兵が私のあとに従っていた。しかも、用意よく板をもっており、私につかませた。やっと安堵して私は靴をぬぎ、足にからまる服の破れをちぎりとった。服はずたずたになっている。

織田工作兵は、誘爆弾の破片を右臂部にうけ、肉がそっくりえぐられて、血がまわりを赤くしていた。また異様なその鉢巻には、練習生卒業時にいただいた下賜の銀時計が入れてあった。

見ると、手に書類を持っている。「何か」とたずねると「工作長、伝令簿です」と答える。指揮官が口達する伝達記録で、伝令としては、もっとも重要な書類である。私は「もう捨てていいんだ」と教えると「捨ててもいいんですか」と確かめて惜しそうに捨てた。

退去を肯んぜぬ乗員

海に入って初めて加賀被害の全貌を知った。上部はすべて焼けただれ、薄褐色の炎に包まれており、空はかげろうのようにきらきらしている。黒煙はもうなかった。

艦橋はおしつぶされ、左舷前部と右舷後部は大きく縦に裂け、とくに左舷は甚大で水線に達している。誘爆はまだ継続していた。

異状のないのは艦首と艦尾部だけで、ここにはおのおの五、六十人の乗員が立てこもっていて、空缶やら帽子まで持ち出して、海水をくみ上げ消火に尽力している。

私と織田工作兵は、艦尾部へ行こうとつとめた。しかし潮に流されて、しだいに加賀より遠ざかった。

赤城はすでに停止し、黒煙は以前よりなお大きく高く上がっている。蒼龍はもう視界内にはなかった。萩風は高速で旋回しつつ、さかんに爆雷を投射し、敵潜水艦に攻撃をくわえている。

いつの間にやら、同じ漂流者が三々五々、私の周囲にあつまって総勢九人となり、なんとなく元気になり、にぎやかになった。

ときどき軍歌を歌い、雑談もはじめた。米飛行士だった。整備兵がこんなことをいって一同を笑わせた。「妙な人が泳いでいると思ったら、米飛行士だった。海の中じゃどうにもならんし、しゃくだから水をかけてやった」と。

幾時間後かわからぬが、午後四時ちかく、萩風のカッターに救助された。私の時計は十二時十分でとまっていた。萩風の舷梯をのぼると、飛行長が立っていた。私の顔をみると「工作長……無念ですね」とぽつんと言った。

艦内には、すでに七百名ほど収容され、重傷者も少なくなかった。ここではじめて、科長以上十四名のうち生存者は飛行長、軍医長と私だけであるのを知った。

艦長は羅針盤に佇立したまま、副長、航海長、通信長、砲術長、整備長、飛行隊長は艦橋またはその付近で、運用長は火災の格納庫へ急行の途中、それぞれ戦死された。主計長は泳いでいたが「俺は水泳が下手だから駄目なんだ。もう面倒くさいから死んじまう」と言い棄て、ズボッと水の中へもぐってしまったという。

機関科はもっとも悲惨で、上部火災のため脱出し得ず、機関長以下大部の人が戦死。わずかに佃中尉以下、補機、電機のもの約四十名ほどが生存しているのみだった。支那事変に南昌の敵飛行場に着陸して、敵飛行機に放火して帰投し、勇名をとどろかした小川正一大尉は、下半身に重傷をうけ、ハンドレールに寄りかかって泳いでいる兵員たちに、ニコニコと別れの手を振っていたという。

加賀はしずかに傾き、しずかに沈下している。そして、上部一帯は、赤い炎におおわれている。

飛行長の退去指令で、艦首の第一応急群を主とする一隊がひきあげて来た。しかし、艦尾に立てこもる一隊、すなわち第四応急群、指揮官の工業長（名前失念）、工作兵曹長は、これを肯(がえ)んぜず、収容の萩風内火艇を追いかえして、「手動ポンプを送られたし、消火着々進捗中、手あき加賀乗員の加勢たのむ」と連絡して来た。

その心情を察して飛行長は、私に意見をもとめた。私は自から説得に行こうと思ったが、面目ないような気がして、「工作長の命令、ただちに退去せよ」と強い指示をした。

やがて、加賀最後の乗員五十余名は、内火艇とカッターに収容されて引あげて来た。内火艇のなかで、はじめて加賀被害の全貌を知り、その命数のもはや尽きたのをさとったのか、工業長は舷門に迎えに出た私を見るや、「工作長……」といったきり、声をあげて泣きくずれた。涙がひげをつたわってポトリ、ポトリと甲板に落ちた。

加賀の最後

収容人員は八百余名となり、狭い駆逐艦は足の踏み場もないほどになった。疲れはてた私は、士官室の床にしゃがみ、壁に寄りかかってまどろんだ。

どれほど眠ったか知らないが、「工作長、工作長」とゆり起された。目を覚ますと、織田工作兵が立っている。

「飛行長が工作長に、間もなく加賀が沈むと伝えろといわれました」

伝令にささえられて、前甲板に出た。

もう日は暮れてほの暗い。砲塔の横に飛行長がひとり、ぼっそりと立っていた。私をチラッと見たきり、無言で前方を凝視している。

薄闇の海上に、加賀は黒く見えた。わずかに左舷に傾いたまま、ほぼ水平に沈み、飛行甲板の前部はすでに波にかくれ、中部、後部はすこし水面上にあった。

波は前部より、しだいしだいに進み、黒い部分はおもむろに消えて行く。最後に白い波がチラチラと立って、加賀はまったく没してしまった。

飛行長は、『アー、一緒に死ぬんだったあー』と、苦しげにつぶやいて、祈るように頭を下げた。おなじ思いの私も、静かにこれにならった。

ドドンという爆音を残して、加賀はとこしえに姿を消した。とこしえに——である。

わが愛機は命運なき母艦「加賀」と共に

飛行甲板も飛行機も誘爆大破、翼なき搭乗員が見た母艦の最後

当時「加賀」艦攻隊・海軍一飛曹　松山政人

太平洋戦争勃発（ぼっぱつ）の糸口となった真珠湾攻撃から、数ヵ月してからだった。真珠湾攻撃の疲れをいやすため、山口県の岩国基地で保養をかねた基地訓練を行なっていたわれわれ空母加賀の艦攻隊も、再度、第一航空艦隊の機動部隊として南方作戦に出動することになり、内地をあとにした。

機動部隊の編成は真珠湾攻撃のときとおなじで、瀬戸内海の柱島付近に停泊していた各母艦も、相前後して出港していった。作戦はミッドウェー島を攻略占領して日本の南方基地とする、という計画だった。

母艦の出港と同時に、各地の基地に分散して翼を休めていた各飛行機隊も、それぞれ飛びたち、洋上において母艦へ着艦して収容されたのである。

松山政人一飛曹

今回の出撃は前回の真珠湾攻撃とことなり、はじめから作戦目標も行動予定もわかってい

た。また緒戦の大勝気分に酔ってもいたので、気分的にもだいぶ楽なものがあった。太平洋戦争の開戦前に見られたあの悲壮なまでの気分と、開戦後の今の気分とは、まったく比べものにならないほどの落ちついたものであった。

例によって長い航海がつづき、島影ひとつ見えない毎日、青い海と空ばかりを眺め、愛機の手入れをしながら南へと艦隊はすすんでいった。内地をでた時とちがって、南へ行くにしたがってしだいに暑くなっていった。

めざすミッドウェー島に近づくとともに毎日、索敵機を飛ばして警戒にあたったが、別に変わったこともなかった。いよいよ明朝、黎明を期してミッドウェー島を攻撃するという日、それも夕方近くなり、そろそろ太陽も西の果てに沈もうとするころ、はるか彼方の水平線上に、敵機らしい機影を発見した。

しかし、その時はたいして気にもせず、明朝の黎明攻撃のための準備に一生懸命であった。後日、これを見逃したことが、わが方の命取りに思えて仕方なかった。しかしこの時は、そんなことは少しも気にせず、例によって前夜祭（別れの酒宴）をはったのである。

六月五日、ミッドウェー海戦の当日である。攻撃は黎明を期して第一次攻撃隊が出撃し、そのあと第二次攻撃隊が出撃する予定であった。

この日の私は、第一次攻撃隊の発進より一足早く、索敵機としてある方向の索敵任務についたのである。朝のまだ明けやらぬ暗いうちに、朝飯も食わずに飛びたち、三時間くらいの索敵行動であった。島影ひとつない大海原を、敵潜水艦あるいは敵艦隊をもとめて飛行した

着艦作業中の加賀。飛行甲板には前部、中部(艦橋脇)、後部の昇降機がある。艦橋後方の信号檣は右外舷に傾けられ、無線檣も水平に倒されている。飛行甲板より船体幅が広いのがわかる

が、獲物は何ひとつ発見できなかった。

攻撃隊はいまごろ、さかんにミッドウェー島の攻撃をやっていることだろう。敵機は、敵の防禦砲火は？　などと思い浮かべながら、索敵任務をおえて母艦へ帰投した。ぶじ母艦加賀に着艦するとさっそく任務報告をすませ、搭乗員室へ引きあげて遅い朝食についた。

朝食をかきこみながら留守中の出来事をきくと、わが攻撃隊が発進していくらもしないころ、敵の攻撃隊がわが方を攻撃してきたとのことであった。それも、みな小型の艦上機ばかりであったらしいが、どこにそんな敵がいたのだろうか。ミッドウェー島に基地訓練でもしていたのが、攻撃してきたのであろうか。この時は、上空を直衛していた戦闘機の奮戦で撃退し、母艦には何事もなかったということである。

まだ一度も空中戦を見たことのなかった私は、それを見られなかったことを口惜しがっていると、またも敵機の来襲を伝えるスピーカーが鳴り渡り、伝令が走りまわっている。今度こそ空中戦が見られると、まだそんな呑気なことを考えながら飛行甲板へ上がってみると、いるわいるわ、敵機がそこかしこに一団となって母艦群に襲いかかってきている。

なるほど、襲ってくるのは艦上機ばかりである。それを迎え撃ってわが戦闘機は、上に下へと奮戦している。

はじめのうちは、われわれも手を叩いて喜ぶほどよく墜ちていく敵機も、だんだんとその姿を消していったが、味方戦闘機の機影も少なくなっていく様子に、何となく暗い予感がした。

吹っとんだ巨大な飛行甲板

その時、索敵機から敵機動部隊を発見したらしいという報告が入った。ただちに攻撃隊雷撃用意の命令がくだった。いよいよ、われわれの出番である。私は急いで甲板下の格納庫へかけつけ、愛機へ魚雷を装備した。ところが、これらの装備も終わろうとする時、今度は雷撃中止、爆撃用意という命令である。しかたなく、いま装備したばかりの魚雷を取りはずし、急いでいるため魚雷を魚雷庫へもどす暇もなく格納庫へ置いたままで、今度は爆弾庫から八〇〇キロ爆弾を運んできて、爆弾装備に変更したのである。

この間、敵機の来襲はつぎつぎと休むまもなくつづいていた。何はともあれ、敵の機動部隊を攻撃しなければならない。わが攻撃隊を発進させるため、装備をおえた飛行機を飛行甲板へ上げているところへ、敵の一機が、加賀の飛行甲板に激突した。

それが自爆したものか、あるいは撃墜されて落ちてきたのか、詳しくはわからないが、落ちたところが悪かった。ちょうど飛行機を上げつつあった後部リフト（飛行機を上げ降しするエレベーター／昇降機）だったのである。

そのため、リフトは作動しなくなると同時に、乗っていた飛行機の爆弾が爆発し、これがつぎつぎと他の爆弾や、格納庫内に置いてあった魚雷までを誘爆させたのである。

一瞬、艦内の電灯は消え、天地をゆるがす大轟音とともに大爆発をおこし、不沈艦といわれた加賀の飛行甲板を吹き飛ばしてしまった。艦内はめちゃめちゃに大破し、艦は航行不能となってしまったのである。

私たちはその時、出撃準備のため、搭乗員室で身仕度をしていた。しかし、この事故によって飛行機がなくなり、もう飛べないとなると、われわれは手足を捥がれたとおなじであった。何をしてよいかわからず、夢遊病者同然となってしまった。

電灯の消えて暗い室内を見ると、もうもうと立ちこめる爆煙の中でごそごそと這いまわっている者、倒れたきり動かない者、あんなに激しかった砲火の音もとだえ、ときどき聞こえてくる爆音は、味方機のものか敵機のものか、まったくわからない。

しばらく呆然としていたが、だんだんと意識がはっきりするにつれ、生きることへの執着が猛然とよみがえってきた。生きなければ、という気持で外へ出てみると、室内の暗さにくらべ外は真昼の明るさである。

海上を見ると、はるか彼方に黒煙を上げている旗艦赤城があった。おそらく赤城も、この加賀とおなじ運命にあって航行不能に陥ってしまったのだろう。

あたりの海上には、浮きつ沈みつしている人影が無数に見える。撃沈された艦の乗組員か、または艦に着艦もできず、海上に不時着したわれわれの仲間の搭乗員かもしれない。それらの人々の救助にまわっているボートも見えるが、果たしてこの無数の人たちを、全部救助しきれるかどうかはわからない。見ると母艦直衛の駆逐艦が目と鼻のところにいて、さかんに救助している。

私は、泳ぎにはそうとうの自信もあったので、救助を待つより、自分から泳いだ方が早そ

加賀の艦橋。頂部に方位測定用ループアンテナ、高射装置、信号灯。右方の信号檣は発着艦作業のさいには、写真のように右外舷に斜めに倒れる起倒式であったが、水平にはならなかった

うだと考え、泳ぐことにきめた。飛行服のままで、今までわが家わが城として暮らしてきた加賀の後部甲板から、七、八メートルほど下にある南太平洋の海中へ飛び込んだのであった。

沈みゆく母なる加賀

あとになって聞いたことであるが、加賀では、私が飛び込むとほとんど同時に、総員退去の命令が出たらしい。飛び込んだあとは、もう無我夢中で泳ぎ、めざす駆逐艦へむかった。途中、板きれや丸太につかまり、救助を待っている多くの人たちを見たが、果たして救助されたであろうか。この時、ふだんから水泳をやっていてよかったとつくづく感じた。

やっとのことで、駆逐艦へ泳ぎつくことができた。おろされたロープを身体に巻きつけ、甲板に引っぱり上げられて立とうとしたが、足がふらふらして立つことができず、その場にすわり込んでしまった。長い間、水中にいたため、手足の感覚がなくなり、しびれてしまったらしい。

しばらくして、気分もどうやら落ちつき、平静にもどってから時間を知りたくなり、腕に目をやった。しかし、腕時計は海へ飛び込んだ時に止まってしまっていた。艦の人に時間を聞いたところ、母艦から海へ飛び込んでから、一時間半くらいもかかったらしい。

それに今まで気づかなかったが、濡れたものを脱いでみると、母艦で何かの破片でも受けたらしく、右手首を負傷していた。泳いでいる間は、その痛みなどまったく気づかなかったが、手当をうけてからは急に痛くなってきた。これまで、どれほど気分が張りつめていたかがわかった。

兵員室に落ちついてからも、ぞくぞくと運ばれてくる救助者で、駆逐艦自体は乗組員も入れないほどの人間で一杯になってしまった。

これ以上は救助しても収容しきれないということで、救助作業は打ちきられてしまった。海上には、まだ救助を待つ人たちが沢山いたのだが、気の毒にも見殺しとなってしまったらしい。こうなって見ると、非情という言葉も何か、そらぞらしく感じられる負け戦さの悲惨さである。

やがて太陽も沈みかけるころ、一切の救助作業が打ち切られた。そして、最後に航行不能となった赤城、加賀が始末されることになった。後日談によれば、はじめこの二空母は、曳航して内地へ運ぶという話もあったらしいが、大破した艦を曳航して帰っても仕方がないということで、わが手で沈めることにきまったらしい。

栄光につつまれて誕生し、悲運のうちにこの南海の底へ沈められる母艦を見送るため、総員甲板に集合の号令がかけられた。

甲板から私たちが見守るなかに、魚雷が発射された。これまで、帝国海軍の主力母艦として、世界にその名を知られた航空母艦赤城、加賀も、目に涙をうかべ見送る私たちの前から永遠に消え、南海の海底に眠ったのである。

悲惨だった敗戦のその後

この時の悲壮な感激は、私たちの一生を通じ、忘れることのできない想い出として、脳裏に深く刻みつけられたのであった。

夜にはいると、漂流者の救助に奔走していた駆逐艦も、連合艦隊の主力に合流するため行動を開始したが、海上にはその時まだ救助されずに残された人たちのあったことも、忘れることができない。

こうして連合艦隊に合流し、戦艦にうつされ、そのまま鹿児島県の鹿屋航空隊へ連れていかれた。そこでミッドウェー海戦の敗戦を極秘にするための隔離生活を、一ヵ月あまりさせられたのである。この間は、一切の外出が禁止され、手紙はすべて検閲という、まさに刑務所生活のようなものであった。

こうしてミッドウェー海戦の噂も消えかけたころ、隔離生活を解放された私は大分航空隊へ教員として転勤したのである。私たちのなかには、ふたたび次の機動部隊へと転勤した人たちも大勢いた。

真珠湾攻撃のはなやかさにくらべ、ミッドウェーの悲惨な敗戦は、何かしらこれからつづくであろうアメリカとの戦いに、一抹の不安を感じさせるものがあった。後日聞いたところでは、ミッドウェー島の北東海上に航空母艦を主力とする敵機動部隊がいたのを、わが方はキャッチできず、ミッドウェー島の敵基地の攻撃だけを目標とした。あまつさえ、攻撃の前日に敵にキャッチされたことが、敗戦の原因と思われる。

これが反対に、わが方が先に敵機動部隊をキャッチしていたら、あるいは局面はちがったものになったかもしれない。

火だるま「蒼龍」に焦熱地獄を見た

命中弾三発、炎上する艦底から脱出生還した機関科員たちの戦い

当時「蒼龍」電気分隊・海軍上等機関兵曹　小俣定雄

瀬戸内海の柱島には、開戦劈頭におけるハワイ真珠湾での大勝いらい、南太平洋からインド洋にいたるまで、連戦連勝に意気あがる機動部隊が、近づく新たな作戦にそなえて待機していた。そして、昭和十七年五月二十七日、わが艦隊は一路ミッドウェー島攻略をめざして出撃した。

南雲忠一中将を司令長官とする第一航空艦隊の空母赤城、加賀、飛龍、蒼龍および高速戦艦榛名、霧島などは、ぶじ豊後水道をぬけると、堂々たる輪形陣をくんで海をおしすすんだ。それはハワイ、ウェーク、アンボン、ポートダーウィン、ジャワ、セイロンなどの戦いで築きあげられた自信にみちた無敵艦隊の勇姿であった。

だが、無敵であるはずの南雲機動部隊が、わずか数日後に無残な敗北を喫しようとは、だれも夢想だにしないところであった。その敗因は、われわれは絶対に負けないという慢心と、

小俣定雄上機曹

敵の力をあまくみた油断にあったと思う。

そのもっとも顕著(けんちょ)な例は、機密保持の失敗に見られる。

ハワイ作戦のさい、攻撃目標がハワイであることをわれわれ機関科員が知ったのは、単冠(ヒトカップ)湾に入港してからであった。志布志湾や佐伯湾での猛訓練中も、近くなにかが起こるという予感はあったが、その正体はまったくわからなかった。佐伯を出港して北上していくときなど、われわれはソ連攻撃かと思っていたほどである。

それが今回の出撃では、以前からミッドウェー島が目標であることを、われわれは知っていた。内海での待機中も、このことを戦友たちとよく話し合い、「ミッドウェーならば、ハワイの帰りにひねり潰しておけばよかったのに」といっていた。

こんな話をかわしながら、私はなんとなく嫌な予感にとらわれていた。虫の知らせとでもいうのであろうか、ミッドウェー作戦の直前に撮影した自分の顔写真をみると、心なしか覇気(はき)に欠けるように見える。

心に一抹の不安をいだく私を乗せて、蒼龍は一路ミッドウェー島をめざす。私が蒼龍に乗り組んだのは昭和十五年五月で、それいらい満二年間にわたって電気分隊に勤務した。そのため基準排水量一万五九〇〇トン、水線長二二二メートルという巨大な母艦の艦内はもちろん、戦闘中でも開けることのできるハッチ、網の目のような通路のすべてが頭の中に描きこまれていた。このことが、ミッドウェーで蒼龍が沈没するさい、大いに役立ったのであった。

なにしろ、われわれ機関科の配置は、水面下の艦のいちばん底である。

しかも空母は自艦用の燃料のほかに、航空機用の燃料、爆弾、魚雷も搭載しているので、さながら浮かぶ火薬庫のようであり、万が一にも、これらの貯蔵庫のひとつに火がつけば、一瞬にして轟沈する危険を秘めているのであった。

全艦をゆるがせた大爆発

六月五日、決戦の日はきた。その日は夜明け前から総員が戦闘配置についていた。やがて明けそめる南太平洋の空へむけて、ミッドウェー島爆撃にむかう第一次攻撃隊の発艦していく音が、はるか艦底の中部待機所にいるわれわれの耳にも聞こえてきた。

私は機関科電気分隊に所属し、分隊長以下の七十七名で編成されていた。私の配置は応急電路員であるため、電話線などの電路に被害がないかぎり、待機所で戦闘待機している。この応急電路員は、吉沢先任下士官ほか四名であったと思う。

第一次攻撃隊が発進した直後に、対空戦闘のラッパが鳴りひびいた。上甲板では激しい対空砲火を撃ちあげているのであろうが、艦底のわれわれは、ただ腕をこまねいて甲板員たちの奮戦を祈るばかりである。

やがて、なにごともなく対空戦闘はおわり、ミッドウェー島爆撃にむかった攻撃隊が帰還してきた。そして格納甲板では、付近にいると思われる米空母攻撃のために、対艦船用航空魚雷の装着をおこなっている。

そこに、第一次攻撃隊から「第二次攻撃の要あり」という無電がはいり、あわてて魚雷から対地用爆弾への換装がおこなわれた。その最中、こんどは偵察機より「敵艦隊見ゆ」との無電があり、ふたたび爆弾から魚雷への換装が行なわれたのであった。

そんな状況をまったく知らないわれわれは、頭上のさわぎを聞きながら、いったい何事かとやきもきするばかりであった。

早朝から対空戦闘があり、われわれはなにも口にしていなかったので、この間に戦闘食をとって、ほっと一息ついていた。

このちょっとした油断をつくように、対空戦闘のラッパがふたたび鳴りひびいた。対空射撃の音がさかんに聞こえてきた。先ほどと同じようにすぐに敵機を撃退するものと思っていた。

そのとき、突然、ズシーンという音と同時に、艦が激しく揺れ動いた。つづいて、ズシーン、ズシーンと三回つづいた。

爆弾命中だ。私は思わず飛びあがった。

するとまもなく、艦内の電灯がすうっと消えてしまった。伝令が電話にかじりついて、主管制盤にたいし被害個所を知らせるよう、さかんに連絡をとるが、まったく応答がない。いまの爆発で電路が切断したのか、あるいは主機関を破壊されて、発動不能になったようだ。のちになって考えると、どうやら原因は後者のように思える。

とりあえずわれわれは、二人一組となって故障個所を発見するため、真っ暗な通路に飛びだしていった。

昭和17年２月、インド洋作戦を前にセレベス島スターリング湾に入港した蒼龍。艦橋にはマントレットが取り付けられ、飛行甲板後部に九九艦爆が並び、艦首には25ミリ連装機銃座がある

頭に炭坑夫がつけるような小さなライトをつけ、防毒マスクをかぶっているが、これらは光量も弱く、実際の役にはほとんどたたない。しかも、戦闘中のため下甲板の防水扉はすべて密閉されており、思うように動けない。暗闇の中では、われわれの経験とカンに頼るほかないのだ。

一刻もはやく電灯をつけなければ、と心はあせるが、誘爆がはげしく、各所で火災が発生して手がつけられない状態である。消火しようにも、ポンプを動かす電気がとまっているので、水が出ない。艦の被害は増大するばかりだった。

暗闇のなかで右往左往するうちに、私はいつのまにか一人になっていた。こうなっては、故障個所の修理どころではない。私は火のないところへ退却しようと、夢中で艦内を歩いた。

燃えさかる劫火からの脱出

退却する途中、暗闇の中から私の足に抱きつくものがいた。助け起こしてみると、私より半年ほど先輩の小貫兵長であった。兵長は左足を骨折したらしく、まったく力が入らない。しかも胸に重傷を負っているので、一人で立つこともできないのだ。

小貫兵長を抱きかかえるようにして辿りついた後甲板は、艦内の配置から退却してきた乗員で一杯だった。また海面を見ると、すでに多数の人が艦を脱出して浮流物につかまり、必死に泳いでいるのが見えた。

私が小貫兵長をかかえて、海に飛び込むべきかどうかを逡巡（しゅんじゅん）していると、艦内から真っ黒な顔をして同年兵の平子春雄兵長があらわれた。そして私を見つけると二言、三言なにかいったかと思うと、いきなり後甲板のラッタルを走りおりていこうとする。

「貴様、どこへ行くのか！」

私はそう叫ぶと、彼をつかまえようとしたが、私の手はむなしく宙をつかんだ。そして、平子兵長は燃えさかる艦内に姿を消すと、ふたたび帰ってはこなかった。

その間にも、火災はますます激しくなり、後甲板にも迫ってきた。もはや熱くて、これ以上はいられそうもない。

といって海へ逃げるにしても、重傷の小貫兵長をかかえていたのでは、二人の重さを支えるだけの浮流物を見つけられるかどうか自信がなかった。

火はすでに発動機調整室にうつり、さかんに燃えている。目の前で、厚さ十センチもある鉄片が真っ赤に燃えとけて、アメのように曲がっている。あまりの熱さに我慢できなくなった私は、小貫兵長を抱いたまま、足の方から海に飛び込んだ。海中に沈んでから大きく手足をうごかすと、すっと頭が海面にでた。さらに幸運なことに、前甲板の方で投げこんだ比較的に大きな板が流れ寄り、われわれはこれに掴まることができた。

小貫兵長は、かつてボート漕ぎの選手をしていただけに体力もあり、非常に気性の強い男だったので、あれほどの重傷にもかかわらず、七時間あまりの漂流をがんばりとおし、ついに駆逐艦磯風に救助されたのである。だが、この奇跡の男も、翌朝には出血多量で戦死してしまった。彼は臨終のさい、海水に濡れて動かなくなった時計を、電気分隊で磯風に救助された四人のうちの先任だった清水武久兵曹に渡し、もし内地に帰れたならば、遺品として妻に渡してくれるよう頼んで、息をひきとったのである。

蒼龍機関科員三百余名のうち、生存者わずか二十数名。その内訳は、士官以上は全員戦死、下士官数名、あとは揚弾機などの弾丸はこびにあたって、本来の任務である機関配置にいなかった新兵であった。

沈没艦における機関員ほど無残なものはない。頭上はすべてガソリンと爆弾がしきつめられ、各区画は防水扉で密閉されてしまう。ひとたび被害をうけたならば、通風孔が火の通り道となって燃えひろがり、発生するガスに窒息し、焦熱地獄の中で蒸し焼きにされてしまうのであった。

密室から逃げのびた奇跡の男

その日の夕方、二名の蒼龍機関科員が救助された。たぶん最後の脱出者と思われる。その一人が、私の一年後輩である堀田一機（昭和四十八年死亡）であった。右舷機械関係の生存者は、おそらく彼ひとりであろうと思う。

堀田一機は、爆弾命中による火災で、ハッチをとめるボルトが焼けついて、機械室に閉じ込められてしまった。

各所に発生する火災に、室内は熱気と煙が充満した。艦底のビルジにたまった海水をかぶって暑さをしのごうとしても、湯のようになっている。暑さにたえきれず気が狂う者、あるいは煙にまかれて窒息する者が続出した。

彼はできるだけ床に寝ころび、じっと我慢していた。となりの機械室のあいだの隔壁をハンマーで叩くと、すぐに応答があった。よく耳をすませると、軍歌が聞こえてきた。このように総員退去となっても、火災のためハッチがとけて開かず、暗闇のなかで苦しみながら死んでいった機関兵の数は、じつに多かったであろう。

やがて火災もおとろえたので、堀田一機はもう一人の機関兵曹と力を合わせて、焼けとけたハッチをこじ開け、沈没寸前の蒼龍から奇跡の脱出をとげたのである。

それにしても蒼龍の被弾場所は、あまりにも不運であった。

前、中、後部の三ヵ所に一発ずつ命中弾をうけ、第一弾で主蒸気管がやぶれてしまい、罐室の全員が戦死した。エネルギー源をたたれた主機械はとまり、発電用タービンも息たえた。こうして蒼龍は心臓部に致命傷をうけたのであった。艦長の柳本柳作大佐が総員退去を命じたのは、被爆後わずか二十分という。

磯風から水上機母艦の千代田にうつされた我々は、内地へ回航されると、館山砲術学校に残務整理のためと称して、なかば軟禁状態にされた。それはミッドウェーの敗戦を外部にかくすためと、我々にしみついた〝負け犬〟根性をなおすためといわれる。

我々は機関科士官の全員が戦死したため、最先任の士官を責任者に、さびしい残務整理をおこなったのである。

忘れえぬ母艦「蒼龍」の初陣と最後

運命の不思議で生還した艦攻操縦員が綴る柳本艦長と母艦の思い出

当時「蒼龍」艦攻隊・海軍一飛曹　森　拾三

私は蒼龍で真珠湾攻撃に参加した。その半歳のち、ミッドウェーでの最後にも私は蒼龍にあった。艦長柳本柳作（やなぎもと）大佐以下全乗員の渾然一体となった敢闘精神――それへの尊敬と感謝にみたされた思い出が、私にとっての蒼龍のすべてといってもよい。

昭和十六年の九月はじめだった。それまで霞ヶ浦航空隊の教育分隊にあって、いまだに艦上勤務の機会をあたえられなかった私に、とつぜん、航空母艦蒼龍への転勤命令がくだった。昭和十四年の一月に漢口の第十二航空隊から霞ヶ浦に転じて二年あまり、もっぱら陸上勤務ですごした私は、こおどりして喜んだ。

森拾三一飛曹

おどりあがって横須賀軍港に向かった私の目前に、一万五九〇〇トンの蒼龍の偉容があった。折りからドック入りで修理に大わらわである。撫でさするようにして、艦内外のすみずみまで見てまわった私は、ただちに九州の出水基地に急いだ。蒼龍の飛行機は、そこで訓練しているのだった。

第十一分隊が私の新しい所属である。九月十八日に艦の修理は終わって、呉に回航されてきた。私たちの着艦訓練がはじまった。昼間のにつづいて、夜間の訓練である。さらに鹿児島湾内の漁船を目標とする雷撃訓練と死物ぐるいの毎日が暮れるうちに、十月に入った。どこからともなく、どうやらアメリカと戦争するらしいとの話も伝わってきた。十月の末になると、飛行機の補助翼、昇降舵、方向舵に耐寒グリースが塗りかえられた。北方への出動は確実である。

航空艦隊の編成もすすんだ。第一航空戦隊＝赤城、加賀。第二航空戦隊＝蒼龍、飛龍。第五航空戦隊＝翔鶴、瑞鶴。

十一月十八日、わが第二航空戦隊は佐伯湾を出航したが、行き先は知らされていない。十一月二十三日午後五時、千島列島の最北端、単冠湾に入港した。

翌朝、全搭乗員は赤城に集合を命じられた。十二月八日、対米開戦！　の伝達であった。蒼龍の艦攻隊は二個分隊。一個分隊は九機、うち四機が雷撃、五機は水平爆撃を受け持つ。私は雷撃隊で、先頭をうけたまわっての突撃である。

柳本艦長からは搭乗員室に四斗樽一本が贈られてきた。明日からは戦闘準備でとうぶん禁酒、いや、これが飲みおさめかも知れない。酔うて、歌って、そのうちに第二航空戦隊司令官山口(やまぐち)多聞少将の顔もみえた。艦長もいつしか御機嫌で、酒の入った薬罐(やかん)をぶら下げて、のし歩いている。だれがいい出したか、「艦長を胴あげ」わっしょ、わっしょ、大さわぎだ。
柳本艦長はいつしか私のそばにきて、頬をなすりつける。二、三日は髭を当たっていなかったのだろう、ゴシゴシと擦(こす)りつけるたびに、こちらの頬は痛くてたまらない。「わーっ、助けてくれ」私はとうとう悲鳴をあげた。

いよいよ明八日は米英に宣戦である。格納庫に入って、愛機をもう一度点検してみる。午後五時半には、艦内拡声器で真珠湾の敵情報が放送される。単冠湾を出て以来、艦内は灯火管制をして、居住区も通路もうす暗い。

八日午前一時三十分、「総員起こし」の号令である。新しい肌着、お頭つきの赤飯、飛行服をまとって飛行甲板に出た。すでに出撃機は飛行甲板にぎっしりと勢ぞろいして、整備員、連絡員がめまぐるしく、独楽(こま)ネズミのように立ちはたらいている。

旗艦赤城のマストにZ旗があがった。先頭の零戦隊九機の発艦がはじまった。つづいて水平爆撃隊十機、雷撃隊八機の順である。

いよいよ私の番である。発艦指揮官の発艦合図の白旗がサッとあがった。エンジン全開、思ったより楽に母艦を離れられた。甲板上で打ちふる帽子の列が、母艦蒼龍を白くふちどっていた。

艦と運命を共にした艦長

ハワイの大戦果に胸ふくらませて帰国の途にあったわが機動部隊に、蒼龍、飛龍の第二航空戦隊のみはウェーク島攻略作戦に参加せよ、との命令がくだったのは十二月十六日であった。二十二日、二十三日と私たちは出撃した。佐伯湾に帰投したのは二十九日であった。

年が明けて、大東亜戦争下で初の海軍記念日、五月二十七日に連合艦隊は威風堂々と瀬戸内海の柱島根拠地を出撃した。山本五十六司令長官のもと、わが蒼龍は第一航空艦隊に属した。僚艦は赤城、加賀、飛龍である。目標はミッドウェーである。

蒼龍と艦攻隊。九七艦攻は着艦フックや車輪を降ろし着艦体勢に入っている。飛行甲板の前部、中部、後部に昇降機

六月五日未明、搭乗員は艦橋前に整列した。「ミッドウェーまで一二〇浬」と本艦の現在位置が知らされた。

東の空が白んでくる。柳本艦長の温顔がうっすらと浮かんで見える。搭乗員を心から可愛がってくれるこの艦長のような人は、海軍軍人のなかでも数少ない。いつかも士官室で「われわれ乗組員は、搭乗員のおかげで勲章がもらえるんだから——」と士官たちに訓示し、主計分隊長を大いに憤慨させたほどである。

「成功を祈る」と最後に元気な声で励まされた。私たちはめいめい乗機に散っていった。

零戦を先頭に、私たちの艦攻もつぎつぎと暁闇をついて飛び立った。艦橋のわきを通過するとき、柳本艦長が大きく帽子をふっていたが、それが最後の姿になろうとは露ほども考えていなかった。

およそ一時間、私たちは任務を終えて帰艦の途にあった。意外や意外、わが艦隊は敵の空襲にさらされていた。ともかくも第一波が去ったあとに、わが蒼龍が無事なのを見たときはほっとした。全機は急速収容にうつった。

搭乗員は艦橋前に集合して戦闘報告、整備員は飛行機を格納庫に、そして燃料の補給と点検だ。チャンチャンとテンポののろいベルの音は、飛行機を格納庫に降ろすリフトの音だ。と、その間をぬって、ふたたび敵機来襲の報だ。艦内の拡声器がガンガンわめきたてている。戦闘ラッパが鳴りひびいてきた。午前七時二十分、加賀は敵の急降下爆撃で黒煙をはきはじめた。

それっと、搭乗員はいまのうちに飯だとばかり、用意された塩むすびにかぶりついた。これでは、大海戦になるぞと思ったからである。その時、大音響だ。艦は大きく左に傾いた。どかーん、どかーんと次から次へと爆発音がおこる。地震のような揺れ方だ。私たちの待機室にも火の玉のようなものが飛び込んで、もうもうたる黒煙。艦内の各所で爆発音はやまない。

ついに総員退避の命令。私も十二メートルばかりを海に飛び込んだ。駆逐艦巻雲(まきぐも)に救助された。約千百名の乗組員のうち七三〇名が艦と運命を共にした。柳本艦長の壮烈な最期は、つぎのとおりだった。

最初の一弾が艦首で炸裂、火炎をまともに受けて顔と手足に大火傷を負われたが、そのまま最後まで指揮をつづけた。総員退避のあと、腕力でおしとめた下士官の手をふりきって、ピストルで自決をとげられた。そして艦長は蒼龍とともに沈んでいった。

空母「飛龍」艦上〝砲術屋〟奮戦始末

ミッドウェー海戦の渦中で対空戦闘を凝視した異色の体験レポート

当時「飛龍」高角砲指揮所一分隊長・海軍中尉　浜田幸一

浜田幸一中尉

ミッドウェー作戦の見通しについては、艦内でも一般に、いままでの戦闘とおなじく〝戦えば勝ち攻むれば取る〟といった雰囲気が濃厚だった。

ところが出撃の数日前に、砲術学校対空部長の高山繁治中佐が、呉在泊中の飛龍士官室へ激励にこられて、こんな話をされた。

すなわち、これまで砲術学校には今までの戦訓が伝えられることはなかったが、こんどの作戦は長時間、大激戦が予想されるので、存分に戦ってその戦訓を持ちかえってほしい、というのであった。

私はその話をきき、大いに悟るところがあった。たしかに今までの自分は間違っていた。対空戦闘の経験もなく、また戦闘そのものの経験も浅い身でありながら、いかに心が驕(おご)っていたか。この重責をまっとうするのは容易なことではない、と改めて気がついたのである。そこで心機一転、今からでも遅くない、と気持をひきしめ事前の準備にとりかかった。

ともあれ、昭和十七年五月二十七日朝、飛龍は南雲忠一中将麾下の機動部隊の一艦として、他の三空母（赤城、加賀、蒼龍）とともに参加各部隊の先頭をきって呉軍港を出港した。やがて土佐沖にかかると、ここで鹿屋航空隊で訓練を完了した飛行機を収容することになった。艦内は活気にあふれ、たちまちにして戦闘状態になった。

「増速」「飛行機容収開始」いよいよ飛行機の着艦が始まった。そのとき、高射指揮所から指令がくだった。「飛行機の容収作業中は高角砲、機銃を水平にせよ」

私は愕然とした。上空には断雲がかさなりあって、敵機の隠密接近には、またとない好機だ。いま、全艦の注意力は飛行甲板に集中している。もしこんなときに、雲間をぬって敵機が来襲したらどうなるか。いても立ってもおられなくなって、私は高射指揮所に談判を申し込むつもりで、階段を駆けのぼった。

途中、艦橋に立ち寄り副長にかみついて、押し問答におよんだが、結局は「規則だ、やれ」といわれ、すごすごと引き揚げざるをえなかった。なお艦橋には司令官をはじめ艦長、参謀など上官がひかえており、その面前で特務中尉の分際である私が、あのような思いきった振るまいに及んだのは、いまもって、まったく冷汗が出る思いである。

そこでやむなく、砲と銃が水平の状態にあるときに敵機が急襲したらどうするか、ということの対応策を講ずることになった。

そうして考え出されたのが、見張長による「見張報告」を、対空関係員は戦闘号令と解釈する、という方法であった。こうすると、指揮所からの命令がなくとも、許された範囲の戦闘動作を行なうことが可能であった。これならば、見張長が対空砲戦の機関を動かすので、銃砲は水平でも、立ち遅れはなかった。

当時、飛龍の見張所は、艦橋の最上部に設けられてあったが、見張長の吉田定雄兵曹長は、特別よく通る声の持ち主だった。その見張報告は艦橋、高射指揮所、私のいる高角砲指揮所はもちろん、高角砲、機銃砲台までもよく聞こえたから、まったくうってつけの役目といえた。なお、この問題を解決するには、昼夜ぶっ通しで考えて三日間かかったが、以後、この作戦での対空戦闘に常用され、重宝された。

つぎに私は「教練対空戦闘」「砲は水平」「その他は号令通り」を下令し、高角砲台、機銃砲台の順に、銃砲員の操作を点検した。

ところが驚いたことに、私の号令はほとんど聞きとれないのである。それは何百ホーンの騒音にもひとしい、たくさんの飛行機のプロペラの廻転音によるものであった。しかも戦闘となると、そのうえに四十二門の機銃が射ち出され、十二門の高角砲が一斉に咆哮するのであるから、聴覚信号はまったく役に立たない、と考えなければならない。

これもまた重大な発見であった。

従来、空母における飛行機の発着訓練には、銃砲を水平にしておこなうということがなかったとみえ、聴覚信号では戦闘に支障があることを発見できなかったのであろう。しかしこれは、あきらかに対空関係員の怠慢にほかならない。

そこで、聴覚信号を視覚信号や感覚信号に切りかえるのにはどうしたらよいか、という相談がなされた。

そして決まったのが、敵機の「方向」「高角」「目標」などは手でさして、「アレ」。「射ち方はじめ」は手で大きく輪をかくか、肩を叩く。「射ち方やめ」は手を横にふるとか、射手の顔を横にひっぱる、など。身ぶりによる合図である。これも今度の対空戦に常用して、非常に奏効した。

砲と銃による対空戦ＡＢＣ

さて、軍艦から高角砲で敵機を射撃するには、難しい対空理論を高等数学でといて、これを高度の技術で機械化された高射装置を指揮要具として使用する。この装置は、おおむね十人ていどの対空教育をうけた兵員で操作し、「上下方向」「左右方向」「遠近方向」などの立体的な射撃要素を算出する。そしてこれを電気通信器で砲に伝えて、弾丸を発射するのである。

その操作法は、便宜的に敵の機種により「対水平爆撃機戦闘法」「対急降下爆撃機戦闘法」「対雷撃機戦闘法」の三種に分けられる。

つぎに、それらの戦闘法を説明してみよう。
▽対水平爆撃機戦闘法

水平爆撃機は通常、一定の高度で水平飛行し、行動が簡単である。これに対する射撃訓練の方法ならびに戦闘法は、すでに確立していて「高射装置を全幅利用する戦闘法」で対抗するのである。

▽対急降下爆撃機戦闘法

高々度から直向態勢で襲いかかる急降下爆撃機や、超低空で来襲する雷撃機に対する戦闘法は、きわめて重要な問題であるが、これらに対する実戦的な射撃訓練ができないことや、実戦の経験がないことによって、戦闘法の大綱が示されているにとどまる。そして細部は、各部隊ごとに「非常手段による戦闘法」を定めて、これにより「立ち遅れ」をふせぎ、かつ「戦闘の簡略化」をはかって、戦いにのぞんだのである。

私は早くからこの「非常手段による戦闘法」を重視して研究し、修正に修正をかさねて、腹案もできていたので、さっそくこの海戦に応用した。

急降下爆撃機はふつう、高角六十〜七十度、約五千メートルの上空から縦一列の隊形で突っ込んできて、二千メートル付近で爆弾を投下するから、爆弾投下前の三千メートルの一点に弾幕を構成すべきである、と判断した。

操作員を三人とすると、高射装置射手は、固有職務の「上下方向照準」と「引き金をひく操作」をおこない、旋回手は固有職務の「左右方向照準」を行ない、距離手は「遠近方向の信管時限決定」を行なって、上下、左右、遠近の立体的射撃要素を決定して、これを砲につたえる。そのほか、引き金はひきづめにして、弾薬包をこめると同時に発射。照準目標は敵の先頭機を織りこんでいる。

▽対雷撃機戦闘法

これも「非常手段による戦闘法」で対戦すべきである。

雷撃機がいちおう横一列の超低空で来襲し、高度二千メートルで魚雷を投下するものと見当をつけると、魚雷投下前の三千メートルで第一回の射撃を行ない、投下後、態勢をみて二千メートルで、第二回の射撃を行なうこととする、とした。また、同列の他の機やあるいは

全力公試運転中の飛龍。34.28ノットを記録した。高角砲は装備済みだが船体中央左舷艦橋上の高射装置や機銃は未搭載

急降下爆撃機に、目標を変更する場合もあるだろうし、そのへんは臨機応変に状況に即応しなければならない。

雷撃機に対する操作は、急降下爆撃機に対する場合と同様である。高射装置の射手、旋回手、距離手の三人で、上下、左右、遠近の立体的な射撃要素を決定する。その他の事項では、「一斉射ち方」、照準目標は敵の中央機が要点である。

機銃は、敵の機種のいかんを問わず、有効射程距離二五〇〇メートル以内の敵機に対抗する、簡単で要をえた近戦兵器である。とくに急降下爆撃機にたいしては、〝打ってつけ〟のものである。

二五ミリ機銃は、照準装置に射距離、敵機の速力および針路を調定するLPP照準装置を装備し、操縦には、照準装置の操作によって銃を自由に振りまわすところの、ワードレオナード・システムによる自動操縦装置および引き金装置をそなえ、機銃弾は赤、青の変色曳痕弾を使用する着発信管が装着されている。

空母の機銃は、全部これらの様式で構成されたものが装備されている。

戦闘にあたっては、曳痕全幅を利用しての射撃、弾薬の消耗をおしまずに極力多数弾を発射すること、自分の受持ち射撃区域の重要目標を優先的に射撃すること、などが要諦である。照準目標は先頭機である。

従来、訓練した戦闘法は、対水平爆撃機での高射装置を全幅利用した射撃であったが、相手が軽快な行動をおこなう飛行機であるから、戦闘法も軽快な方法のものを準備した。

戦火のなかで学んだ戦訓

さて六月四日の朝六時、輸送船団が敵の哨戒飛行艇に発見され、午後からB17九機の爆撃をうけたが、被害はない模様。このため船団は反転して、一時退却した。夜半、あけぼの丸が船首に軽傷をうけた。

午後四時四十分、利根から緊急発信がある。「二六〇度方向、敵機約十機を認む」

午後十一時三十分、赤城の対空見張員から「敵触接機の明かりらしきもの右九〇度、高角七〇度、雲の上近寄る」の発光信号がある。

この頃、こちらは知らなかったが、米軍はすでにわが方の作戦を予期して、首を長くして待ちかまえていたのである。

六月五日、榛名、筑摩、加賀の索敵機が予定どおり、日の出前の午前一時三十分に一段索敵として出発した。そのさいミッドウェー方面を中心索敵とする利根機の出発が三十分おくれて二時となり、かつ往路、敵機動部隊を見落とした。これが、この作戦の敗因に大きな影響をあたえたことは、よく知られている。これについて、ある参謀は次のように敗因を分析している。

第一に、南雲中将が早くに周到な「黎明二段索敵」を行なわなかったこと。第二に、利根機が出発予定をおくれたこと。第三に、往路、敵機動部隊を見落としたこと、の三つである。

ミッドウェー海戦は、歴史の示すとおり、過失の連続である。それは敵をあなどる驕慢さのゆえに、慎重を欠き、油断したためである。

ここでわが飛龍の戦闘状況を、時間を追って記述してみよう。

午前一時三十分、一段索敵と同時に、ミッドウェー島攻撃隊が発艦した。午前五時になって、ミッドウェー島から敵の爆撃機が来襲し、ここに第一波の戦端がひらかれた。高角砲の高度を四千〜五千(最大射程距離)にとり、「対水平爆撃機戦法」を適用して、三斉射を行なう。しかし断雲のため弾着は不明。敵機の投下した一トン爆弾七個が艦前方の至近弾となり、左舷に大量の水柱をかぶった。そのため一時眼鏡がくもって使用できなくなる。さいわい被害はなかった。

午前五時十分に、「敵機動部隊発見」の報告がはいる。それから二十分して、ミッドウェー島攻撃隊が帰ってきて、着艦をはじめた。機翼に弾痕が多数みられ、負傷者も多数でた様子である。なかには操縦装置の故障により着艦できず、海中に不時着した機も一機あった。容易ならざる激戦であることを、ひしひしと身に感じる。

午前六時三十分、空母を中心とする輪形陣の外部にいる駆逐艦から、数条の「敵機大群来襲」の発煙信号があがった。

「対空戦闘」「第五戦速」

矢つぎ早に命令がとびかい、わが飛龍の艦内は一瞬、あわただしい空気につつまれる。そこへ見張長のよく通る声が響きわたる。

「左九〇度、水平線」「雷撃機の大群が突っ込んでくる」

いよいよ敵機動部隊の艦上機との対戦である。はやる心を押さえて、敵機の来襲をまつ。まず外部にいる駆逐艦が発砲をはじめ、つづいて巡洋艦、戦艦と砲戦を開始する。さらに味方戦闘機が敵機に襲いかかって、大空戦となる。そこへ高射指揮所より「射ち方はじめ」の号令がくだる。高角砲はもちろん「対雷撃機戦法」により応戦する。なかでも機銃員の戦闘ぶりには目を見はるものがあった。

「魚雷投下」見張長の報と同時に、航海長は自分で舵輪をにぎり、魚雷の回避に全力を傾注する。そのため艦は転舵のたびに大きく左右にかたむいた。

「雷跡——」さいわい全部の魚雷が艦底を通過し、被害をまぬがれる。味方の輪形陣は、いまの戦闘の魚雷回避で四分五裂となってしまった。そして空母群の上空をおおっていた味方戦闘機も、いつのまにやら姿が見えなくなっていた。どうやら被害はない模様だ。

第三波は六時四十分にはじまった。見張長の報告がつぎつぎに伝声管を伝わってくる。

「艦爆グラマン十機」「右三十度」「高角六十度」「百五十」「左へ行く」

高角砲は当然のことながら「対急降下爆撃機戦闘法」となる。機銃は弾薬を装塡して、今やおそしと獲物の到来をまちかまえている。やがて敵機はわが方の頭上に達すると、旋回しながら急降下の機会をうかがっている。

「射ち方はじめ」高射指揮所から、砲戦が下令された。上空の機体が朝日をうけてキラッと光る。

「急降下に入った」の報と同時に、私も「射ち方はじめ」を下令する。全部の高角砲が三千メートルの上空めがけてドンドンと射ちこまれ、弾幕をはった。ところが真っ黒い弾幕のため、敵機が見えなくなる。

「今の点をつづいて射て」私は射手に再度、指令をくだす。すると敵機は弾幕の外側に一機、つづいてまた一機と頭を出す。

「危ない！」火だるまになった敵機が、わが飛龍の高角砲指揮所スレスレに海中に突っ込む。と、また別の機は急降下のあと、ブルーンと大きな爆音を残して、頭の上を飛び去っていく。

この戦闘で、私はひとつの貴重な教訓を得た。それは、高角砲は敵機が機体をひるがえして急降下に入った瞬間に、「射ち方はじめ」を下令することであり、また機銃の場合は、高角砲の弾幕から敵機が顔を出したときに、射撃を開始する。これがいちばん有効な攻撃方法であることを、私は身をもって知ったことである。

終夜にわたる消火作業のはてに

こうして、この第一回の対急降下爆撃機の戦闘で、高角砲、機銃の集中射撃のコツを知ったので、以後、本艦の対急降下爆撃機の戦闘には、大いに威力を発揮した。

つづいて八時四十分から第四波をむかえて応戦。急降下爆撃機グラマン四機の攻撃をうけるが、たいした被害はなかった。

十一時に、敵は全航空兵力をもって来襲した。しかし味方戦闘機は一機もなく、すさまじい防空戦になる。敵機は急降下爆撃あり、水平爆撃、雷撃あり、また艦橋付近を掃射していく戦闘機ありで、こちらは一方的な防戦を余儀なくされる。しかし機銃の活躍はめざましく、高角砲も終始「対急降下爆撃機戦法」で応戦する。今度も飛龍にさしたる被害はなかった。

それからしばらくは小康状態がつづいたが、やがて午後二時、態勢を立て直した敵機は、ふたたび猛攻撃に出てきた。二時二十分、見張長の落ち着いた声が伝声管にひびきわたる。

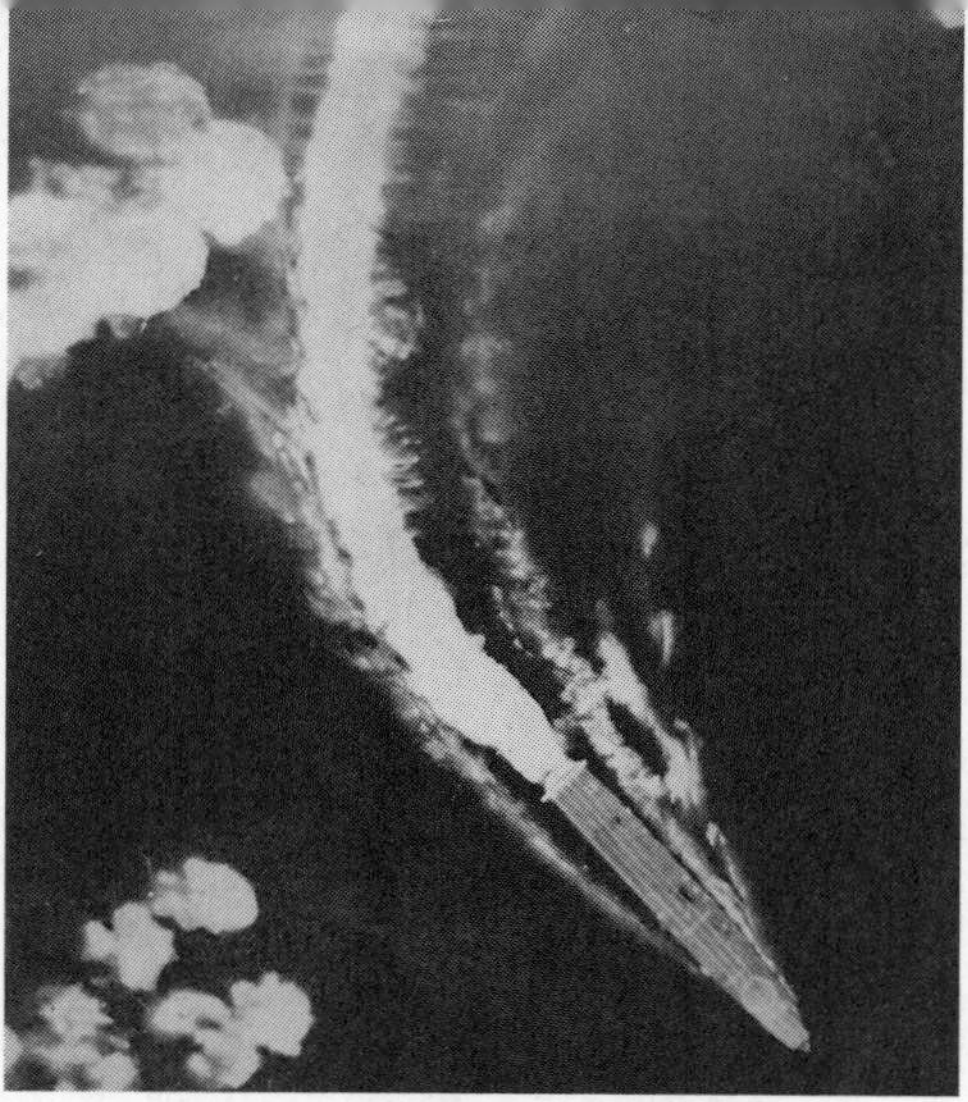

「グラマン十機」「右二十度」「高角七十五度」「五十」

急降下点をねらって飛びつづける敵機は、しかし今までとは襲撃方法がちがっていた。見張長が「急降下に入った」と報じたときは、ほとんど「直上死角」付近に機影が大きくひろがっていた。飛龍は避弾運動のため、艦が傾斜して右に左にと大きくゆれる。とうぜん目標照準が困難になって高角砲、機銃兵の弾幕がうすくなる。

「爆弾投下」見張長の緊張した声。しまっ

ミッドウェー海戦で敵機の爆撃を高速航行で回避する飛龍

た、と思った瞬間、爆弾が目の中に飛び込んでくる。

「いけない」思わず目をつぶって、心の中で念仏をとなえる心境になる。しかし無情にも、黄燐焼夷弾（二五キロ）三弾は、艦の中央部左寄りに命中し、大音響をたてて火炎をふきあげた。そしてその炎はまたたくまにひろがり、やがて左舷中央から前方の砲塔付近にかけて、飛龍はつぎつぎと誘爆をひきおこす。


被弾直後、艦橋から副長の声がかかる。「一分隊長、大丈夫か」

「大丈夫」私が元気に答えると、すぐ折りかえし「一分隊長、火を消せ」と下令される。さっそく応急員二名が私のそばにきて、三人でドラバケツを飛行甲板まで汲みあげて、消火作業をはじめた。そのさい私は靴をはくことを忘れなかった。兵員の大部分は地下足袋をはいているので、容易に火災場に寄りつけないのだ。そうしている間も、またもやB17が五機、飛龍の上空に姿をあらわし、高々度より爆弾を投下していく。さいわいこれには命中弾がなかった。


やがて夜が明け、六月六日の朝を迎えた。消火作業はいぜんとして続けられていた。私も旗甲板にいて、昨夜来の消火に従事していたが、信号兵が呼びにきた。

「一分隊長、艦長がお呼びです」艦橋に行くと「よく戦った。さらに海軍のためにつくしてくれ、あとを頼むぞ」と加来止男艦長は落ち着いた声でいわれ、手を差し出された。私は熱いものが込みあげてくるのを感じながら、艦長の手を固くにぎりしめた。握手したその手はとても熱かった。

艦長のそばには、山口多聞司令官が立っておられた。私はその方にも一礼して二人にお別れをつげ、艦橋を降りた。やがて駆逐艦満潮に移乗し、内地にむかった。わが空母飛龍はそのあと、友軍の駆逐艦巻雲の魚雷によって、自沈された。

呉に帰投後は、飛龍副長からの「戦訓講をせよ」との命令で、私は某日、長門艦上の後甲板で、ミッドウェー海戦の戦訓を講話することになった。第一日目は第一艦隊対空関係員、第二日は第二艦隊対空関係員、第三日は第一、二艦隊および中央の将星の方々が出席された。この講話は重要な問題がつぎつぎと出てくるので、聴衆のみなは、息をつめて熱心に聞いていた。

七月十日、私は海軍砲術学校教官兼分隊長に補せられ、戦訓のお土産をたくさん持って赴任した。

血みどろ「隼鷹」憤怒のマリアナ沖決戦

二航戦司令部と共に隼鷹艦橋にあってつぶさに見聞した海戦の実相

当時二航戦航空参謀付・海軍少尉　志田行賢

第二航空戦隊の旗艦隼鷹（じゅんよう）はアイランド型といわれる空母で、二万七千トン、飛行甲板の右舷に、まるでとってつけたような艦橋が張りだしていて、戦艦などにくらべると、なんとなく軽い不安定な感じがあった。

太平洋戦争の天王山といわれた昭和十八年に、十三期飛行予備学生として海軍に身を投じた私は、どうやら一人前の海軍士官となり、この中型空母の艦上で、生涯忘れえない苛烈な実戦を味わい、さらに負傷して倒れたのである。私の仕事は、各方面の基地航空隊などから打ってくる無電を整理し、敵機動部隊の動静を海図の上にしるして、その所在をつねに摑んでおくことが主なものであった。私の直属上官である航空参謀・奥宮正武少佐は、零戦のベテラン搭乗員で、当時、海軍の至宝とまでいわれていた歴戦の勇士である。私はいやが上にも緊張せざるをえない。

志田行賢少尉

昭和十九年五月三日、殉職した古賀峯一大将のあとをついで、豊田副武大将が開戦後三人目の連合艦隊司令長官に補せられ、やがて決戦作戦として〝あ号作戦〟が立案された。前まえから中部太平洋方面に、有力な敵機動部隊の動きをさぐっていたわが方は、おそらく敵はわが重要基地サイパンを攻略するものとの想定にもとづき、彼を十分にひきつけておいて、わが全勢力をあげて一挙に雌雄を決しようというのである。

この作戦にはわが連合艦隊が総出撃するのである。いかにわが海軍、いや日本の命運をかけたものであるかは、全将兵の胸にヒシヒシとせまるものがあった。

敵機動部隊をいかにとらえ、これを撃つか。作戦のすべてはこの一点に凝集され、準備は着々と進められていった。

連合艦隊はいよいよ決戦の機をはらんで、各所に展開をはじめた。それらの情報をつたえる無電は、刻々とわが二航戦司令部にも入ってくる。奥宮参謀は終始むずかしい顔で、それらを検討する。その命をうける私のからだは、にわかに忙しくなった。

五月といえば、ちょうど新緑に風かおる初夏、だが艦隊乗組員たちには、その風光を愛でているひまはない。

いよいよ八日朝八時、出港用意のラッパが港内にひびきわたる。いまや全艦は錨をあげ、巨艦はつぎつぎと静かにゆらぎはじめる。出港！　それは実際に体験しないとわからない、複雑な感慨をもよおさせる。

住みなれし故郷よさらばと見返る空に　かすむ三浦の山や丘

隼鷹飛行甲板右舷の艦橋構造物。飛行甲板からの高さ17mの煙突の右、空中線展張支柱に逆探がある。窓のある羅針艦橋下の上部艦橋操舵室付近には弾片防禦ロープ。手前は仮止式の機銃

水漬く屍と　この身をすてて　今ぞ出で立つ太平洋

われわれはこんな歌で、故国に別れを告げた。

色めきたつ艦隊泊地

敵潜の眼を警戒しながらも、われわれは無事、この決戦の跳躍台ともいうべきタウイタウイについた。この泊地は比島ミンダナオ島の南西、ボルネオ北東端沖のひくいサンゴ礁にかこまれた四方三十浬（かいり）の環礁で、マリアナ決戦への待機場所としては、絶好の隠れ家であった。

連合艦隊の精鋭は五月中旬ごろ、ぞくぞくとこの泊地に集結をはじめたのである。やがて狭い環礁は、大小の艦艇によって埋めつくされてしまった。大連合艦隊の威容ここにきわまる、といった感じだ。

私はここで超弩級戦艦大和、武蔵、超大型空母大鳳、翔鶴、瑞鶴などを眼のあたりに見た。なんという大きさ、なんという偉容、浮かべる城とはまさしくこのことであろう。通称〝大和ホテル〟といわれ、絶対の不沈艦とみずからゆるし、大和、武蔵のあるかぎり、帝国海軍健在なりの思いを抱かせるに十分な貫録をしめしていた。

最高指揮官小沢治三郎中将は、最新鋭空母大鳳（三万四千トン）に将旗をかかげ、第一航空戦隊は大鳳、翔鶴、瑞鶴でいずれも大型正規空母、それに第一戦隊は大和、武蔵、長門、第三戦隊は金剛、榛名、第二航空戦隊は隼鷹、飛鷹、龍鳳、第三航空戦隊は千歳、千代田、瑞鳳、さらに第四、五、七、十各戦隊の愛宕以下の重巡十一隻、軽巡二隻、護衛駆逐艦二十九隻、くわえるに空母の搭載機四三九機、まさに連合艦隊あげての出撃だ。

ところで、この泊地に待機中、われわれ十三期予備学生は海軍少尉に任官することになった。それを祝う会が、出撃祝いもかねてガンルームで行なわれた。先輩士官たちは、歌声もにぎやかに祝ってくれた。

そうこうしているうちにも、戦機は刻々と熟していく。基地航空隊の偵察によれば、突如としてビアク島付近に有力な敵機動部隊の動きがキャッチされた。意外！　サイパン方面のみを注目していた艦隊首脳部の混迷、焦躁。敵のめざすところは果たしてサイパンか、ビアクか？　私の仕事も俄然いそがしくなる。軍極秘の赤い電文がつぎつぎに飛びこんでくる。

ついに作戦は練りなおされ、新しく立てられたのがビアク争奪の〝渾作戦〟である。

ただちに大和、武蔵、青葉、妙高、羽黒など十数隻は全員、白ダスキの決死隊の覚悟で、殴り込みをかけることになった。十日を突入日ときめ、一路ビアクへと向かった。しかし、この作戦はむなしく崩れさった。ビアクを主戦場のごとく見せかけた敵は、たくみにわれを欺き、その虚をついて牙をならして、一挙にサイパンへ怒濤の進撃をはじめたのである。

愕然と色をなしたわが首脳部は、ビアク作戦をただちに〝あ号作戦〟にきりかえ、臨戦準備にあわただしい。静かな南海の泊地タウイタウイは俄然、戦気をはらんで色めきたった。

六月十三日午前八時、全艦は錨をあげ、巨艦は静かにゆらぎはじめる。

針ムシロのような緊迫感

太平洋上に出た艦隊は大輪形陣をくむ。やがて十五日午前七時〝あ号作戦〟発動、つづいて八時、Z旗が大鳳のマスト高くひるがえった。同時にわが隼鷹にもスルスルとかかげられた。日本海海戦、真珠湾につづいて、三度目にあがった伝統にかがやく旗である。

六月十七日、いよいよ決戦海面に進出したわが艦隊は、前衛に三航戦を中心に大和、武蔵をふくめた二十数隻、その後方、本隊として一航戦を中心に妙高、羽黒など十数隻、さらにその後方はわれわれの二航戦を中心に長門、最上など十数隻が、それぞれ輪形陣をつくっての水ももらさぬ三段がまえである。

思えばこれが、わが連合艦隊最後の晴れ姿であったのだが、その時のわれわれには、すでに敵を呑むの気概がみちみちていた。

こうしているうちにも、先に発艦した索敵機から、敵発見の無電が入ってくる。「一三〇(ヒトサンマル)〇(マル)、ワレ空母二ヲフクム敵機動部隊発見、位置……」

暗号室で解読された電文は、ただちにスピーカーをつたわって艦橋司令塔に知らされる。私はそのたびに、机上の大海図の上に位置と数とをしるしていく。

かたわらの航海士森本少尉のしるす本艦の位置とたえず照合して、何度何分の位置に敵がいるかを摑んでいて、すこしの狂いがあってもならない。私の緊張はその極に達し、耳で報告を聴きつつ手はたえずコンパスと定規とを動かす。

司令官城島高次少将はどっかと腰をおろし、前方を睨(にら)みすえている。その後ろには航海、航空、整備、砲術、通信の各参謀が、いずれも右肩に金モールの参謀肩章をたらし、緊張にこわばった表情を同じく前にむけている。

航空参謀の奥宮少佐は、飛行長中西中佐とともに私の海図を指しながら、しきりと出撃の打ち合わせをしている。あたりの緊張をやぶり、そしてさらに高めるのは、みずから操舵号令をかける航海長のしゃがれ声だけである。

「オモーカージ、ヨーソロッ」「トリカージ、ヨーソロッ」

さて敵の動静は刻々と判明してきた。マリアナ近海に約四群をなして、空母約十七隻、戦艦十数隻をふくむ大兵力が遊弋(ゆうよく)しているらしいのだ。数においては、まさに圧倒的に劣勢である。しかしわれわれは天佑を信じ、意気は燃えるごとくさかんであった。

優美な零戦につづいて

六月十八日はこうした緊迫状態のまま、矢は満を持して、ついに弦を放れずしておわった。明くる十九日を迎え、俄然、戦機がうごく。午前八時半に第一次攻撃隊、つづいて午前十時に第二次攻撃隊、あわせて二四〇機が飛び立った。

「攻撃隊出発用意」の令がくだると、飛行機は一機ずつ、つぎつぎとリフトに載せられて、飛行甲板に上がってくる。チャンチャンというベルの音とともに、まず身の軽い零戦があがる。つぎに艦上爆撃機の彗星、最後に艦上攻撃の天山の順である。

飛行機はいずれも主翼の真ん中あたりから、上に折りまげて畳んである。甲板でそれをのばして締めつけ、艦尾の方に押していって順序よくならべる。作業はきめて迅速を要するので、整備員はまるでコマネズミのように忙しい。

やがて、帽子に送られて発艦する零戦は、みるからに軽やかで、すこしも危なげがない。まるでトンボの飛び立つようである。優美ということばがぴったり当てはまる。発艦した零戦は母艦の上を旋回しながら、僚機のそろうのを待つ。

つぎは艦爆の番だが、これは大変だ。二航戦の艦爆隊は彗星で編成されているが、これは九九式艦爆にかわって、この作戦で初めて第一線にお目見得する最新鋭機で、愛知時計で製造された液冷式である。ズングリした胴体、そのうえ速度をますために主翼を思いきり小さくしてあるから、まるで鉄のかたまりみたいなもので、このような飛行機の発着艦はいちばんむずかしい。

最後は天山である。これは零戦などからみると大型で三人乗り、しかも胴腹にはあの重たい魚雷を抱いている。これもぎりぎりの発艦だ。

三十数機ぶじ発艦。艦橋のわれわれは一機一機に帽子をふって別れの挨拶を送る。あとになってみれば、これは実に永遠の別れとはなったのだが、それはともあれ、尾翼に大きく書かれた機番をいちいちチェックし、飛行隊長の松島大尉に知らせるのも私の仕事だ。

やがて、全機それぞれ編隊をくみ、一航戦、三航戦とも合流した第一次攻撃隊は一六〇機、見敵必殺の意気込みを乗せて、ごうごうたる爆音を大空に残しつつ消えていった。つづいて第二次攻撃隊もでである。

攻撃隊を出してしまった母艦は、肩の荷をおろしたようなものである。戦いの要件は先制ど届けられた握り飯を頬張りながら、だれの顔も明るくほころび、ようやく冗談もとぶ。ちょう攻撃だ。その幸運は、まずわが方が握ったのだ。あとは大戦果を待つばかりである。

天に冲す大鳳の黒煙

ああしかし、運命の女神はわれわれには微笑みかけなかった。大戦果を待ちかねていたわれわれに齎されたものは、わが攻撃隊全滅の悲報であった。

敵機動部隊をもとめて進撃するわが攻撃隊を、手ぐすねひいて待っていたのは敵艦上機の大編隊であった。大部分はその餌食になってしまい、かろうじてサイパン、テニアンの飛行場まで飛んでいったものも着陸寸前、上から嵐のごとく襲いかかるグラマンに、ほとんどが喰われてしまったというのである。

艦内は一瞬、唖然となってしまった。声なき声が、通り魔のごとく人々の耳朶を打ってまわった。なんということだ。たった数時間のうちに一や二にではなく、十を失うとは。私にはとうてい信じられないことだった。艦橋のなかにも、なにかただならぬ気配が感じられる。奥宮参謀の眼もギラギラと異様に光っている。ひょいと見ると、眼を真っ赤にしている。

飛行隊長はあわただしく動きまわっている。無理もないことだ。機動部隊にとっては、まさに手足をもぎとられたのも同然なのだ。

ところが、悲劇はそれだけに止まらなかった。全員寂として声なく、憂いにとざされていた私たちの眼に、午後二時半ごろ、とつぜん前方はるか水平線上にうかぶ旗艦大鳳から、一条の黒煙が天に冲して立ちのぼった。

「大鳳がやられたッ」誰もが、愕然たる表情で前方を見つめる。見るまに黒煙の根元からメラメラと真紅の炎が走った瞬間、全艦はたちまち紅蓮（ぐれん）の炎につつまれた。

「ああ大鳳が燃える、大鳳が燃えてる」見つめる眼は涙でギラギラ光る。城島司令官はしきりとハンカチで瞼（まぶた）をおさえる。あまりにも壮絶、悲惨、数千の乗組員の阿鼻叫喚が目に見えるようだ。約二時間、巨体はのたうち、黒煙は空をおおい、天日をも消すかとおもわれた。

そのとき轟然たる爆発音が、大洋を圧して伝わってきた。隼鷹はとたんにグラッとゆらいだ。「本艦かッ」通信参謀が怒鳴る。誰もがてっきり魚雷を喰ったものと思うほど、衝撃が強かった。大鳳に止めの一撃をあたえた敵潜の攻撃だった。

しかも、悲劇はまだつづいたのである。翔鶴も同じく潜水艦の雷撃をくって大爆発、撃沈したとの報が入った。なんということだ。機動部隊の最主力空母二艦が、あっけなく消えてしまったのだ。凶兆！　それはまさしくわが機動部隊、ひいては帝国海軍の前途にたいする凶兆としか、私たちには受けとれなかった。

零距離斉射三式弾の威力

おもいもよらぬ惨状におどろいた艦隊は、ともかく態勢をととのえるため、いったん北上をはじめた。艦内は士気おとろえ、口数もすくなく、だれの顔にも苦渋の色がこい。

明けて六月二十日、この日は私にとって、生涯わすれることのできない運命の日となったのである。いったん北上したわが艦隊は、二十日ふたたび南下し、索敵をつづけたが、なんら得るところなく、まさに一日が終わろうとしていた。海上には暮色がようやく立ちこめはじめた午後五時三十分、とつぜんマストの見張員の叫び声がスピーカーをふるわせた。「左前方三十度、敵大編隊ッ」すわ敵襲！　左前方を見る。来る、来る、ゴマ粒を散らしたような大編隊の群れが、水平線をはうように進んでくる。みるみるうちに、その粒が大きくなる。にわかに艦橋がざわめきだした。

「総員配置につけ」「対空戦闘用意」矢つぎ早やの号令、けたたましく鳴るブザー。「最大戦速」航海長の号令がひときわ高くひびく。艦の速力がググーッとあがる。

飛行甲板上からつぎつぎと迎撃戦闘機が飛び立っていく。戦闘開始のブザーが鳴る。十二門の高角砲、数十梃の高射機関銃がいっせいに火をふく。敵大編隊はすでに頭上だ。すべて母艦めがけて殺到してくる。目のくらむ閃光、耳をつんざく砲声、強烈な爆風で全身の毛穴がピリピリする。

斜め右前方、長門の四〇センチ主砲が真っ黄色な煙をはいた。「三式弾だッ」誰かがさけぶ。新型対空砲弾の零距離発射だ。たちまち敵機が紙くずをまきちらしたようにパラパラ墜ちて、水しぶきをあげる。上空は彼我の弾幕で真っ黒になった。

約四十分。こんどは雷装機をふくめた六十数機が猛然と襲いかかってきた。あと少したてば、海上は夕闇につつまれて、わが艦隊の姿もすっぽり隠れようとする時である。

ガーン、ガーン、バリッバリッ……もう轟音のほか、なにもわからない。艦はそのつど

昭和19年６月20日、マリアナ沖海戦で直撃弾２発をうけた隼鷹右舷艦橋。外舷へ傾斜していた煙突が破壊されて無い

ふるえ、耳はキンキンと鳴る。海面すれすれに這ってくる雷撃機から、スルスルと尾をひいて、かみついてくる魚雷。きわどいところでうまくかわす。一機、また一機、みごとな急降下だ。轟然たる音響とともに数十メートルの水煙があがり、滝のような海水が艦橋まで飛びちる。この世の地獄――ふと私の頭のなかをこんな言葉がかすめていく。

あたりの海上いたるところに、火をふき、もうもうたる黒煙をあげて、のたうちまわる艦、艦。二番艦の飛鷹もやられたようだ。とつぜん、頭上でバリバリッというものすごい轟音がしたと思ったとたん、身体がぐらっとよろめいた。

「煙突に爆弾命中」だれかの叫び声とともに、蒸気のほとばしる凄まじい音がきこえる。艦橋入り口付近の兵が二、三人バタバタと倒れた。司令塔のなかもすでに修羅場と化した。

まるで修羅場の地獄図

そのとき前面の窓を押しやぶって、熱湯のような海水が私の顔めがけて襲いかかった。無意識に両手がパッと頭をおおう。その瞬間、両方の手首に焼火箸(やけひばし)でもさしこまれたような激痛を感じ、はずみをくらった身体が後ろざまにぶったおれた。

びしょ濡れの軍服に、胸から腹のあたりまで、一面に真っ赤な血がにじんでいる。重傷――俺の生涯もいよいよこれで終わりか。ところが、別に苦しくないし、気の遠くなるような気配もない。手を見ると、左手首の上のところに、うれたイチジクのような傷口が見える。右の手首にもおなじような穴があいている。私はしばらく他人事のように傷口をながめていた。上唇のあたりから生温い血がたれて口に入る。ツバといっしょに吐きだした。かたわらを見ると、航海士の森本少尉が足の指先をもぎとられて、横倒しになっている。兵が三名ばかり即死か、倒れたまま動かない。そのころは敵機も去ったか、対空砲火もやんでいる。運びこまれた応急室は、昨日まで搭乗員待機室だったところで、まだ少年の面影の消えない若者たちがたむろしていた部屋なのだが、いまは数十名の負傷者で足の踏み場もないありさまである。つい今しがたの修羅場の縮図を見るようだ。

この海空戦でわが機動艦隊のこうむった痛手は、決定的なものであった。三空母轟沈、三空母が中破、そのほか数隻沈没、飛行機の損失は四五〇機のうち残るものわずかに三十五機という惨憺たるものであった。機動部隊としての機能を、完全に失ってしまったのである。艦隊は再起の日を期しつつ、損傷艦は深傷によろめきながら一路内地へむかうべく、ふたたび相まみえることのない痛恨のマリアナ海をあとにして、悄然と帰投の途についたのである。

空母「飛鷹」マリアナ沖被雷沈没の実相

生還した最後の艦長が綴る防禦なき改装空母の勇戦奮闘

当時「飛鷹」艦長・海軍大佐　横井俊之

横井俊之大佐

私が飛鷹(ひよう)艦長になったのは昭和十九年二月はじめのことで、飛鷹は呉軍港の工廠岸壁につながれて、対空火器の増設や防火防水施設の改善工事で、艦内は足の踏み場もないくらい混雑していた。

飛行隊は岩国飛行基地で訓練中だったが、その大部は未だ、母艦発着艦訓練さえ出来ていない始末だった。あと二、三ヵ月で目にあまる大敵と喰うか喰われるかの死闘を演じようというには、あまりにも心細い腕前であった。しかし、いよいよ出撃と決まった五月初旬までには、どうにかこうにか昼間戦闘のイロハぐらいは出来るようになったので、五月十一日に豊後水道を出撃、十六日の夕刻には機動艦隊の集結している比島最南端ホロ諸島のタウイタウイ泊地に入港した。

六月十日、待ちに待った敵第三十八機動部隊は突如マリアナ諸島に来攻、十五日にはサイパンに上陸作戦を開始した。機動艦隊は十三日午前八時、タウイタウイを出撃、スルー海を北上して同夜はギマラス泊地に碇泊して最後の補給をおこない、明くる十五日夕刻サンベルナルジノ海峡を通過して、いよいよ暗雲低迷せる太平洋に乗り出した。

十六日までの情報を総合すると、マリアナ群島付近で発見された敵空母は、十七隻以上（実際は二十一隻）に達し、わが軍の二倍以上の大兵力である。一方、わが基地航空部隊は連日の敵の猛攻に、すでに完膚なきまでに叩きのめされ、もはや、わが機動部隊に協力する余力をもっていない。

機動艦隊は十六日、洋上において、ビアク島方面に作戦していた大和、武蔵を基幹とする友軍部隊を合同、小型艦艇に対する洋上曳航補給をおこなった後、一路サイパン海域に向かって突進した。

六月十八日午前、午後、第一航空戦隊は三回にわたる索敵をおこなったが、午後二時半サイパンの西方約三〇〇浬（かいり）に三群の敵空母を発見した。わが艦隊との距離三八〇浬、小沢長官は時機すでに遅しと見て、攻撃を十九日に延期し、いったん南下してグアム島の西方、約五〇〇浬の翌朝の攻撃配備地点に向かった。

絶好の海空戦日和

六月十九日、午前三時（日出一時間半前）飛鷹は第二航空戦隊（隼鷹、飛鷹、龍鳳）の二番艦として数多の巡洋艦、駆逐艦に護られながら、所定の配備地点を東進していた。暗闇の飛行甲板にはすでに燃料弾薬を満載した飛行機が隙間なく並べられ、その間を、赤い懐中電灯のうすい光をたよりに、最後の整備を急ぐ整備員が忙しそうに動きまわっている。

東方三十浬には前衛の第三航空戦隊（千歳、千代田、瑞鳳）、また西方三十浬には第一航空戦隊（大鳳、翔鶴、瑞鶴）がいるのだが、もとより見えるはずがない。

黎明前に前衛から出した索敵機は午前六時三十八分以後、サイパンの西一六〇浬付近に敵空母三群、計十隻を発見した。わが方よりの距離三〇〇ないし三六〇浬、ときにスコールはあるが爽やかないい天気、海面にはさざなみを見る程度の絶好の航空戦日和である。

当時の彼我の空母搭載機の性能を比較すると、日本の方が少しばかり足が長い。三〇〇ないし三六〇浬という距離は、こちらからは攻撃できるが向こうからは出来ないというところで、そのうえ味方にはまかり間違えば、マリアナ諸島の飛行基地が利用できるという利点があある。

第一次攻撃隊の悲運

午前八時、攻撃機隊発進の令とともに、各母艦は飛行機発進の準備隊形をつくり、速力を上げる。

「発艦はじめ」轟々たる爆音、一機また一機、艦橋をゆるがして飛び上がっていく。帽を振って見送る母艦の乗員にこたえて、飛行機の風防のなかから搭乗員が手を振っているのが見える。若者たちの明るい顔には、必殺の決意がある。

あ号作戦の発動によりタウイタウイを発してマリアナ海域へ向かう第二航空戦隊。重巡摩耶の艦上から続航する隼鷹、飛鷹、龍鳳を撮影。隼鷹飛鷹の外舷へ傾斜した煙突の雰囲気がわかる

八時半、第一次攻撃隊の発艦終了。総機数二六〇余機、二群にわかれ堂々たる大編隊が東方の雲際に消えていく。つづいて午前十時、第二次攻撃隊八十二機も発進、第一次攻撃部隊のあとを追った。

航空母艦で一番こわいのは燃料、爆弾を満載した飛行機が艦内いっぱいに詰まっているときで、それを出してしまうと本当にホッとするものである。予期された敵の偵察機もまだ見えない。これで敵の機先を制することが出来るだろうと愁眉をひらいた幹部は、吉報をいまかいまかと待っていたが、いっこうに戦況が明らかにならない。

第一次攻撃隊が攻撃を決行したという電報は入ったが、その戦果についてはマリアナ基地から、敵の空母が四隻、

黒煙を吐きながら東方海面に避退したというだけで、詳しいことは何にもわからない。第二次攻撃隊からは敵を発見できないで一部はひき返し、一部はグアムに行って再挙をはかるといってきた。

やがてボツボツ帰ってきた搭乗員の報告を総合すると、敵ははじめから攻撃に来ることをあきらめて防禦に専念し、全戦闘機で厳重な警戒網を張り、そのうえ戦艦群を母艦群より西方に進出させて、わが攻撃隊の吸収をはかったらしい。

敵の電探を顧慮して低空で進撃した第一次攻撃隊は、敵艦隊の六十浬も先から敵機の反撃を受けてさんざんな目にあい、わずかに敵をそらした少数機がサウスダコタ、インディアナ、ミネアポリスを攻撃して若干の損害をあたえた。が、せっかく空母バンカーヒル、ワスプを発見攻撃した飛行機は、わずかに至近弾をあたえたばかりで攻撃は完全に失敗に終わった。また敵を発見しえずしてグアムに行った第二次攻撃隊は、着陸寸前に上空に待ち伏せしていた敵戦闘機一九〇機に奇襲されて、あえなく全滅の悲運にあったのである。

正午ごろ、ふと西方の水平線を見ると、真っ黒な大煙柱が二本空高く立ちのぼっている。いちばん敵から遠くて安全だと思っていた第一航空戦隊が、やられたらしいのだ。が、いっこう様子がわからない。

午後二時、矢矧から「翔鶴沈没。われ人員救助中」つづいて羽黒から「一航戦飛行機を全部、第二航空戦隊および瑞鶴に収容せよ」といってきたところを見ると、大鳳もやられたらしい。翔鶴はすでにその影もなく、その沈没位置とおぼしき海面にはおびただしい重油が流れ、浮流物が一面に浮かんでいた。

大鳳も翔鶴のあとを追うように午後四時半ごろ左に横倒しになり、アッという間に沈没したが、しばらくすると激しい水中爆発を起こし、その激しい衝撃は数千メートル離れていた飛鷹でさえ、突き上げられるように感じられた。かくて、わが海軍の最後のホープだった機動部隊は、ほとんどなんらの戦果をも挙げることなく、主力空母の二隻を失い、もはや挽回できない重い手傷を負ったのであった。

敵魚雷われに命中す

機動艦隊は補給と兵力整頓のため一時、西北方に避退したが、二十日黎明、油槽船五隻と合同して補給を開始した。

午前十一時ごろ東方海面の哨戒機から「一〇四五、空母をふくむ敵部隊見ゆ、空母二、戦艦二、巡洋艦一、駆逐艦若干、ペリリュー の二〇度五〇〇浬」という報告が入った。この地点はわが艦隊の東二八〇浬にあたる。機動艦隊司令部はこれを友軍機が自分の隊を敵と見誤ったのだと速断して、軽率にもこれを無視した。

午後四時十五分、索敵機はふたたび敵の艦隊を発見、約二五〇浬の距離にあって、わが方を追跡しつつあることを知り、五時二十分、触接機三、雷撃機七で薄暮攻撃を決行せしめた。

飛鷹はおりからの東風に飛行機発進のため、友軍艦艇とは逆の方向に進むことになって、駆逐艦四隻をともなって輪形陣をはなれていたが、午後五時四十分、はるか西北方、第三航空戦隊の上空にあたって突然、紫色の爆煙がパッパッと空をいろどった。

〝来たぞ〟とただちに反転して友軍に追いつこうとしたが、時すでに遅し。間もなく上空約三千メートルにキラキラと夕陽に輝く敵機の銀翼が見えた。「対空戦闘最大戦速」の号令に機関は全速回転となり、艦は武者ぶるいしながら驀進しはじめた。このとき、敵機は左舷艦首方向から機首をグッと下げて突っ込んできた。急降下爆撃だ。見る見る大きくなる機影、「取舵一杯、急げ」「戻せ、面舵一杯」

約二十機の敵機はいずれも右に左に転舵回避されたと見えたが、最後の一機が左舷艦首方向から突っ込んできた。また取舵で避け、爆弾はまたも右舷にはずれたと思った瞬間、しまった！　二五〇キロ爆弾が一発、艦橋の直後、飛行甲板の右端にある檣の桁に触れて炸裂した。

艦橋の直上、上空を見るために天蓋のない防空指揮所に、戦闘を指揮していた私は、頭上から弾片の驟雨を浴びた。そして左眼が見えなくなった。頭から流れ落ちる血潮で右眼が曇るのを押しぬぐい押しぬぐい、四周を見わたすと、防空指揮所にいた十数名の見張員はその大部が死傷して艦は盲目に近い。

私の直前で操艦にあたっていた航海長は、弾片に脇腹をえぐられて斃れ、発着艦指揮所にいた飛行長も死んだ。人影の失せた指揮所の内部は飛び散った血潮で朱に染まっている。

このとき、生き残った見張員が「右舷艦首雷撃機」と叫んだ。血にくもる右眼を一生懸命にみはるが、視力が衰えたのかよく見えない。航海長とかわって操艦の配置についた航海士が、もどかしがって私の身体をゆさぶりながら、「艦長、雷撃機、雷撃機！」と右舷艦首の方向を指さしながら叫ぶ。

やっと見えだした眼の前に、雷撃機が六機、低空で雷撃運動に入りかけている。私のすぐそばで、不思議にもカスリ傷ひとつ受けなかった砲術長は、指揮棒で雷撃機を指さしながら「目標、右舷艦首雷撃機」と大声に叫ぶ。

曳痕弾の帯が敵機をつつんだ。二機は落ち、三機は遠方で魚雷を落として艦首の方向に逃げた。しかし、残る一機は勇敢にも真っ直ぐに突っ込んでくる。見る見る距離がつまる。五百、三百、二百、曳痕弾の白線が機体をつつんでいるように見えるのだが、なかなか落ちない。そのうちにボッと炎といっしょに黒煙を吐いた。〝占めた〟と思った瞬間、魚雷が発射された。いい射点、敵ながらあっぱれ——。

発射を終わった敵機は火につつまれながら、ヒョロヒョロと抜け殻のように艦首を飛びこして、左舷海中に突っ込んだ。

このとき艦は最後の爆撃機の回避で取舵一杯のまま旋回をつづけていたので、舵を面舵に取りなおす暇がない。白い雷跡がしだいに艦尾の方へかわっていく、あと三十度、二十度、もう一息で回避できると思ったとたんにドッと来た。激しいショック。魚雷はとうとう右舷機械室に命中したのであった。

煙突からは真っ白な蒸気がふき出して、見る見る速力が落ちる。機関長が飛行甲板に飛び出してきた。

「艦長、右舷機械室満水。左舷単軸運転に入ります。いまは蒸気が一杯で機械室に入れません」「よし！　早くしろ」

「分かりました」と言い捨てて、機関長はふたたび艦内に姿を消した。

猛火のなかに憶う

いつの間にか日は西の海にかたむいて敵機の影も消え、一切の騒音はやんで、ただやる瀬ないさびしさが四辺にたちこめている。僚艦の隼鷹や長門が心配して近寄る。しかし片舷機だけでも十八ノットは出せるはず、戦場の離脱ぐらい充分できると思い、その旨を僚艦に信号した。

ひとまず指揮に便利な艦橋に下りようとしたが、甲板は血糊でズルズルして重傷の身では歩きにくい。若い航海士や通信士に助けられながら、艦橋への下り口に向かった。そのとき、右舷側に近くヒョロヒョロの航走末期と思われる雷跡を認めた。

「潜水艦に警戒せよ」号令するとほとんど同時に、ドッドッと左舷艦尾に魚雷命中の爆音がきこえた。

この魚雷は配電盤をこわしてすべての動力をとめ、また揮発油庫から漏洩した揮発油に点火爆発させたので、猛火はたちまち、艦の後部をつつんだ。

総員はただちに防火配置についたが、動力がとまって消防主管はつかえない。応急用の内火ポンプも至近弾の弾片に傷ついて、発動できない。とどのつまり主動喞筒がかつぎ出されたが、これでは焼石に水、火の手は燃えひろがるばかり。こうなって来ると手のつけようがない。兵隊も気が抜けたように茫然としている。

元気者の第一分隊長や甲板士官が真っ先に火の中に飛びこんで行くと、彼らはハッと目がさめたようにあとについて行く。飛行甲板に仁王立ちになって声をからして消火を指揮している副長の姿も、猛りくるう猛火と黒煙につつまれて見えがくれしている。

火炎の柱、火炎の帯、火炎の塊、怒りも悲しみも、美も醜も、すべてが跡片もなく焼きつくされる。やがて火は中部に前部にと燃えひろがり、上、中甲板の応急弾薬庫が誘爆をはじめた。

私は艦の運命がついに、きわまったことを知った。残されている私の義務は、一人でも多く乗員を助けることだけである。

「手あき総員、死傷者を前甲板に搬出せよ」筏を組んで、前甲板から負傷者を下ろし、また軍艦旗を下ろし、お写真御詔勅とともに護衛駆逐艦に奉安するように命じた。

「総員上へ、前甲板に集合」私は艦橋を下り、飛行甲板の最前端に立って前甲板に集まった総員に、感謝と訣別の辞を述べ、さらに天皇陛下の万歳を三唱し、副長に長官、司令官への最後の報告をたくして総員に退去を命じた。

生き残った士官とは、一人一人、手をにぎって別れを告げたが、なかには肩をふるわせて泣くものもあれば、また何とかして私が艦に残るのを翻意させようとするものもあった。そのうちに前甲板に黒々と動く群れの中から、突然、歌声がわき起こった。

「海ゆかば水づく屍、山行かば……」歌声はたそがれそめた海原をわたって感傷と興奮にうちふるえつつ、ながく尾を引いて水に消えた。水につかりかけた右舷側から、乗員がつぎつぎに水に飛び込んで行く。

総員の退去を見とどけた副長は、飛行甲板の私を振りかえって「艦長、お別れします」といい残して海に飛び込んでいった。

静寂、死のごとき静寂、聞こえるのは轟々と鳴る炎の音と、パチパチと木材のはぜる音ばかり。私のほかに艦に残っているのは、祖国に殉じた戦友のなきがらだけのように思われた。

生死という問題は、私にとっては長い間の懸案であった。艦長になってから、いな軍籍に身を置いて以来、いつかは直面しなければならぬ死に望んで、みにくい真似をして生き恥をさらしたくないということは、ひそかに心に秘めた念願だったが、さてこうしていよいよその死が切迫してくると、不思議な平安が心を領しているのに気がついた。

「死生一如」と達観したわけでもなければ、永遠の生を信じていたわけでもない。禅坊主のいわゆる解脱とか心身脱落とかいう境地とはほど遠いが、つたないながらも全力をつくしたという自己満足のせいか、肩の重荷をおろしてヤレヤレこれで休めるとでも言ったような静かな心持で、死を待つことができた。

ポケットをさぐると、銀のケースに桜が数本、残っていた。炎々たる猛火の身にせまるのも忘れて最後の紫烟（しえん）をくゆらしているとき、突如として艦は右にかたむき、艦首を空中につき上げるようにして沈んだ。

落ちる、落ちる、ズルズルと。足場のない不思議な世界、水についた瞬間、気を失った私は何分かののち、艦の水中爆発のショックで振るい出されたものか水面に浮び上がり、そのうえ幸か不幸か、通りすがった駆逐艦にひろわれて甲斐なき生命を救われたのである。

軽空母「瑞鳳」で体験した二大海戦

兵学校卒業したての新品士官が見たマリアナ沖からエンガノ岬沖海戦

当時「瑞鳳」乗組甲板士官・海軍中尉　岡上　恵

岡上恵中尉

太平洋戦争がもっとも烈しさをましていた昭和十九年三月下旬のよく晴れた一日、広島県江田島の海軍兵学校で第七十三期生の卒業式がおこなわれた。晴れて海軍少尉候補生になった約九百名の若武者は、ただちに表桟橋から練習艦の香取と鹿島に乗り組み、夜間航海で瀬戸内海を走って翌早朝に大阪へ入港した。そのあと伊勢皇大神宮に参拝し、一週間の休暇があたえられた。

これが最後の休暇になるかもしれないからよく親孝行してくるように、との意味がこめられた休暇だった。これ以後、四月はじめには全員が東京に集合し、皇居で天皇陛下に拝謁のあと、それぞれの任地にむかう予定であった。このうち、瑞鳳に赴任する者で兵学校出身者は小松荘亮、央忠彬、阿部勇、田中福次および私の五名である。また機関学校出身は中村喬、経理学校出身が坂井溢輝の計七名であった。

瑞鳳は当時、第三艦隊第三航空戦隊（千歳、千代田、瑞鳳）の三番艦で、3/33という記号であらわされていた。

さて、勇躍任地に向かうつもりでいたわれら七名は、教官から、瑞鳳の所在が不明なので横須賀にある海軍航海学校で待機するようにといわれ、ガッカリして予備学生の教官補佐として、約一ヵ月ほど滞在した。海軍省が艦の所在がわからないというのはおかしな話だが、今から思えば、艦は行動中だったのだろう。

五月はじめ、瑞鳳が呉に入港したので赴任するように、と指示をうけ、七名そろって横須賀を出発した。呉に着くと、駅まで甲板士官である七十一期の先輩が迎えに来てくれ、とても親切に艦まで案内してくれた。あまり丁寧で親切だったので、兵学校時代に、さんざん殴られた一号（最上級生）とは、とても思えないほどだった。

瑞鳳は潜水母艦高崎（たかさき）を改造した約二万トン足らずの小型空母で、乗員一五〇〇名、搭載航空機は三十機ほど、最大速力二十八ノットである。この瑞鳳に着任した私は機銃群指揮官兼衛兵副司令を命ぜられ、以後、瀬戸内海西部において訓練に明け暮れた。

五月十一日、三航戦は九州佐伯の基地を出撃、沖縄をへてタウイタウイ泊地に進出した。その途中、南の大洋で空母三隻が並航し、空も海も真っ青なそのなかを、真っ白い三本の航跡をのこして第二戦闘速力（二十一ノット）で走るさまは、生まれてはじめて見る感激的なシーンであった。三十年過ぎたいまでも忘れられない。タウイタウイはボルネオ島の東方六

十浬(かいり)にあり、サンゴ礁にかこまれた広い艦隊泊地である。

五月十六日、タウイタウイに入港しておどろいたことは、連合艦隊のほとんど全部が集まったのではないかと思われるほど、多くの艦艇が停泊していたことである。

大和、武蔵をはじめとする戦艦五隻、大鳳をはじめ航空母艦九隻、巡洋艦十三隻、駆逐艦二十九隻であった。これは小沢治三郎中将指揮下の第一機動艦隊で、第二艦隊、第三艦隊の

発進直後の艦上機の尾翼越しに撮影した瑞鳳。飛行機の大きさから瑞鳳が小型空母であることがわかる

ほとんど全勢力であった。

この泊地で約一ヵ月間、暑いなかを明けても暮れても、訓練訓練ですごした。当時タウイタウイは猛暑で、夜なども私室で眠れないほどであった。それに遊泳禁止の令が出されており、青いサンゴ礁のきれいな海を目の前にして、泳げないのが残念だった。理由は、毒のある海蛇がいるとのことであった。

ある日、「総員起こし」のあとチャージ（艇指揮）を命ぜられ、艇員とともに舷梯につないである内火艇に乗ったところ、機関員がワーッと声をだして機械室からとび出してきた。聞いてみると、機械室のなかに一メートルもある海蛇が入りこんでいたらしい。殺してとり出してみると、赤黄の原色のあざやかな、とてもきれいな海蛇であった。そのほか、朝に起動した内火艇のスクリューに巻きついていて、バラバラになって浮きあがってきたり、海中を泳いでいるのを見たりした。やはり泳ぐのは危険であった。

ある日、内火艇のチャージを命ぜられて、戦艦大和へ行った。要務がおわって大和を離れたときは日没後で、薄暗くなっていた。夜間はもちろん全艦艇とも灯火非常管制で、灯は一つも出していない。各艦艇の関係位置は紙に書いてもっていたが、しばらく走って闇にすかして見ると、平たいものが見えた。瑞鳳の発着甲板だと思い、その方向に進んでみると、平たく見えたのは椰子林の上縁で、陸岸に近づいていたわけだ。

しまった、と思って反転したが、もう方向が全然わからない。仕方ないので恥をしのんでいちばん近い艦の舷梯に横付けして、副直士官に「瑞鳳の者ですが、私の艦はどちらの方向でしょうか」とたずねる始末。とんだお笑いの一席であった。

当時、タウイタウイの湾外は、米潜水艦が跳梁していた。はじめ、湾外に出て訓練していた空母が魚雷攻撃をうけて湾内に逃げ帰ったり、駆逐艦が撃沈されたりしたので、夜間は各艦交代で内火艇による湾口の哨戒を実施するようになった。瑞鳳にその哨戒の順番があたったとき、先輩と二人で内火艇に爆雷を両舷につんで出発した。

日没後に出発して、十二時頃まで湾口を哨戒し、それ以後は付近に錨を入れ、夜が明けるまで先輩と交代で見張りをした。夜間ひとりで見張りをしていると、戦争の緊迫感をヒシヒシと感じた。

お粗末な味方機誤射

六月十二日の夜、士官室において出撃の前夜祭がおこなわれた。生まれてはじめて戦闘に参加する初出陣であった。副長からその感想を述べるようにいわれたが、言いたい感想がいっぱいあるようでもあり、何もないようでもあった。結局「先輩諸官の活躍の邪魔にならないように気をつけます」と述べただけであった。

六月十三日、小沢治三郎中将麾下の第一機動艦隊は、タウイタウイを出撃した。本隊と前衛にわかれ、瑞鳳は前衛部隊に属した。その編成は左記のとおりであった。

◇前衛部隊＝三航戦（千歳、千代田、瑞鳳）、一戦隊（大和、武蔵）、三戦隊（金剛、榛名）、四戦隊（愛宕、高雄、摩耶、鳥海）、七戦隊（熊野、鈴谷、利根、筑摩）、二水戦（能代、駆

逐艦六隻）ほか

◇本隊＝一、二航戦（大鳳はじめ航空母艦六隻）、戦艦長門、五戦隊（妙高、羽黒）、最上、矢矧、駆逐艦十五隻

瑞鳳の左右約二千メートルに大和、武蔵が護衛につき、頼もしいかぎりであった。

六月十九日午後、マリアナ諸島西方海面において、本隊を発進した百機以上の攻撃部隊が前衛部隊の上空を通過しかかったとき、瑞鳳の一二・七センチの二連装高角砲が、攻撃部隊を敵機とまちがえて指向射撃をはじめた。ついで戦艦、巡洋艦、駆逐艦と、大和と武蔵をのぞく全艦艇が味方攻撃部隊の航空機を射ちはじめ、壮烈な状況となった。攻撃部隊は編隊がバラバラに乱れて数機は射ち落とされたという。ただ大和と武蔵だけは「味方機のあやまり。射ち方止め」の発光信号を最後まで発信しつづけた。

このため攻撃部隊は編隊が乱れて統制がとりにくくなり、サイパン攻撃も不成功に終わったのではないかと、私は今でも思っている。

かくして、米機動部隊にたいして先制攻撃をおこなったが、戦果はほとんどなく、航空機は大半を消耗してしまい、本隊は大鳳、翔鶴を米潜水艦の雷撃で失った。

明くる二十日、わが機動部隊は沖縄の中城湾に避退中、米機動部隊の攻撃によってさらに飛鷹が沈没した。このように二十日の戦闘も、わがほうに消耗多くして、ほとんど戦果をあ

げることなく終わった。

すなわち十九日、二十日の戦闘において、空母三隻を喪失するとともに、その航空兵力の大部を消耗し、機動部隊としての戦力をほとんど失うにいたった。マリアナ沖海戦における敗北は、海軍、ひいては日本の戦争継続に大きな影響をおよぼした。

海軍はこの作戦に、連合艦隊の水上兵力および潜水艦兵力のほとんど全力を投入した。また基地航空部隊は、連合艦隊の大部である第一航空艦隊をもって作戦した。さらに内地の八幡部隊および南西方面の可動機の全力を増援させた。

すなわち、海軍のほとんど全力をあげての決戦であった。

この敗戦により、機動部隊は三隻の空母と搭載機および搭乗員の大部分を失い、基地航空部隊は中核である第一航空艦隊が壊滅し、予備兵力である八幡部隊も大きな被害を受けるにいたった。さらに潜水艦部隊は十八隻が未帰還となり、現状をもってしては、作戦継続不可能との判断に立った。したがって、被害防止対策あるいは特攻兵器の使用など、なんらかの打開策を必要とした。

このように海軍としては、連合軍の急速な進攻にたいして、当分のあいだ反撃戦力を有しない状況になったのである。

瑞鳳は中城湾（沖縄）をへて、六月二十四日に瀬戸内海の柱島についたが、その途中、感動的な場面に出会った。六月二十日だったと思う。午後から索敵機が発艦したが、そのうちの一機が帰ってこなかった。日没がすぎて薄暗くなっていた。杉浦矩郎艦長は、発着甲板でだんだん暗くなっていく空をキッとにらみながら「探照灯用意」と号令をかけられた。付近には多くの米潜水艦がいると考えられ、とくに夜間は危険である。だが艦長は、航空機の燃料がなくなったと思われてから三十分以上も、暗夜の上空を探照灯による探索を命じた。このときの杉浦艦長の、危険をかえりみない決断には涙が出るほど感激した。しかし、索敵機はついに帰艦しなかった。

混乱するレイテ島の戦況

マリアナ沖海戦後、瑞鳳は呉において修理をうけた。そのあと、横須賀から硫黄島までの輸送船護衛作戦、内海西部における訓練と忙しい日々をおくった。十月になると、戦況は急をつげ、十月十日には沖縄空襲、十月十二、十三日には台湾空襲がおこなわれた。十月二十日、連合軍は中部フィリピンのレイテ島に来攻した。

連合艦隊は捷一号作戦計画にもとづき、水上部隊をレイテ湾に突入させ、一挙に米攻略部隊を撃滅することにより、連合軍の上陸企図の破砕をはかった。レイテ湾突入には、第一遊撃部隊（栗田健男中将―第二艦隊基幹）と第二遊撃部隊（志摩清英中将―第五艦隊）が任じ、突入日時は十月二十五日黎明と決定された。

フィリピンに集中の、第五基地航空部隊（大西瀧治郎中将）、第六基地航空部隊（福留繁中将）をもって、フィリピン東方海面の米機動部隊を攻撃する一方、わが機動部隊本隊（小沢治三郎中将―第三、第四航空戦隊）をもって米機動部隊の北方誘致をはかり、その間に第一遊撃部隊らをレイテ湾に突入させるというのが、連合艦隊の決戦要領であった。

しかし基地航空部隊は、台湾沖航空戦における航空兵力消耗のため、決戦時にフィリピンに集中できたのは、実働で三百機にも満たなかった。

このため、航空兵力を陸上基地作戦に転用されて内海西部に待機中であった機動部隊本隊は、空母四隻を全滅させる覚悟のオトリ作戦に任じることになった。

十月二十四日、わが基地航空部隊は、フィリピン東方海面を行動中の米機動部隊に攻撃を集中した。しかし、敵機動部隊の全部を捕捉できず、当時三群にわかれて行動していた米機動部隊のうち、北端の一群に攻撃をくわえたにすぎなかった。このため、シブヤン海を東進中の第一遊撃部隊は、ほかの二群から集中攻撃をうける結果となった。

基地航空部隊は米機動部隊の総攻撃を企図したが、捕捉できなかった。この間の十月二十五日、サマール島沖とエンガノ岬（ルソン島北東端）沖で二つの海戦がおこなわれた。

第一遊撃部隊は、サマール島沖で幸運にも米護衛空母群に遭遇して砲火をまじえ、これに壊滅的な打撃をあたえたかにみえた。一方、エンガノ岬沖のわが機動部隊本隊は、空母四隻全滅の悲運にあったが、米機動部隊の北方誘致に成功した。しかし、この成功も無為に帰した。なぜなら、第一遊撃部隊がレイテ湾に突入しなかったからである。同遊撃部隊には、機動部隊本隊の状況はなにもわかっていなかった。

当時のレイテ島の状況は、十月二十日にタクロバン付近に米軍一個師団が上陸し、ドラッグ正面にも一個師団が上陸した。この二正面にたいするわが軍の守備は第十六師団で、その配備はドラッグ正面に主力をおき、またカトモン丘正面にも一部の兵力を配していた。タクロバン方面は軍の後方地域とされ、師団司令部のほか後方施設、軍需品が集中されていた。また海軍部隊の指揮所もここにあった。したがって守備兵といえば、これらの要務上および警備上必要なわずかな兵力にすぎなかった。このため予期に反して、最初に米軍がタクロバンに大兵力を投入したとき、第十六師団は初動から戦闘指揮に混乱を生じた。わずかに試みた反撃もたちまち撃退され、二十一日には、師団司令部はタガミに移動せざるを得なくなった。

司令部の移動によって、作戦通信は一時途絶し、レイテ島の戦況は混沌たるものになった。この日のレイテの戦況は、司令部の移動もふくめて夜半まで皆目わからなかった。かくして、レイテ防衛の第十六師団は、南北ともに撃破された。米軍が二十日に本格的な上陸を開始してから、わずか三日目であった。

眼前に見た瑞鳳の最期

十月二十日、内海西部を出撃した機動部隊本隊は、二十三日の夜六時、エンガノ岬の北東約四二〇浬(かいり)に進出した。対空警戒を主とした輪形陣の第四警戒航行序列で、二十四日早朝の索敵機発進予定地点にむかっていた。第四警戒航行序列は二群の輪形陣（各群間約十キロ）からなり、編成はつぎのとおりである。

◇第一群＝瑞鶴、瑞鳳、伊勢、大淀、多摩、第六十一駆逐隊（初月、秋月、若月）、杉、桐

◇第二群＝千歳、千代田、日向、五十鈴、第四十一駆逐隊（霜月）槙、桑

機動部隊本隊の司令長官小沢治三郎中将は、米機動部隊は自隊の南方海面からほど遠からぬ地点に行動中であると判断し、予定にしたがい、二十四日朝六時に索敵機を発進させた。瑞鳳からは天山二機が発進した。午前十一時四十五分、小沢司令長官は、旗艦瑞鶴に「皇国の興廃此の一戦にあり」の意味の「Z旗一旒」をかかげて、攻撃隊の発進を開始した。攻撃隊の総兵力は、戦闘機、爆装戦闘機、艦攻、艦偵の計七十六機ほどで、瑞鶴一艦分の搭載可能機数にすぎなかった。

瑞鳳は零戦八機、爆装零戦三機、天山艦攻二機で計十三機であった。瑞鳳、千歳、千代田から発進した攻撃機は、敵空母を捕捉できず、大部分はフィリピンの航空基地にむかった。瑞鳳には一機も帰艦しなかった。小沢司令長官は、攻撃隊は成果をあげておらず、その大部分はフィリピンの航空基地にむかったものと判断した。

第一遊撃部隊がシブヤン海において、敵機動部隊から攻撃をうけ、その被害が逐次増大しつつある状況が、電報で正午すぎから小沢部隊司令部に到達しはじめていた。

いまや第一遊撃部隊は、敵機動部隊の集中攻撃をうけており、小沢長官が企図した敵機動部隊にたいする牽制は、成功していないことが明白となった。このうえは敵艦隊を北方に誘致するため、なにか徹底的な自隊の損害をかえりみない戦闘行動をとる必要がある、と小沢長官は考えた。

その方策としては、前衛部隊を分離して敵艦隊の方向に進撃させ、味方航空部隊と策応し

て、敵機動部隊を有効に牽制することであった。そこで小沢長官は、午後三時十五分、前衛部隊（伊勢、日向および駆逐艦初月、秋月、霜月）を分離し、敵を求めて南下させた。

また主隊は北方にむかった。午後七時十分、豊田連合艦隊司令長官から「天佑を確信し全軍突撃せよ」の電令があり、主隊も南下をはじめた。

二十五日、主隊は前衛部隊と合同した。つづいて針路を北にむけ、第四警戒航行序列となった。この陣形では瑞鳳が左側で、瑞鶴と二・五キロの距離で横列にならび、瑞鳳の後方五キロで千代田、瑞鶴の後方五キロに千歳が位置していた。

二十五日、午前八時ころから敵機の第一次攻撃がはじまった。

私は当時、甲板士官兼応急班指揮官で、応急指揮所にいたが、被害がないと仕事にならないので、発着甲板で戦闘状況を見物していた。まず第一群の八十機、第二群の五十機が来襲し、後方にいた千歳、千代田に襲いかかった。三十分くらいのあいだに攻撃が終わり、千代田は大被害をうけた。そして速力は停止し、右へ大きく傾き、前部のリフトが大きく口をあけているのがはっきり見え、見るみる距離が開いていった。

第一次攻撃が終わったと思い、応急指揮所へ帰るため電信室の横の通路を通りかかったとき、ドカーンという大音響とともに、グラグラと艦がゆれた。私は思わず壁にとりすがった。やられたと思い、ただちに現場に行くと、後部リフトの真ん中に小さな穴があき、下甲板で爆発していた。舵の故障であったが、まもなく復旧し、全力発揮可能となった。

これは第一次空襲で、千歳、千代田の攻撃で爆弾があまったので、二機ほど瑞鳳に攻撃をしかけたものらしかった。

午前九時から第二次攻撃がはじまった。

最初のうちは、やはり発着甲板で見物していると、左舷千五百メートルにいた秋月に二、三機の敵機が急降下爆撃をおこなった。そのうちの一機の爆弾が煙突のうしろに命中、と同時に煙が大きく高くあがり、その煙がうすれると、艦の姿は影も形もなくなっていた。

これがほんとうの轟沈であろう。それからの爆撃、雷撃の物凄さは筆舌につくしがたかった。経理学校出身の坂井の戦闘配置は、発着甲板の艦尾であおむけになって急降下してくる敵機の数をかぞえることであったが、彼は九十機まで数えたが、それ以上は眼をつむってしまったと言っていたほどである。

第二次空襲中に瑞鶴は送信不能となり、司令部は大淀へ移乗した。昼食をとるひまもなく第三次空襲がつづき、米軍の主攻撃は瑞鶴と瑞鳳にむけられた。午後二時十四分、瑞鶴は私の目の前で沈没した。そして三時三十分、瑞鳳が沈没した。かくして、本隊の全空母四隻が全滅した。

瑞鳳は第二次、第三次とひきつづいて艦爆、艦攻の攻撃を四方から受け、しだいに速力が落ち、傾斜が大きくなった。艦首に魚雷が命中したときは、防禦指揮所内で背中が天井に当たるほどはねとばされた。午後二時二十六分、傾斜は右十三度となり、必死の防禦作業にかかわらず、二時四十五分には、傾斜は右十六度になり、浸水のため航行不能となった。三時には傾斜が右二十三度となり、艦長は軍艦旗の降下を命ぜられた。

迷彩された瑞鳳の飛行甲板後端の着艦標識の前に「づほ」と識別記号が見える

ラッパによる君が代の演奏がされるなかを降下される軍艦旗を見ながら、涙が出てしかたがなかった。海軍時代に私が声を出して泣いたのは、このときと終戦のときとの二回だけであった。

つづいて総員退去が命ぜられた。私は甲板士官であるので、最後のころに海中にとびこんだ。海中から頭を海面に出すと、機関科の若い水兵がバチャバチャやりながら、「甲板士官、助けて下さい」という。私は左手を出してつかまらせ、泳いでいるうちに都合よく木の箱があったので、これにつかまらせた。

間もなくシューという煙突から海水がはいる音がして、瑞鳳はまっぷたつに折れ、艦首と艦尾を高くあげて、バリバリと音をたてながら海中に没した。

私の五十メートルほどの目の前であった。

駆逐艦桑（くわ）に救助されたとき、同じ分隊の分隊士であった、ある特務士官の人が、「あなた方学校出身の人は将来偉くなるでしょうが、今度のような無茶な戦闘だけはやらないで下さいね」と言われた言葉が、今でも忘れられない。

多目的万能艦から変身した「千歳」の生涯

甲標的母艦兼水上機母艦にして高速給油艦が戦ったマリアナ比島沖海戦

戦史研究家　野村靖二

空母千歳は、もともと甲標的搭載艦兼水上機母艦であった。昭和八年に、いわゆる特殊潜航艇が着想されたが、この特殊潜航艇つまり甲標的は、真珠湾に潜入したあの二人乗りのもので、六ノットで行っても一〇〇浬しか行けぬ。

もともとこの豆潜は、いわゆる決戦場で敵味方の主力艦が嚙み合い、舵もとれない、速力も加減できないという砲撃戦の真っ最中に、猛烈なスピードで敵艦隊に肉薄し、小さいためになかなか見つけにくいのを利点として、魚雷をあちらこちらからぶッ放す。そういう任務をもたされて造られた艦だから、どうしてもそれを運ぶ艦がいる。甲標的をたくさん積んで主力艦隊と行動を共にし、砲撃がはじまるまでには甲標的を放して、戦列をはなれる艦だ。

千代田も千歳も、じつはそういう目的のために造られた。艦尾が図南丸などの捕鯨母船に似ていて、ふだんはケンバスを張ってカモフラージュし、いざとなると、そのケンバスをとって、艦内に抱えている甲標的をつぎつぎに滑り落とす。甲標的はザンブと白い飛沫をあげて海中に落ちこみ、スタートする。それ行け！というわけだ。

だが、これだけでは足りない。水上機母艦としても使え、高速給油艦としても使え、必要があれば艦上機の帰着甲板をつくるとか、ないしは航空母艦にも改造できるようにしたい。――そういういろいろな任務が果たせる艦が千歳であり、千代田であった。

戦艦ならば戦艦、空母ならば空母というように、だいたい一目的、多くて二目的ということはあるが、こんな多目的の艦は海軍はじまって以来、一度もない。だから、造艦技術者は苦しんだ。こんなに一度に何もかもはできない。水上機母艦と甲標的母艦は、兼用できる。甲標的十二隻を艦内に積み二十ノットで走るようにした。そして、ポン、ポンと落としていくと千メートルに一隻ずつ甲標的を発進できるようにした。このときも水上機十二機、カタパルト二基が積まれる。水上機母艦になるときは、甲標的の格納庫を水上機の格納庫にする。クレーンは兼用できる。水上機は二十四機、補用機四機で、カタパルトを四基積む。

艦は、妙な形であった。一番煙突から前は普通の巡洋艦でありながら、それから後は四角な大きな台が一つあるだけ。これが瑞穂や日進になると、煙突がクレーンの台と一緒で、ヘンになる。私など横須賀でこれを見たとき、「おい見ろ。デキソコナイの艦だ」と奇声を発して、みんなに笑われた記憶がある。

千歳は、まだ煙突があった。瑞穂以下には、煙突らしい煙突がない。これはエライことになったぞ、しばらく陸に上がっていたうちに、こんなにも時勢に遅れたのか、と愁然としたものだった。

攻撃力こそ防禦の最善

水上機母艦千歳（ちとせ）が参加した海戦は、まずスラバヤ沖海戦（十七年二月）、ミッドウェー海戦（十七年六月）、第二次ソロモン海戦（同年八月）であった。

ミッドウェーでは攻略部隊の航空隊として、藤田第十一航空戦隊（司令官／藤田類太郎少将）の旗艦となり、水上偵察機二十機を積んで参加した。任務は神川丸（水上機母艦）とと

昭和18年末、瀬戸内で訓練中の千歳。艦上機は30機搭載可能であったが、比島沖海戦出撃時には10数機だった

もに、ミッドウェーのキュア島を攻略して上陸戦闘に協力、対潜水艦警戒、哨戒であった。船団十三隻の両側にあって、飛行警戒にあたりつつ進んだ。

第二次ソロモン海戦のときは、陸軍の一木支隊と横須賀第五特別陸戦隊をのせた商船四隻を護衛し、いわゆる船団直接護衛の位置にいた。八月二十四日午前二回、カタリナ飛行艇に追われたので水上戦闘機三機で追いかけたが、取り逃がしてしまった。そして、午後六時すぎ急降下爆撃機二機の奇襲をうけ、爆弾二発命中。左舷の燃料タンクが破裂し、機械室に浸水して傾斜七度におよんだ。飛行機が燃え出したので水葬した。

大きな被害ではなかったから、トラックで修理をしたが（八月二十八日から九月二十日まで）、その間に水上機隊はショートランドに進出して作戦した。この間に大本営では、ミッドウェーの被害を補うため、航空母艦の急速大増強が計画されていた。新艦建造も進めるが、空母への改造案も促進された。こうして水上機母艦千歳は、昭和十七年十一月上旬トラックを発って、佐世保で改装工事をすることになった。

十一月二十八日から翌十八年九月十五日まで十一ヵ月間、佐世保で緊急工事がつづけられた。艦は平甲板型で、艦橋は飛行甲板の下についた。飛行甲板は長さ一八〇メートル。龍鳳、瑞鳳などとあまりかわらぬ小型空母だ。速力二十九ノット、基準排水量一万一千トン。飛行機三十機を積む。十八ノットで一万一千浬（かいり）の航続力をもった。兵装は一二・七センチ連装高角砲四基（八門）、二五ミリ三連装機銃十基（三十梃）。飛行機の内訳は、零戦二十一機、九七式艦攻九機。

この改装で問題になるところは、もともと甲標的母艦と水上機母艦であったために、空母としての装甲を一つも持っていない。いわゆる無防禦艦だった点である。いまここで装甲をとりつける、というわけにいかないので、窮余の一策として、間接防禦の方式をとった。たとえば、格納庫のような重要なところは、区画をいくつも重ねて、直接敵弾にさらされないようにした。邪魔板を何枚も張りめぐらしたのと同じようなアイデアである。

防禦を、強いとか弱いとかいう言葉であらわせば、明らかに「弱い」艦だ。乗組員にとって、すこぶる頼りないといえば頼りないが、外鈑に穴はあいても、一番大切なところにはできるだけ届かないようにしたわけである。

しかし、乗員たちは、妙な形の艦から立派な空母に生まれかわったのを見て、雀躍した。下駄ばきの（浮舟のついた）飛行機しか持っていないことの方が、彼らには一層頼りなかったのだ。不思議なものである。防禦の厚い薄いは、気にならない。それより、手もとにどんな攻撃力をもっているかが最大の関心事だった。零戦が太平洋狭しと駆けまわることができたのも、防禦ではなく、攻撃力が絶大だったからである。あまりにも日本的な、非合理的な考え方だと決めつけるのは酷である。彼らこそ日本人であったからだ。

船団護衛の新任務

しかし、空母に生まれかわった千歳は、乗員の希望とは逆に、なかなか第一線に出られなかった。むろん、輸送でも立派な作戦だし、少しもガッカリするには当たらないが、空母に生まれ変わったことで、いわば第二線から第一線に出た感じをもつ乗員には、いかにも食い足りない。

そんな気持でシンガポールを往復し、十一月五日に別府に帰ったが、それからすぐ呉に行って、整備のつづきをやった。整備が終わると、まだ第二航空戦隊人員機材の輸送任務が待っていた。すぐトラックに行けという。

トラックから帰ってきたら、こんどは海上護衛総司令部付属に編入された。海上護衛総司令部というものが、日本海軍にはじめてできたのが、昭和十八年十二月十日で、それまでは護衛などと真剣に取り組む部隊さえなかったのだから、激増していく日本商船隊の被害は、連合艦隊司令部の「決戦だ」「決戦だ」という大声に掻き消されていたわけだ。

日本海軍自体が、そんな認識のしかただったから、千歳の乗員が、しょげてしまったのも無理はない。が、それだからといって、任務をなおざりにする彼らではなかった。零戦六機を積んでトラック横須賀間を、仮装巡洋艦の靖国丸と伊良湖を護衛し、無事、内地に連れ帰った(十二月十四日)。

船団護衛に空母がつき、それが飛行機を駆って十分の警戒を行なえば、ほぼ完全に任務は果たせる。ドイツ潜水艦が、あれほど連合国を危機一歩手前にまで追いつめながら、ジリジリと押し戻されたのは、連合軍に続々と護衛空母ができ、レーダーができたからである。

千歳の士気は、あがった。

横須賀と広島湾で待機しているうちに、昭和十九年となったが、その一月十一日、門司からシンガポール間を、油槽船の船団を護衛することになった。搭載機は前回の倍で、十二機である。ヒ三一とヒ三二という二船団だ。

油の不足は、海軍ならば誰でも感じていた。南へ行けば、油は溢れている。しかし、それを日本内地に持って来られないのだ。運んで、それを使わなければなんにもならない。千歳は慎重にやった。やりながら、やはり眼は遠くを気にしていた。出港の日、台湾に敵機が来襲したのだ。

タウイタウイへ進出

千歳には、しかし、まだ輸送任務がつづく。二月二十日から三月四日までかかって、鹿児島からサイパンまで、七六一航空隊の人員機材を輸送した。これは、敵の機動部隊がトラックを襲い、台風のように暴れまわって、船舶三十二隻、艦艇九隻が、一挙に失われたすぐあとであった。内南洋を固めろ、という動きが陸軍から起こり、大いそぎで兵力の展開がはじまった。なんとなく、緊迫感が胸をしめた。

輸送を無事に終わり、横須賀に帰ってまた広島湾で待機したが、戦機は刻々に熟していた。千歳が、ほんとうの空母として働くべき時がついに来た。千歳がタウイタウイに進出したのは、五月十六日であった。千歳艦長、岸良幸大佐。第三航空戦隊として、栗田中将の率いる前衛部隊に加わった。三航戦は千歳、千代田、瑞鳳の三隻。いずれも小型空母ではあったが、ことに千歳乗員は宿願がかなって、大変な張り切りようであった。

六月十五日の早朝、敵の輸送船約三十隻がサイパンの西に現われ、つづいて上陸を開始した。午前八時、豊田連合艦隊司令長官から、あの有名な日本海海戦当時の信号文そのまま、「皇国の興廃この一戦にあり、各員一層奮励努力せよ」の訓示が出され、檣頭にはZ旗がひるがえった。

前衛の栗田部隊からは、夜の明けきらぬうちに索敵機が出された。第一段、第二段と、水も漏らさぬ。そのままグイグイ突進する千歳隊は、すでに敵からの距離三百浬。

Z旗の三十分前、千歳からまず攻撃隊が舞い上がった。ところが千歳の隊は、飛行機を少ししか積めないので、ほかの空母のように、攻撃隊を二つに分けたりすることはできない。第一次攻撃隊が帰ってきて、それをまた出すのが第二次だ。そこで乗員たちは、自然に早く味方機を収容しようとして前へ出る。敵と味方の真ん中あたりにとび出しているとき、突然、百機あまりの飛行機が頭の上へ飛んできた。

「敵だッ」と誰かがいうと、あちこちから砲撃がはじまった。「違う。味方だぞ。やめろッ。射ち方やめッ」と叫ぶが、いったん走り出した馬は、なかなか止まらぬ。味方射ちだ。二機の犠牲が出た。悄然とした砲員を、こんどは指揮官が元気づけてまわる。とにかく、悪い話である。

その悪運が尾を曳いて、「勝てるはず」のアウトレンジ戦法（敵の手は届かず、こちらの手だけ敵に届かせて、敵を叩こうというもの）は、彼のレーダーが逆にこちらをアウトレンジして、まったく意外の敗北に終わった。

その間に、千歳隊には悲喜劇が起こっていた。第一次攻撃隊が少なくはなっていても、とにかく帰ってきた。大急ぎで補給し、編成のしなおしをして、第二次攻撃に出そうとしているとき、あまりにも前の方に出ていたため、傷ついて帰ったり、燃料がなくなったりした味方機が、つぎからつぎへと着艦してくる。とうとう第二次攻撃隊は、まごまごしているうちに、機を失して出せなくなってしまった。

六月二十日の戦闘では、千歳隊はほかの隊よりも恵まれていた。千代田中破だけですんだのは、暗さの中に、どこか灯がさした感じであった。

永遠なる休暇

千歳はその後、九月六日から十月十六日まで、呉にあって整備にしたがった。最後の決戦にたいする、徹底的な不沈対策がなされた。マンホールは熔接してしまい、要らないところにはセメントを流し込み、リノリュウムその他の燃えるものは、一切捨てた。

兵たちは床の剝(む)き出しの鉄の上に、毛布をしいてゴロ寝である。食事は毛布の上にアグラをかき、車座になって食べた。「山賊だナ、まるで」「ピクニックといえ」「うそつけ。海賊船の胴の間だ」などと、それでも兵たちは、すこしも動じていなかった。

昭和十九年十月二十日、千歳は零戦八機、天山七機、戦闘爆撃機四機を積んで、大分沖を出撃した。小沢部隊本隊は、瑞鶴、瑞鳳、千歳、千代田。航空戦艦の伊勢、日向と、軽巡大淀、多摩、五十鈴、十一水雷戦隊の駆逐艦群であった。

この全海軍特攻の使命は、出港後、通達せられた。兵たちは、ここで奮起した。追いつめられた気持ではない。なにくそ、みんなで体当たりでやれば、道は開けると思っていた。この気持は尊い。海軍特有の明るさであろうか。よし帰ったら、こんどこそ休暇がもらえるだろう、とニヤリとしたものもあったという。激戦であればあるほど、休暇のチャンスはふえるのだと。

十月二十五日午前八時二十五分、敵機の大編隊との戦いがはじまった。千歳と千代田の上に来たのは、約十機であった。

死闘がつづいた。八時三十四分、左舷前方に一発、急降下による命中弾が黄色い煙を噴き上げた。ちょうどコウモリ傘をかぶせたように、爆弾が落ちた。とても数え切れなかった。水柱が崩れ落ち、飛行甲板は雨のあとのようになった。

コタえたのは、無数の至近弾だった。無防禦艦は、どこまでも無防禦だった。乗員必死の防水努力にもかかわらず、船体は左に大きく傾いた。機械はストップして、動かなくなった。五十鈴が千歳の曳航を命ぜられた。しかし、千歳は沈みつつあった。准士官以上三十六名、下士官兵四三〇名、軍属二名の遺体とともに。

私が設計したマンモス空母「信濃」の秘密

誕生の由縁から性能特長および悲劇の周辺まで秘密空母の素顔

当時「信濃」設計担当・海軍造船中将　福田啓二

昭和十六年十二月八日、太平洋戦争開戦当時の日本海軍の空母勢力はどうであったか。ふりかえってみると、海軍は戦艦を重視した大艦巨砲主義であったが、空母の威力もじゅうぶん認めていたことがわかる。

既成戦艦の十隻は改装ずみで、軍縮条約廃棄後の第一番艦として計画した大和（六万八二〇〇トン）はすでにほぼ完成して就役もちかく、第二番艦の武蔵は約一年前に長崎で進水し艤装工事中、第三番艦（信濃）は昭和十五年五月に横須賀で起工し、第四番艦は呉で同じく十五年十一月起工、いずれも鋭意工事中であった。

福田啓二造船中将

空母は加賀、赤城（二万六九〇〇トン）は改装ずみ、鳳翔（七四七〇トン）龍驤（八千トン）蒼龍（一万五八〇〇トン）飛龍（一万七三〇〇トン）はいずれも性能改善工事ずみで、無条約時代を予想してつくられた翔鶴、瑞鶴（二万五六七五トン）はそれぞれ数ヵ月前に竣工就役したばかりの新鋭艦であった。その最大速力三十四ノットを出す十六万馬力は、わが海軍最高のものであった。そのほか瑞鳳（一万一二〇〇トン、潜水母艦高崎を改造）大鷹（一万七八三〇トン、客船春日丸を工事中に空母に改造）があり、大鷹をのぞいても九隻もち、大型空母大鳳（二万九三〇〇トン）を建造中であった。これは航空機の威力を認めていた海軍の長年にわたる努力の積みかさねであった。

一方アメリカ海軍の空母はレキシントン、サラトガ（三万三千トン）レンジャー（一万四五〇〇トン）ヨークタウン、ホーネット、エンタープライス（一万九九〇〇トン）ワスプ（一万四七〇〇トン）の七隻で、空母に関しては日本がわずか優勢な時機に開戦となったのである。

開戦劈頭（へきとう）を飾った真珠湾の奇襲で、航空機は大きな戦果をあげ、爆弾や航空魚雷の威力を発揮したが、これは碇泊中の艦船に対する攻撃であった。また十二月十日のマレー沖海戦で、わが基地航空部隊はイギリス戦艦プリンス・オブ・ウェールズ（三万五千トン）レパルス（三万二千トン）の二隻を撃沈した。このことは戦艦に対する航空機の威力を遺憾（いかん）なくしめしたもので、世界の列強を驚倒せしめて海戦の考え方を改めさせ、建艦計画にも大きな影響をあたえた。

開戦当時、わが海軍が建造中の空母は、前記の大鳳のほかに改造空母として祥鳳（一万一二〇〇トン、潜水母艦剣埼）があり、客船出雲丸、橿原丸（二万四一四〇トン）も船台上で空母に改装されていた。これらは昭和十五年八月、米大統領ルーズベルトが日本に対し、航空機用ガソリンや製鉄用屑鉄の輸出を禁止したころから準備がすすめられていた。

建造計画としては大鳳型二隻、飛龍型一隻であったが、開戦とともに戦時計画となり、建造中の戦艦二隻の工事を中止し、はじめは潜水艦建造に重きをおかれたが、ミッドウェー海戦ののち、大鳳型五隻、飛龍改型十五隻、そのほか駆逐艦、潜水艦など四百隻を越える厖大な案がだされたが、情勢の悪化により大鳳型は工事量が多く工事期間が長いので取り止め、飛龍改型ですすむこととなり、雲龍型（一万七五〇〇トン）として建造することとなった。

米国はエセックス型（二万五千トン）六隻が昭和十五、十六年にわたって起工ずみで、その後その隻数は増加され、護衛空母の大量建造に着手していた。護衛空母はヨーロッパの対独戦にも用いられたものであった。

かくて太平洋上において日米の死闘がくりひろげられ、わが海軍は勇敢に戦って敵に損害をあたえつつ順次、その海上基地を拡大していったが、またわが軍の損害も大であった。空母に関する損害を戦後に発表された記録によって見ると、つぎのようである。

日米空母の損害

昭和十七年一月、米空母サラトガは伊六号潜水艦の雷撃をうけ浸水した。わが方は魚雷二発命中し沈没したものとみとめたが、実際には沈没しなかった。昭和十七年五月、珊瑚海海戦で日本は祥鳳を失い、米国はレキシントンを失った。

昭和十七年六月、ミッドウェー海戦で加賀、赤城、蒼龍、飛龍の四隻を失った。すべて航空機の爆撃によって発進準備中の飛行機の燃料、弾薬に引火して大火災を起こし、機関室にも火災がおよんで消火不能となり、ついに行動の自由を失ったあと雷撃によって沈没したものである。これは太平洋戦争に大きな影響をあたえた損害であった。ことに経験に富む多くの勇敢なる将士を失ったことは大打撃であった。米国はヨークタウンを失った。これは飛龍からの航空機の爆弾によって火災を起こし、その後わが潜水艦の雷撃によって止めをさされたものである。彼我空母艦隊の発見の早い遅いが逆になっていたら、戦果はちがっていたかも知れない、とアメリカの軍事評論家は戦後に述べている。

昭和十七年九月、ワスプは伊一九号潜水艦の雷撃をうけて炎上し、のち沈没した。十七年十月、南太平洋海戦でホーネットは翔鶴、瑞鶴、瑞鳳の搭載機の爆撃、雷撃および潜水艦の雷撃によって沈没した。翔鶴、瑞鳳の飛行甲板は爆撃によって大いなる損害をうけたが、大事にいたらずにすんだ。

彼我空母の損害は大きく、昭和十七年末には、わが空母は翔鶴、瑞鶴、鳳翔の三隻、改造型として龍鳳（一万三三〇〇トン、潜水母艦大鯨(たいげい)）瑞鳳（一万一二〇〇トン、潜水母艦高崎）飛鷹（二万四一〇〇トン、出雲丸）隼鷹（二万四一〇〇トン、橿原丸）であった。そのほかに大鷹（一万七八三〇トン、春日丸）雲鷹（一万七八三〇トン、八幡丸）沖鷹（一万七八三〇トン、新田丸）は改造ずみだったが、速力二十一ノットで、戦闘用空母として充分でなかった。米国はサラトガ、レンジャー、エンタープライズの三隻のみとなり、米空母のドン底時代であった。昭和十八年の初めからエセックス型がつぎつぎと竣工し、同年中には七隻をくわえた。軽空母および護衛空母も増加した。わが方は千歳、千代田（一万一二〇〇トン、水上機母艦を改造）海鷹（一万三六〇〇トン、あるぜんちな丸）神鷹（一万七五〇〇トン、商船シャルンホルスト）をくわえた。神鷹はスピードを増すために主機械を入れかえた。

ミッドウェー海戦の結果、雲龍型（一万七一五〇トン）の工事を急ぐとともに、横須賀で工事を中止している大和型の三番艦を空母に改造することになった。これが信濃である。呉で建造中の四番艦は工事を取りやめ、解体ときまった。

マンモス空母信濃の性能

信濃は横須賀工廠の第六ドックで船体工事をすすめられ、中央部は水線付近まで、前後部は弾薬庫の艦底付近まで工事は終わっていた。

信濃の空母としての目的は、ほかの空母と異なり、最前線に出動して後方から飛んでくる飛行機に燃料弾薬を補給する、移動する海上基地として使うという考えであった。そのため防禦力を重視し、魚雷にたいする水中防禦は戦艦とおなじ考慮をもって装備され、舷側および中甲板防禦は対二〇センチ砲に対するものとし、対爆弾防禦としては飛行甲板のほぼ全長にわたって、その全幅の約四分の三に甲鈑を張った。それは爆弾が命中しても損害を局部にとどめ、飛行機の発着をつづいておこなえるようにするためであった。飛行甲板の防禦は空母大鳳の設計にとりいれられ、当時、建造中であったが、信濃はさらにその防禦範囲および厚さを増加した。また五〇〇キロ爆弾の急降下爆撃に耐えるものとし、二〇ミリDS鋼板の上に七五ミリ甲鈑を張った。

格納庫は一段とし戦闘機十八、攻撃機三十六機で、ふつうの空母より搭載機は少ないが、ガソリンは多量に搭載した。航続力は時速十八ノットで一万浬（かいり）であった。

煙突は大鳳より以前に設計されたものは、右舷側に飛行甲板の直下にやや斜め下に、熱ガスを吹きだすようになっていて、飛行甲板上の作業に邪魔にならず、まだ着艦姿勢の飛行機の操縦にできるだけ害をおよぼさない形となっていた。この方式は艦が大傾斜したとき、煙突の尖端が海面に接して熱気の排出ができなくなり、艦の安全性からみるとよくない。ことに信濃は飛行甲板の重量が大であったので、重量のバランスのため、飛行甲板までの水面からの高さが割合に低く、その幅は大であったから横向き煙突は工合が悪い。

そこで大鳳設計のときに研究決定した方法によって、飛行甲板の右舷側上に煙突をたてることにしたが、直立させることは航空関係の同意を得られなかったので、上端を二十六度ほど外方に傾けさせた横須賀の航空技術廠の風洞実験により、熱気の影響が着艦姿勢の飛行機の操縦に差しつかえないように工夫したもので、同時に艦の安全性を増した方法であった。出来あがったところを見ると、視角によっては艦の前方に傾いているように見え、美的ではなかったが、実用上は良好であった。この方式は大鳳、飛鷹、隼鷹にも実施した。

舷側甲鈑は厚さをへらし、水線付近のバルジの形をかえ、中甲板甲鈑をうすくし、上甲板舷側の高さは大和型では一番砲塔の辺で低くなっていたが、信濃ではほぼ水平に近くし、主砲弾薬庫付近にガソリンタンクを設け、そのまわりに海水をみたして火災の防止に役立たせ、また泡沫消火装置など対火災装置に充分に気をくばった。

かくて基本計画は昭和十七年の九月にできた。基準排水量六万二千トン、公試状態六万八千トン、艦長二五六メートル、艦幅三十六・三メートル、吃水十・三一メートル、速力二十七ノット、出力十六万馬力、兵装は一二・七センチ砲十六、機銃多数といった大艦であった。昭和二十年二月完成の予定であった。

昭和十九年六月十九日、マリアナ沖海戦において大鳳、翔鶴は潜水艦の雷撃により、飛鷹は二十日に雷爆撃により沈没した。戦況は日に日に不利にかたむいてきた。最後の決戦には信濃の参加が絶対に必要である。信濃がなければ、戦争は負ける。この思いは異常な工事促進となり、昭和二十年二月完成が、十九年十月十五日竣工とかわり、工廠従業員の懸命の作業がつづけられた。

突貫工事のもたらした悲劇

明治三十七年五月十五日（日露戦争の初期）旅順港沖で、わが戦艦五隻のうち初瀬（一万五千トン）八島（一万二三二〇トン）の二隻が、敵機雷にふれて沈没した。

ヨーロッパにあるバルチック艦隊が、長駆東洋に向かおうという時機である。ただちに補充方策がたてられ、戦艦二隻を急ぎ建造することが決定された。筑波、生駒（一万三七五〇トン、一二インチ砲四門、速力二十・五ノット）の二隻である。

呉工廠ではそれまでに巡洋艦音羽（三千トン）をつくった経験があるだけだったが、関係員の非常な努力によって筑波は明治三十八年一月十四日起工、同年十二月十六日進水し、十一ヵ月で戦艦を進水させるレコードをつくった。生駒は同年三月十五日に起工した。五月二十七、八日の日本海海戦でバルチック艦隊全滅の報を聞いた従業員は、躍りあがって喜んだという。かくて両艦とも戦闘に参加する必要はなくなったが、筑波は明治四十年一月、生駒は四十一年三月に竣工した。

信濃は昭和十九年十一月十九日に完成し、二十八日には横須賀を出港、呉に向かって護衛駆逐艦三隻とともに西にすすんだ。明くる二十九日の午前三時二十分、潮ノ岬の東方海上において潜水艦アーチャーフィッシュの魚雷四発が右舷に命中爆発、たちまち九度かたむいた。転覆沈没した。まったく思いもよらない椿事で、信濃沈没の報を天皇陛下に嶋田繁太郎海軍大臣が申し上げたところ、いつもは何も言われない陛下が一言「おしいことをした」と言われたと嶋田海相からきいたことがある。

航行をつづけたが、しだいに浸水はなはだしく、約七時間後の午前十時三十分、ついに転覆沈没した。

信濃沈没の原因はいろいろあろうが、艦体の各区画の気密試験を、工事期間をつめたため省略したことが、ひとつの原因といわれている。

当時のさしせまった状況では、一、二ヵ月の竣工延期でも戦局におよぼす影響は大であった。水線下の各区画の水密試験を施行したのち艤装物をとりつけ、出来あがったところで気密試験をするのが本来であるが、信濃は水密試験はすんでいるから、気密試験は省いてもよ

設計担当者として建造にたずさわった福田啓二造船中将が戦後に描いた信濃

いという考えであった。

やはり工事は急げば急ぐほど、その検査は厳重にしなければならないことを如実に示した貴重な実例であった。

しかし昭和十二年ころまでは、無線室など特別の区画以外は気密試験を行なわず、信濃とおなじように水密試験だけで気密試験をはぶくのが慣例であった。一部に浸水しても、他区画に浸水がおよばず、艦は沈没しなかった例は多数ある。

また気密試験をはぶいた艦で、一局部に浸水し、やがて艦全体にひろがって沈没した例もある。先にあげた日露戦争時の初瀬は、触雷後ただちに火薬庫が爆発してすぐ沈没した。八島は機雷爆発後、七時間をへて総員退去ののち沈没している。

空母の特性として煙突のことは先にのべたが、もうひとつ汽罐室、機械室などへの通風の出入口の位置が、問題である。ふつうの艦艇の場合には、これらの出入口は露天甲板上のなるべく艦体中心線あたりに配置し、よほどの大傾斜でなければ、これからは多量の水は入らないようになっている。空母の場合には飛行甲板およびその下にある飛行機格納庫の関係上、これらの出入口は艦体の中心線におけないから、両舷側の飛行甲板の下のなるべく高い位置に出ている。信濃の場合は一部は艦橋構造物の外側にあったが、一部に飛行甲板の下に、なるべく水面より高い位置で、両舷側にあった。これが水面に接するためにはよほどの浸水か、傾斜でなければならないが、これは空母の安全性がひくいひとつの性質であり、充分に注意して設計してあった。信濃は浸水多量でも、その予備浮力は大きかったからなかなか沈まず、傾斜が増大して、これらの口が水面に接するまでに長時間を要したことと思われる。

カミカゼとミサイルの誕生

一方アメリカは生産能力にものをいわせて、空母を根幹とする高速機動部隊は、だんだん強大となり、昭和十九年十月の比島沖海戦において、わが海軍は大損害をうけ、空母は瑞鶴、千歳、千代田、瑞鳳を失い、ほかに戦艦三、巡洋艦十、駆逐艦十二が沈没し、艦隊としての戦闘力はほとんどなくなった。

最後の手段として実施された神風特別攻撃隊は、敵の心胆をふるえあがらせたが、戦後アメリカ側の発表によると、命中したもの空母へ十六、軽空母へ三、護衛空母へ二十、戦艦へ十四、巡洋艦へ十四、駆逐艦へ一五〇、そのほか七十八で合計二九七機であった。

しかし沈没させたものは護衛空母三、駆逐艦そのほか二十三隻で比較的すくなかったが、精神的な打撃はきわめて大きく、なお数日のあいだ神風特攻隊の攻撃がつづいたら、沖縄戦線を一時ひきあげようとの議論も出たほどであった。ただ、わが方の特攻隊の志願者は多かったが、飛行機など機材の欠乏でつづけることはできなかった。米側はこの攻撃をふせぐためミサイル誘導弾の研究をすすめ、それが今日のミサイル発展のもとだということは、まったく感慨ふかいことである。

空母の建造はいろいろの障害があり、思うようにいかなかったが、雲龍型（一万七一五〇トン、三十ノット）の三隻、雲龍、天城、葛城は昭和十九年八月から十月のあいだに完成し、昭和十九年末には笠置、阿蘇、生駒、伊吹（伊吹は巡洋艦鈴谷型改）の改造などが進水ずみであったが、時すでにおそく活躍の機会はあたえられなかった。

わが海軍工廠および造船所は、それぞれ非常な熱意で建造と損傷艦の修理にあたっていたが、戦局のうつりかわりとともに、たびたび計画の変更などがおこなわれたので、資材やエネルギーの損耗をまねいた。

太平洋戦争中に就役した日米艦艇の隻数は、日本＝戦艦二、空母十五（改造艦を含む）巡洋艦五、駆逐艦六十五、海防艦および護衛駆逐艦一六七、潜水艦一一六隻。米国＝戦艦八、空母十七（ほかに軽空母九、護衛空母七十六）巡洋艦四十七、駆逐艦三三四、海防艦および護衛駆逐艦四一二、潜水艦二〇三隻である。日本もよくも造ったものといえるが、米国の生産力の大なることは国力の違いとわかっていたことだが、まったく頭のさがる思いがする。

宿命を背負った空母「信濃」の予期せぬ出来事

進水命名式を前にドック内で繋留ワイヤロープ切断の一大事

当時「信濃」建造現場担当・海軍技術大佐　前田龍夫

ミッドウェー海戦で最新鋭の空母四隻を失ったことは、日本海軍にとって致命的な打撃であった。四百機もの海軍の優秀な飛行機が、操縦士もろとも喪失してしまったのである。真珠湾以来、海軍航空部隊のあげたすばらしい戦績から、空母作戦の重要性を認識した折りだったので、この痛手たるや大変なものだった。

「なにがなんでも空母だ。空母を一隻でも多く造って戦勢の挽回だ」これが、当時の海軍省を占めていた声だった。

前田龍夫技術大佐

この、最前線における強力空母の要求にこたえたのが信濃なのである。マンモス船渠とよばれ、秘密ドックと噂されていた横須賀工廠の六号ドックには、その時すでに、信濃の艦影があった。信濃は昭和十五年五月に起工されていた。

この艦はもともと大和型戦艦の第三艦として、海軍の大艦巨砲主義によって建造されていた。しかし〝戦艦の時代は、もう去った〟のである。そこで、こんな馬鹿デカイ戦艦を造るために巨額を投ずるのは勿体ない。一時中止だといって、半分できたままの姿をこの六号ドックに横たえていたのである。

ところが戦局が日ましに悪くなっていくにしたがい、信濃を至急、戦力化せねばならなくなった。けれども、いまでは戦艦など欲しくない。それでは信濃を空母に改造したらどうだ、ということになって、昭和十九年六月、信濃を緊急改造し早く戦列に加えるようにとの要求が海軍省から指令されたのであった。

こんなわけで、信濃の下半身の水中防禦や甲板防禦は、大和と同じように戦艦の構造で、上半身に格納庫、甲鈑によって軽防禦をほどこした飛行甲板をもつ特徴ある艦として、新しい構想のもとに改造されることになった。いわば戦艦と空母のあいの子であった。この生まれながらの宿命を背負った空母信濃の、陽の目をみてから敵潜水艦の四本の魚雷により海中深く沈むまでの経過は、運命の艦としてすでに約束されていたかのように、実にあわれなものだった。

当時、信濃の公認の工事完成期日は昭和二十年一月十五日であった。けれども諸般の切迫した事情下にあって、そんな悠長なことは言っていられなかった。ぜひとも、昭和十九年十月十五日までに完成せよ、とのきつい命令が下ったのである。つまり、約八ヵ月あった工事期間を半分に短縮せよということなのだ。

一口に工事期間を半減せよといったところで、信濃ほどの大きな艦ともなれば、工事量が莫大だから、それは大変である。おまけに軍機工事である。従業員の数を簡単に増やすことはできなかった。くわえて、B29の来襲も頻度をましはじめてきたころで、空の危険もくわわって、ますます仕事ができにくくなっていた。

力の限界点で建造工事

こうした悪い条件下で、むせるような艦内での、朝は六時から夜の八時までの、文字どおり死力をつくしての作業が来る日も来る日もつづけられたのである。従業員は秘密の漏洩を防ぐ意味からも、全部工廠内に泊り込みであった。

国家の危急存亡の秋（とき）にあって個人の微々たる願いは、まったく顧みられなかった。ただひたすら、この一艦に皇国の運命をかけるかのように、打ちふる槌の音のみが強くひびくばかりだった。平常の二倍にちかい作業が、一糸みだれぬ体制をくんで、人力の限りつづけられた。誰もかも、よく頑張ったものだった。

けれども、人間の力にはおのずから限界があるものである。一日か二日、あるいはごく短い期間ならこうした最善の力を尽して働くこともできようが、なにしろ三ヵ月以上にわたる工事である。工員たちの疲労が目にみえてきた。さらに、衛生保健の管理も、充分に考慮しなければならない。

そこで私は、上層部の反対を押しきって、土曜日は定時間（午後四時十五分）で全員を帰宅させ、日曜日はゆっくり休息をとるようにした。たしかにこれは、思い切った処置だったろう。

けれども私は、人間の疲労が増すことは工事が粗雑になりがちになって、欠陥を生じる原因をつくることになるし、また建造の進行度も悪くなると信じたので、断固この処置に出たのであるが、当時は軍の命令は絶対だったから、万一、工事が間に合わなかったらどうしようかとずいぶん煩悶（はんもん）したものだった。

米潜水艦の潜望鏡に映じた空母信濃と護衛駆逐艦

工事期間短縮のために、乗員の住居や倉庫は簡単にしたけれども、こと戦闘航海については万全を期するため、艦橋構造艤装には実物大の模型をつくって研究した。

このように、私たち技術陣の総力を集結した信濃の工事予定にたいし、実際の進捗をつねにチェックし、チームワークを乱さぬように心がけて、工事の完了に邁進（まいしん）したものである。ひたすら一命を国家に捧げる愛国の決意に燃え、全従業員は足なみをそろえて、働きとおしたといっても過言ではない。

宿命の艦の不吉な前兆

そして——十月五日、三ヵ月にあまる汗と労力の結晶が、やっと実をむすんだのだ。この日、信濃は初めて、海上に浮揚を行なうことになった。そして、そのため巨大なドックへ最初の注水が行なわれたのである。

朝八時——注水が開始された。勢いよく海水の太い束が、開かれた注水管をとおしてドック内におどりこんだ。そして信濃の脇にあたった海水は、生きているかのように、ピチピチと音を立ててくずれていった。私は現場担当官として、信濃のその日の晴れ姿をどんなに嬉しく眺めたことだろう。私はときどき注水をやめさせて、船体の状況調査のため諸計測を行ない、船体のランスを調整したりした。こうして九時を少しすぎたころ、信濃は水にのって勇躍、その巨体の美しい全貌を浮かべたのであった。

あとは、ドックの扉船をはずせばよいのだ。これは、私の責任ではない。やれやれと思って私は、一汗ぬぐうことにした。

そのときである。

午前十時頃だったか突然、大きな音響がして、五千トンもあるあの大きな扉船がどうしたはずみか渠口から飛びだし、怒濤のごとく海水がドックの中に殺到してくるではないか。

あれよ、あれよと絶叫しているうちに、信濃を繋留した約五十ミリのワイヤロープ（このワイヤロープは一本で約百トンの耐久力がある）が、プツプツッと音をたてて切断し、見るまに信濃は悠然と渠頭にむかって進みはじめたのだった。そして徐々に速力を増していった。

ついに、人間の駆け足くらいの速さに達し、艦首を船渠の前面の壁にたたきつけて、いったん止まった。

けれども、つぎの瞬間、艦とともに流入した海水が海面より一メートルも高くなるほどあふれ（とくに渠頭部は船渠の上にあふれる状態だった）て、この水がもどる勢いに押された信濃は、今度は渠口の方にすべりだし、艦体の半分ほどを海上に乗り出す始末となった。すると、また船渠の水位が外海のそれよりはるかに下がり、信濃はふたたび戻ってくる。こうして、ゆうゆう三度、信濃はドックと外海との間を往復運動して、やっと、おさまったのであった。

この椿事は、扉船の上部タンクへの注水を忘れたため、外海とドック内の水位差が一・二メートル程度になって、扉船の浮力がつきすぎたのが原因であった。普通なら外海と渠中の水位の差が約三十センチ程度で扉船が静かに浮揚するのだが。

この予期しない出来事は、また宿命の艦、信濃の不吉な前ぶれでもあった。

機関科分隊長が体験した信濃沈没の悲運

四年半のドック生活の果て出港沈没したマンモス空母の十七時間

当時「信濃」機械分隊長・海軍少佐　三浦　治

三浦治少佐

信濃は昭和十五年五月、横須賀工廠において大和、武蔵につぐ三番目の戦艦として起工されたが、真珠湾、マレー沖の海戦以来、軍令部や海軍省においては戦艦の用兵的価値に疑惑が生じ、一時、建造が中止されていた。

しかし、ミッドウェー海戦の結果、わが海軍最精鋭の空母四隻が海底に消えたため、戦勢挽回(ばんかい)を期して空母に改造し、昭和二十年一月十五日までに竣工させることになった。

軍艦の戦闘力は普通、人的な力と機械力とに分けられる。人的な力は精神力または士気と術力、すなわち訓練の程度に左右される。機械力は攻撃力、防御力および運動力などに分けられる。攻撃力は主として搭載している飛行機の数、装備される爆弾、魚雷の大きさと数などに、防御力は装甲鈑の厚さ、防火防水装置の能力などに、運動力は速力、航続距離などによって比較される。

信濃はもともと戦艦として計画され、さらにミッドウェー海戦の戦訓によって飛行甲板の強化、ガソリンに対する泡沫消火ポンプの特設、ガソリンタンクの防禦などに特別の考慮がはらわれただけあって、防禦性能はすぐれていた。

これらは、主として大型空母を味方飛行機の反覆攻撃の基地にするため、五〇〇キロ程度の爆弾をくらっても飛行甲板が破壊されず、火災も防げるよう搭載機を普通の約半分である四十七機に押さえて、その分を防禦性能の向上にまわしたものだった。

それでは潜水艦に対してはどうであったか。

信濃は潜水艦のプロペラ音を探知できるような水中聴音機を艦首に備え、そのほか水中探信儀などを装備していたが、潜水艦に不意を襲われたことを考えると、これらが有効であったとは考えられない。もとより当時の速力二十ノットでは、高速のため雑音が多かったのではなかったかとも考えられるが、ともかく水中測的兵器の性能、水中における音波伝播の基礎研究などにおいて、格段のおくれがあったようである。

また魚雷の航跡を認めてから回避することは必ずしも不可能ではないが、それがためには軽快な運動ができなければならない。しかるに信濃の船体の横断面は箱型であって、舵をとってても最初はなかなか回頭（船首が回ること）しないという不具合な面を持っていた。

悪魔の精につかれた信濃

昭和十九年は釣瓶おとしの秋の陽のように、日本の敗勢が日を追うて濃くなっていった年であるが、七月六日にはサイパンが陥落し、内地ではマリアナを基地とするＢ29の空襲がようやく激しさをくわえ、乾坤一擲を期して捷号作戦の準備が着々と進められつつあった。八月十日、私は江田島の海軍兵学校の教官兼監事から、信濃艤装員を命じられた。信濃が艤装中の横須賀海軍工廠に赴任したのは八月十四日。二、三日後には艦長予定者の阿部俊雄大佐も着任して、艤装員事務所の開設など忙しい毎日がはじまった。

当時、信濃の工事完成予定日は昭和二十年一月十五日であったが、三ヵ月繰り上げられ、十九年の十月十五日となり、工廠内は信濃第一主義で工事は昼夜兼行で進められた。

十月五日。この日は初めて信濃を浮揚するために建造中の第六号船渠に注水する、いわば進水式ともいうべき意義ある日であったが、思いがけない事故が起きた。それは船渠への注水とともに入口の扉船にも注水して、水位のバランスを保つという何でもない作業において、手ぬかりがあったがため五千トンもある大きな扉船が一大音響とともに浮き上がり、海水が船渠内に奔入して、信濃の巨体の前部を数度にわたり船渠のコンクリートの壁に打ちつけたのである。信濃の運命を予告するような不吉な出来事であった。

それがため船首の損傷部の修理に一週間を要し、十一月二十三日、出渠した。

満を持して準備した捷号作戦も意外な敗北に終わり、Ｂ29による東京方面の偵察は日課のように、十時ごろ飛来しては横須賀上空を経由して飛び去るのが常であった。そうして夜は主要な都市がつぎつぎとＢ29の大編隊によって空襲されつつあった。

公試中の信濃右舷。煙突前方の信号檣に一三号電探、その右に二一号電探

このような状況からして、信濃を主目標にした横須賀方面の空襲が必至と判断され、そこで十一月二十八日には信濃を呉に回航し、残工事を同地において行なうことに決まった。

工事期間が短縮されたため、工事の一部が後まわしにされて残工事となり、思いがけない事故に出渠が遅れたばかりか、乗組員の航海訓練はほとんど行なわれておらず、こんな状態で通常航海ならばともかく、戦闘を予期して出港することには多大の不安があった。しかしながら二十八日午後六時には、いよいよ横須賀を出港することになった。

潜水艦の伏在海面は、夜間であれば二十ノットの高速と之字運動をすることにより十分回避できるし、Ｂ29の偵察からも遁（のが）れうるものと確信してである。

悲運！　米潜はいた

米潜水艦アーチャーフィッシュはそのころ、日本本土を空襲したＢ29の搭乗員が海上に不時着した場合の救助に当たっていたが、たまたま十一月二十八日の夜八時過ぎ、三宅島南方海面で信濃をレーダーで捉えたので、艦長エンライト中佐は執拗に喰いさがった。

信濃の艦橋では航路の北側、すなわち右後方に白い波頭をたてた潜水艦らしきものを認めたようであるが、それを確認できなかった。

私は十一時ごろ、右軸の中間軸受が過熱したとの報告をうけて、軸室にもぐり応急処置をした。そして夜半すぎ、ようやくその温度上昇も落ちついた。

このようなことは新造時にはよくあることで、原因そのものについての心配はいらない。しかし、念のため各部を見てまわり異常のないことを確かめてから、指揮所になっていた左前部の機械室にもどってきたのが、二十九日の午前三時であった。

三時十三分、一大音響とともに激動を感じた。魚雷だな！ということは直観でわかった。

信濃と護衛していた第十七駆逐隊の磯風、浜風、雪風の三隻は二十八日午後十一時四十分、二一〇度の針路を二七〇度に変針したので、喰い下がってはいたが、ともすれば後方に置き去られそうになっていた米潜に幸いして、三時ごろには絶好の射点に進出することを許したようである。

水中測的兵器の性能の差にくわうるに、われわれには不運がつきまとっていた。いまや信濃の右正横より少し前方、距離一四〇〇ヤードに占位した米潜から六本の魚雷が放たれた。トルペックスという高性能炸薬六六四ポンドの威力が試されるときがきたのである。

一縷の望みもたえて

雷撃をうけた直後には大したことはないだろうと高をくくっていたが、被害箇所が右後部の冷却機室、機関科兵員室付近であると判明してみれば、船の心臓部ともいうべき内部の防禦区画の一部が破壊されたものと見なければならない。

傾斜は刻々増大して、右に十三度傾いている。主機械、罐は今のところ異常はない。しかしながら、傾斜がこのままだと故障を誘発する危険があった。荒天などで傾斜が三、四十度にも及ぶときがあるが、その場合は動揺の周期をのみこめば経験ある者にはさほど苦にならないが、傾いたままでは事故の原因となる。

そのうち注排水のきき目が現われて右七度に減少してきた。ようやく皆の顔に生色がよみがえった。電灯は蓄電池を電源とする応急灯もあるし、心配はない。

ところがまもなくして右機械室などの一部に浸水、注排水指揮官からは隣接区画からの浸水で扉が開かず脱出不能、どんどん水嵩がふえつつあるとの悲報が相ついであった。この際、いちばん働いてもらわねばならない注排水指揮官が閉じ込められているようでは、仕方がない。艦橋からも脱出の手をつくしているが、遅々として進まないらしい。

そのころから傾斜はますます増大し、二十度となり、速力も目に見えて落ちてきた。右機械室浸水を防ぎながら、最後は左の機械だけで運転をつづけるのみ。しかし傾斜がこのままではそれも出来そうにない。まくりあげた両腕や顔から、油汗がにじみ出てくる。

そのころ艦は、突貫工事による工数節約のために防水区画の気密が完全でなくて、防水扉の密着部から浸水箇所が拡大し、左のトレミングタンクへは再度の注水命令にもかかわらず、注水が不能であった。それは傾斜が甚だしく、そのため注水弁は開いていたが海水が入ってこなかったからである。

このような状態となったので阿部艦長は呉回航を断念し、残工事のため乗艦していた横須賀工廠の人びと約三百名を護衛中の駆逐艦に移し、潮ノ岬にたどりつくために針路を北西に転じたのである。そのときの位置は潮ノ岬南東約六十浬（かいり）、速力六ノットであった。

やがて左機械室にも通風路から海水の飛沫（しぶき）が飛び散るようになり、気を静めるために取り出した煙草の味もまことに味気ない。

そのとき艦橋から、左の罐室に漲水し傾斜をなおすから、中甲板以下の機関科員は上甲板に上がれとの指令があった。傾斜復原のため最後の手段がとられたのである。

上甲板に上がってみると、冬とはいいながら、よく晴れた太陽の光が眼にしみて痛い。時刻は九時を過ぎていたであろうか、艦は停止して傾斜は三十度を超えている。

甲板を洗う水、水

行き足のなくなった信濃に対して、駆逐艦二隻によって曳航（えいこう）を試みることになった。二インチのワイヤを何本か巻いてピンと張りつめても、六万八千トンの巨体はびくともしない。かえってワイヤが鋭い音をたてて切断してしまった。

間もなく「総員上甲板に上がれ」という号令がかかった。もはや自隊の力による曳航もあきらめざるを得ない。あとは横須賀または呉方面からの曳船の来着を待つばかりである。傾きはいよいよ増大し、大きなうねりが右から飛行甲板を洗い、白い波頭とともに不気味な音を立てている。

信濃の最後も時間の問題となった。午前十時三十五分「総員退去」の断が下された。檣頭高くかかげられた乗員の苦闘を見守っていた真新しい軍艦旗が力なく引きおろされて、航海士の安田少尉がそれを守り、各人思い思いに、艦を離れることになった。

右にいた者は浪に足をとられながら、急傾斜の飛行甲板を這い上がって左に移る努力をしている。左では相当数の人が艦首から艦尾まで高角砲、機銃側壁につかまって、十数メートル下の海に入りかねて、ためらっている。また船腹のビルジキール（動揺止め）の一団の中には、艦の動揺に足をとられ滑り落ちる者もある。

やがて六万八千トンの巨体は断末魔の叫びにも似た海水奔入の音を響かせて、艦首を急に持ち上げたかと思うと艦尾から数千メートルの海底深く沈んでいった。

ついに沈んだ不沈空母

護衛していた三隻の駆逐艦に救われた数百名の人々は、明くる三十日午後五時ごろ、呉軍港内の三ッ子島にある伝染病の隔離病舎に収容された。信賞必罰、それは旧帝国海軍の良い伝統の一つである。責任の所在を明らかにするとともに、沈没の原因を究明し、今後の教訓を得るため査問委員会が招集された。委員長は三川軍一海軍中将で委員は十二名からなっていて、査問は設計建造の部門と艦側の用兵部門について行なわれた。

その結果は無理をかさねた工事計画と強行された突貫工事に、不備がなかったであろうかということ、つまり防水扉を閉めても、どんどん漏水して止めようがなかったという事実と、残工事をかかえたまま戦闘航海をしなければならなかったこと、つぎは乗組員が航海訓練を十分することができなかったことに結着したようであり、最後にわれわれは運命の女神から見放されていたのではないかということである。

出渠のときの思いがけない事故、悪魔に誘れたようなあわただしい出撃、やすやすと米潜の触接を許したこと、予想以上の雷撃の被害、重要配置の注排水指揮官が閉じ込められたことなど、個々についてはそれぞれ理由が考えられるものもあるが、原因が結果となり、結果が原因となって最悪の事態を招いたものと思われる。

栄光と悲劇に彩られた日本空母の奮戦

大鳳、祥鳳、赤城加賀、飛龍蒼龍、龍驤、飛鷹、翔鶴瑞鶴、瑞鳳、千代田、信濃の最後

当時「大鳳」乗組六〇一空魚雷分隊員・海軍二等兵曹　堀　豊太郎

「丸」編集部

一本の魚雷に沈んだ大鳳　堀豊太郎

双眼鏡が、ずしりと重さを感じてくるころ、ゆったりとローリングする空母大鳳も、そして見張りをつづける私（堀豊太郎）も、ともすればそのままの姿勢で睡魔におそわれそうな気がする。どろっと油を流したような黒い海面を私は眺めまわす。われ世界一の空母に乗れりという感動が胸をうずかせ、思わず両腕に力が入る。

去る日――翔鶴から転補されたとき、いままでの多くの友人たちに「ざまあみろ、世界一の空母にはな、世界一の下士官がいるんだぞ」と胸をはって大見得（みえ）を切ったことをふいと思い出し、コメカミのあたりがくすぐったくなった。

世界一の下士官――ようし、本当になってやるぞと潮風を一杯に吸いこんだときだ。突然、

堀豊太郎兵曹

私は身も凍る戦慄におそわれた。かなたの海面に突き出されている一本の黒い杭、もとより杭が立っているはずはない。遠距離ではっきりと識別できないのがじれったいが、潜望鏡に間違いはない。さらに目をこらすと司令塔らしいものも見えるような気がする。私は伝声管をわしづかみにして絶叫した。

「右四十七度、潜望鏡ッ」「なにッ、間違いないか」

艦橋のざわめきが手にとるようだ。折りから発進準備中だった索敵機が、轟然と唸りをあげはじめた。何か怒鳴っているが、聞こえない。

「四番見張り、艦橋へ来い」私はラッタルを駆け上がった。どうやら発見を疑われているらしい。たしかに潜望鏡を見たんだぞと私は自分にも言いきかせるように艦橋に入った。

「艦橋からは何も見えんぞ。ビール瓶と間違ったんじゃないのか」指揮官はのっけから怒鳴りつける。

「間違いありません。潜望鏡です」

「ここから二〇センチの双眼鏡で見たんだ。しかし見えんぞ」見えないのは俺のせいじゃないよと言いたくなる。「節穴みたいな目じゃ駄目だぞ」

「はい」と答えたが、節穴はあなたでしょう。見えないのは指揮官なのだからと思ったが、黙って四番見張りへ帰った。とたんに、「索敵機、セ連送（潜水艦発見）」ほおらみろ、来やがった――私はとっさに駆け出した。「総員配置につけ」のスピーカーが我鳴り立てる。ラッパが鳴りわたる。

昭和十九年六月十六日——その後、潜水艦も現われず、日一日とサイパンに近づいていく。この日、小沢治三郎長官より訓令があった。

「皇国の興廃かかりてこの一戦にあり。各員一層、その責任を自覚せよ」それにつづいて艦長菊地（きくち）朝三大佐からも訓示があった。「敵機動部隊とぶつかるのは十九日の見込みである。あるいは明午後には戦闘が起こるかも知れない。ともかくこの戦いが日本の興亡を決する重大な一戦であることに間違いはない。本艦はわが機動部隊の中枢である。本艦が敵機の攻撃のマトになることは必至であるから十分覚悟をしておいてほしい。各自、自己の配置で全力をつくせ。長官の訓示にもあったが、責任を重んずる者こそ、真の勇者である」と。私の血は奔騰した。いまこそ、祖国の八千万同胞をわれわれが守るのだ。身うちがキリっと引きしまるような気がした。

六月十八日、午前四時前後、「総員起こし」がかかる。すわっと思ったが連日のことで、いくらか神経も図太くなったのか緊張味はあまりない。その日もぶじに終わる。そして六月十九日——。「総員起こし、配置につけ」がかかった。

今日こそ、戦いの日である。ベッドから眠い目をこすりながら起きてくる戦友たちも、神経のどこかでそれを感じとっているのだろう。なんとなく殺気のような空気が肌に感じられる。私は艦内哨戒第一配備命令のため魚雷調整場へ下りた。ここは後部の最下甲板にあり吃水線の下になる。アーマーとコンクリートに囲まれて一メートルという壁の中である。「攻撃隊が発進する」の命令が聞こえる。私は情報係なので、ポケットに出た。このポケットは私がいちばん好きな場所である。その他にもポケットはあるが、私はこの下甲板のポケットをなんとなく好いて、よくここを根城にしていた。これが虫の知らせというのだろうか、ちょうどそのとき、大鳳（昭和十九年三月七日竣工の正規空母）は猛烈な衝撃をうけたのである。調整甲板の兵が魚雷格納室まで落ちこむほどの強い力だった。

しかし、変事はそれきりだった。

「右舷前部に敵潜の魚雷が命中した。応急班は……」そうか、そうだったのか。私は魚雷を受けたときよりも大きいショックを感じていた。さいわい命中魚雷は一本だけだった。大鳳はなにごともなかったように傾斜することもなく、悠々と走っている。いまさらながら頼もしく、頼むぞと甲板をたたきたくなる。

だが、その一本の魚雷が、決戦空母と日本技術陣が折紙つけた大鳳の死命を決するとは——。

私はポケットに出てみた。いくらか傾斜を感ずるていどだ。そのうち、外から帰る者が「目が痛い」と言いだした。どうやらガソリン庫がやられ、噴出しているらしい。私はなんとなくぶるっと身震いした。もしガソリンが気泡化したら……。

「火を使うな」「煙草を吸うな」「防毒マスクを使用せよ」「換気作業つづけ」めまぐるしく号令がかかり、右往左往する者が多くなった。

そのときだった。すさまじい轟音と閃光、真っ赤な火柱が天を冲したのは。私の目前はそれきり真っ暗になったのである。あれほど頼みに思った大鳳。だが一度も戦うことなく、巨艦はたった一本の魚雷で消えていったのである。

軽空母「祥鳳」集中攻撃をうけて珊瑚海に没す

当時の日本軍の計画はこうだった——ポートモレスビー攻略部隊はラバウルを出港し、その一部でツラギを占領する。軽空母祥鳳と四隻の重巡からなる支援隊がまずツラギ作戦を、ついでモレスビー作戦を支援する。さらに空母翔鶴、重巡四、駆逐艦六よりなる攻撃部隊が、作戦を妨害する米国艦隊を叩きつぶすためにトラックから南下する。

反りあがった艦首、飛行甲板上に立つ遮風柵、竣工間近の祥鳳。右舷中部の煙突後方の高角砲には煤煙除けシールド

これに対し、連合軍は二つの空母部隊をかき集めて、日本軍の脅威をなんとか阻止しようとした。昭和十七年五月七日の午前、米国任務部隊はルイジアッド諸島の南方を北西の針路で走っていた。フレッチャー少将は索敵機を出すことにした。だが、北東方に飛び出したヨークタウン機は、悪天候のため偵察に失敗した。そこには日本の空母がいたのにである。

一方の北西方は視界がよく、まもなく敵発見——空母二、重巡四がミシマ島の北方にありという報告が入った。フレッチャーはただちに全機の発進を命じた。ところが、この報告が巡洋艦二、駆逐艦二の誤りだとわかったときには、九十三機の攻撃隊は獲物に向かってすでに進撃中だった。

フレッチャーはむずかしい問題に当惑した。日本軍は空母の出現に気がついたろう。付近には日本の空母三隻がいると思われる。あまり重要でない目標に全機を投入したすきに敵の攻撃をうければ、一矢も報い得ないことは明白だ。攻撃隊を呼びもどすべきか？　ままよ、日本の攻略部隊はある程度の有効な攻撃目標になるだろう——フレッチャーは成行きにまかせた。

幸いなるかな午前十時二十分、一隻の空母と多数の艦船が南東約三十五浬（かいり）にありという報告に接した。この敵に目標を変えるには、攻撃隊の針路を少々まげればよいだけだった。

ともあれ、空には一片の雲もなく、視界は上々だった。攻撃隊は、東方約四十浬の彼方の海面に数条の白い髪の毛のようなものを見つけた。それは日本の攻略部隊の航跡だった。レキシントン攻撃隊の先頭機は軽空母祥鳳を発見した。敵の空母に対し、アメリカの搭乗員が最初の一撃を加える機会が到来したのをみて、隊員は緊張した。

祥鳳の上空直衛機はわずかに三機。回避運動がはじまり、対空砲火が火を吐きだした。その射撃は正確でみごとだった。

十一時十分からレキシントンの十機を先頭に、さらに雷撃機中隊、引きつづきヨークタウンの飛行隊が大挙して襲いかかった。じつに九十三機の大編隊が、一万一千トンの小空母めがけて殺到したのだ。どんな大艦でも、こんな集中攻撃に生き残ることはできなかったであろう。

祥鳳は爆弾二発をうけて、猛火のなかで海上に動かなくなった。その後さらに命中弾をうけたが、十一時半までにじつに十三発と、七本の魚雷命中が記録された。日本の軍艦で大和、武蔵以外にこんな恐るべき攻撃をうけた艦はない。改装空母祥鳳（潜水母艦剣埼を改装改名、昭和十六年十二月二十二日完成）はそれから五分以内に海中に消え去った。昭和十七年五月七日、珊瑚海海戦の第一日においてである。

赤城と加賀の輝かしき戦歴とミッドウェー海戦

第一航空戦隊として機動部隊の中心であった赤城には、南雲忠一中将の将旗がひるがえった。昭和十六年十二月七日、赤城の檣頭に歴史的な二つの信号があがった。

「速力二十四ノット、針路南」「ゼット」

明くれば十二月八日午前六時、真珠湾の北東二三〇浬に達した六隻の空母から、第一波の攻撃隊（一八九機）が発進した。つづいて第二波。赤城、加賀隊の一三五機は飛龍、蒼龍隊とともに主として在泊艦艇に猛攻を加え、空母をのぞく太平洋艦隊に空前の大損害をあたえた。なかでも四隻の戦艦を撃沈し、同数を撃破し去った。

真珠湾を無力にした南雲艦隊のつぎの目標は、ポートダーウィンだった。四隻の空母——赤城、加賀、飛龍、蒼龍の合計一八八機が、この豪州大陸の唯一の前進根拠地に殺到した。昭和十七年二月十九日のことである。さわやかな西寄りの微風がそよそよと吹いて、絶好の爆撃日和だった。

三月五日、南雲部隊はジャワ南岸唯一の良港チラチャップに、四隻の空母の連合攻撃隊一八〇機を集中させた。狭い港内にひしめいていた大小の獲物は一網打尽になった。約一時間の攻撃で、砲艦二隻、商船二十三隻は撃沈されるか大破炎上してしまった。大小二百以上の建物も粉砕された。

三月末、インド洋およびベンガル湾一帯から英国海軍を一掃する作戦が開始された。空母兵力は、加賀をのぞく五隻である。四月五日の朝、淵田美津雄中佐の指揮する一二七機の大編隊はコロンボを急襲した。攻撃隊は三十六機の英軍機を撃墜し、特設巡洋艦ヘクターおよび駆逐艦テネドスを撃沈した。日本側は七機を失ったにすぎなかった。折りしもコロンボを出港して東洋艦隊に合同しようと南下中の英重巡二隻が、八十機の艦爆隊に発見された。

「赤城は一番艦を狙え」

「一番艦停止、大傾斜」

ドーセットシャーはたちまち爆弾十七発を受け逆立ちになったと見るや、艦尾から海中に没した。あっというまの二十分間以内の出来事であった。二番艦も飛龍、蒼龍隊にあえなく討ち取られてしまった。あまりの強さに救援に出動した東洋艦隊は、息をのんでモルジブ諸島の水域に身をひそめた。英海軍伝統の見敵必戦主義も、この時ばかりは南雲部隊には適用できなかった。

四月九日、ツリンコマリの空襲が行なわれた。午前八時、第二波が空母ハーミスを南方海上に発見した。赤城隊と二航戦の約五十機である。全速力で逃げようとしたこの英小空母は、たちまち餌食になった。インド洋作戦は終わりを告げた。

ともあれ、真珠湾攻撃から四ヵ月間に日本空母部隊はハワイからセイロン島まで作戦をかさね、五万浬の大遠距離を神出鬼没に駆けめぐった。その間、各地において艦船といわず陸上施設といわず、容赦なく爆弾の雨を降らせた。この恐るべき期間に連合軍の受けた損害は、驚くべきものだった。しかも南雲部隊の撃沈されたものは一艦もなく、群羊を狩る猛虎のように傍若無人に行動したのであった。

さて、それから二ヵ月後のミッドウェー海戦の日は、涼しくてよく晴れた日であった。空母同士の戦闘にとっては絶好の日和だった。真珠湾当時と同じように長官旗艦だった赤城は、右翼の先頭にたってミッドウェーに突進しつつあった。後方二千メートルには加賀が続航し、左舷五千メートルには飛龍と蒼龍が進んでいた。

三隻の米国空母から発進した四十一機の雷撃隊は、すでに三十五機までが零戦に喰われてしまった。しかも投下した魚雷の一本といえども、命中したものはなかった。けれども三人の指揮官をふくむ六十九名の戦死は決して犬死には終わらなかった。彼らの攻撃は日本軍の注意を吸収し、友軍の爆撃隊が何の反撃もうけず、ほとんど気づかれもせずに、赤城をはじめ他の二隻の空母に致命的爆撃をくわえさせる結果となったのだ。

エンタープライズのマックラスキー少佐の指揮する第六爆撃隊（三十三機）は、すでに敵の上空にさしかかろうとしていた。彼は飛びつづけた。しかし何も発見されなかった。時間は、刻々とすぎていく。隊長は敵は針路を変えたものと判断し、機首を北方に向けた。二十五分後、かすかな白い航跡が目に入った。巡洋艦である。やがて北方に三隻の空母が護衛部隊を従えて進むのが雲の切れ目から見えた。先頭が蒼龍、加賀はその西方を、赤城は東方を走っていた。殿(しんが)りをつとめる飛龍の姿は最後まで発見できなかった。

マックラスキー少佐は攻撃にうつった。半分は赤城に、半分は加賀に。彼はあたりを見まわした。零戦はまだやってこない。爆撃開始。巨大な死の使いが、黄色い飛行甲板の上に黒い流星のように落ちていく。

この時、南雲中将はまさに攻撃隊を発進せんとする寸前だったのだ。ああ運命の五分間。

赤城の甲板には四十機しか残っていなかった。最初の戦闘機が応戦に飛び立つと同時に、艦中央の昇降機付近に爆弾が命中し、後部左舷にも一発命中した。

貯蔵中の航空魚雷と、並べた飛行機群の真ん中で爆発した。恐るべき猛烈な火災が艦上におこり、まるで地獄図絵だった。高角砲と機銃は猛火のなかで、砲手もいないのに自動的に火を吐いていた。死体が累々として甲板に散乱していた。

　南雲中将と幕僚は長良に移乗のため、赤城を退去したが、それは命中後二十分だった。それから八時間半にわたって火災と乗員の死闘がつづけられたが、駄目だった。六月六日の日出前に野分と嵐が魚雷を発射して処分にかかった。二十分後に艦尾の方から赤城（昭和二年三月竣工）は海中に巨体を沈め、最後に艦首だけがしばらく浮いていた。大きな御紋章がキラキラとかがやいていた。

　加賀の飛行甲板には三十機、格納庫にも三十機が待機して、まさに発艦しようとしていたところに四発の爆弾が命中した。艦橋は吹きとび艦長岡田次作大佐をふくめて全員戦死。爆発は機から機へ、甲板から甲板へと拡がった。大きな火柱が一本、五百メートル以上の上空に燃え上がった。それはもうもうたる黒煙と火炎がちらちら見える黒い棺覆いのように艦をつつんでいた。構造物のペンキまでがメラメラと燃えていた。

　午後四時すぎ、加賀は猛烈な爆発を起こしたのが望見された。巨大な紅蓮の竜巻が天に冲して、たそがれの空を染めた。海は煮えたぎった。その竜巻が消えたとき、四万三千トンの加賀（昭和三年三月末竣工）は二六〇〇尋の海底に消えて影もなかった。

飛龍と蒼龍ミッドウェーに死す

　ミッドウェー海戦ですでに赤城、加賀、蒼龍の三空母は爆撃をうけて炎上中、無傷は飛龍ただ一隻となっていた。

「わが全機は只今発進、敵空母攻撃中」

ヨークタウンのレーダーが、この敵機──戦爆連合の二十四機よりなる第一次攻撃隊を捕捉したのは、六月五日午前九時すこし前だった。

「司令官、敵機が来襲中です」副官の報告をうけた第十七機動部隊指揮官フレッチャー少将は、振り向いて言った。「よろしい、私は鉄かぶとをかぶっているよ。これ以上どうしようもないからね」

飛龍艦爆隊の爆弾三発がヨークタウンに命中したが、その一発が大損害をあたえた。それは第三甲板まで貫通して排気管の中で爆発した。ボイラーの火は消え、煙突のペンキまで燃え出した。艦は蒸気圧力がさがって速力を失い、ついに停止した。そして二十ノットの速力を出せるまでに回復したところへ、十六機の第二次攻撃隊がやってきた。空戦と対空砲火で六機の雷撃機は墜落したが、四機が弾幕をくぐって魚雷を落とした。二本が左舷中央に命中した。午前十一時四十五分のことだ。

ヨークタウンは死んだように蒸気を噴きながら左にのろのろと旋回しつつ、傾斜は二十六度に達した。海は油を流したように静かになり、燃えるような太陽が沈んでいく。その姿は瀕死の床にある女王のようだった。海中に浮いている水兵たちは、タクシー、タクシーと当てもなく拾い上げられるのを待っていた。

ともあれ時間は少し遡るが、一方の日本側では、まさに南雲中将が敵空母攻撃隊を発進させる寸前だった。ヨークタウンの爆撃隊十七機は幸運にも空母蒼龍を発見した。三方から近づいていくと、艦上には六十機の攻撃隊が待機中だった。

三発の直撃弾が蒼龍のハンガーデッキ（格納庫甲板）の前後に、ガソリンの炎を燃えたたせた。弾薬庫が爆発しエンジンは二つとも停止した。蒼龍の飛行用甲板は火の海となった。二十分以内に全艦は猛火につつまれ、総員退去が命ぜられた。乗員は艦長柳本柳作大佐が艦橋に不動明王のようにすっくと立って〝バンザイ〟を叫んでいる姿を最後に見た。

夕暮れ近く火災は消えたが、救援作業の真ただ中に蒼龍（昭和十二年十二月竣工の正規空母）は二つに裂けて沈んでいった。モリソン戦史をはじめ、これは潜水艦ノーチラスの発射した魚雷によって沈められたようになっているが、しかし、その後の調査によって、それは正しくないことが判明した。

さて、話かわって、ただ一隻残った飛龍であるが、艦上に残っている機数はわずか十五機を数えるのみだった。しかし、早朝から回避した魚雷二十六本、爆弾は約七十発、来襲した一五〇機をすべて撃退し依然として健在だった。

ミッドウェー海域にもやがて暮色が訪れようとしていた。突如、太陽を背にしたエンタープライズの急降下爆撃隊二十四機が近づいたと見るや、攻撃にうつった。三機はたちまち零戦に喰われたが、引きつづく爆弾の雨に、四発の直撃弾と二発の至近弾をうけて、火災と誘爆を起こした。前部リフトは吹き飛ばされて艦橋に落ちかかり、艦上の飛行機はみるみる火炎につつまれ、火災はたちまち機関部にひろがった。黒煙は天に沖し、船体は十五度傾いて浸水しはじめた。

全艦隊が力と頼んだ唯一隻の空母飛龍（昭和十四年七月竣工の正規空母）もまた、ついに傷つき戦闘不能になってしまった。傾斜は二十度ちかくに増し、飛行甲板はまるで坂のように傾き、裂け、凹凸の弾痕で惨憺目も当てられなかった。

誘爆のものすごい音響と、縦横にひらめく猛火のなかに、最後の万歳の声が海面をわたって消えていった。軍艦旗が赤い月の夜空にするするとおろされた。総員退艦の命令にもなお立ち去りがたい面持ちの部下に、温容の山口多聞司令官が一喝する。

「早く行け、退去しないか」

艦の傾きはいよいよ加わり、立っていることもできない。艦上には司令官と加来止男艦長の二人のほかは誰も見当たらない。

「いい月だな艦長」「月齢は二十一ですかな」

「二人で月を愛でるとするか」「そのつもりで金庫はそのままにしておけと命じました」

二人の笑い声をのせて、艦は静かに没していったのである。

第二次ソロモン海戦に消えた補助空母「龍驤」

日米開戦のとき龍驤は第四航空戦隊としてフィリピン南部の攻略戦を支援、ダバオ飛行場の攻撃に従事、艦戦十二、艦攻二十四機を活躍させた。さらにその後はマレー攻略部隊に編入され、とくにシンガポール降伏の頃には、落ちのびてゆく艦船を追撃して巡洋艦二炎上、駆逐艦一、商船一を撃沈、商船二大破、貨物船十四隻を撃沈破というすばらしい戦果をおさ

友鶴事件による性能改善一次改装後の龍驤。バラスト搭載のほか高角砲２基が撤去され、海水侵入防止のため煙突位置が高くなり舷外通路も廃止されたが、低い乾舷がいっそう低くなった

めた。

ジャワ攻略部隊に入ってからは、商船一を撃沈、駆逐艦一を大破、貨物船三隻を撃沈した。北部スマトラからインド洋に出ると、南雲部隊の大機動戦に呼応して、インド本土中部東岸の要地ビザガパタムとコカナダを急襲した。この空前絶後のインド攻撃では輸送船九隻を撃沈破して引きあげた。

ミッドウェー作戦では、北方部隊の第二機動部隊の一艦として隼鷹とともにアリューシャン作戦に参加した。六月四日、凍るような寒風を衝いて龍驤隊はダッチハーバー上空に進撃し、レーダーの警報を尻目に、これも最初で最後の米本土空襲を敢行し悠々と引きあげた。

昭和十七年八月十九日、陸軍一木支隊の七百名と横須賀第五特別陸戦隊の八百名をのせた四隻の船団が、ラバウルを抜錨した。ガダルカナル奪回のためである。日本側は空母翔鶴、瑞鶴をふくむ一隊と、軽空母龍驤をふくむ他の一隊を支援のため行動させ隊はエンタープライズを中心とする二隊に分かれて、ソロモン諸島の南東を作戦中だった。

八月二十四日の午前十一時すぎ、サラトガの攻撃機群三十八機は、龍驤の推定位置に発進された。爆撃隊は四千メートル以上の高空から急降下し、猛烈な対空砲火と低空で喰いさがる直衛機をすり抜けて、三十発の爆弾を投下した。龍驤は水すましのように円を描いて回避した。

引きつづき雷撃隊が目標の両艦首から低高度近距離で射ちこんだ。大火災と黒煙のなかで龍驤は死と戦ったが、あらゆる努力は無駄だった。八千トンの防禦力の薄い小空母にとって、四発の命中爆弾と数発の至近弾に加うるに、一本の命中魚雷は重荷にすぎた。日本側の記録では命中爆弾十発となっている。

龍驤は間もなく左へ二十度傾斜し、機械は停止した。艦長はガダルカナル空襲に送り出されていた飛行隊にブカに行くよう指令し、総員退去を命じた。重巡利根と駆逐艦が乗員を収容した後、南北をかけめぐった歴戦の龍驤（昭和八年四月竣工の軽空母）は午後六時、大破孔を生じた艦底を上にして、ソロモン諸島南端付近に沈没した。

猛火につつまれた飛鷹マリアナ沖に沈む

昭和十九年六月二十日の午後三時すぎ、ミッチャー提督は敵発見の報告を初めてうけとった。「日本艦隊は二群か三群にわかれて西進中。距離は約二五〇浬」ということだった。午後三時半、ミッチャー提督は大決意のもとに、十一隻の空母から二一六機（戦闘機八十五、軽爆七十七、雷撃機五十四）を発進させた。

その後の報告により、日本部隊の位置は最初の報告より六十浬も遠いことが分かった。すると攻撃隊は三百浬以上も進出せねばならなくなる。のるかそるかの薄暮攻撃であった。

一方の小沢部隊は燃料補給をやろうとしていたので、戦闘陣形をととのえる時間がなかった。九隻の日本空母は三群になっていた（大鳳と翔鶴の沈没はまだ米国側にはわかっていなかった）。栗田提督の前衛部隊――千歳、瑞鳳、千代田および戦艦、重巡の大部は油槽船団の西方四十浬にあり、第二航空戦隊（隼鷹、飛鷹、龍鳳）は護衛艦とともに、前衛部隊の北約八浬を走っていた。旗艦瑞鶴は重巡二、軽巡一、駆逐艦七をしたがえて、二航戦の北東約二十浬を北西に向かっていた。

小沢提督は残存機七十五機のうち雷撃機をかき集めて、最後の反撃に発進させようとした。発見された空母二、戦艦二を基幹とする一群だった。午後五時二十五分、日本機は敵機群を発見、しばらくして攻撃隊は日本軍を視認した。折りから落日の下辺はまさに水平線にふれんとし、海上の視界はきわめて良好だった。

午後五時四十分、飛行機発進のため東進中だった飛鷹は、北西方の空を紫色の爆煙がパッパッと彩るのを見た。〝きたぞ〟と反転して友軍に追いつこうとしたが、時すでに遅し、まもなく上空にキラキラと夕陽に輝く敵機の銀翼が見えた。

「対空戦闘、最大戦速」

敵機約二十機（レキシントン）が左舷艦首方向から機首をグッと下げて突っ込んできた。右に左に回避したが、最後の一機の小爆弾が飛行甲板の右端のマストの桁にふれて炸裂した。指揮所の全員はほとんど戦死した。航海長も脇腹をえぐられ飛行長も倒れた。

今度は雷撃機六機の来襲だ。二機は落ち、三機は遠方で魚雷を落として逃げた。しかし、残る一機（ベローウッド）は勇敢にもまっすぐに突っ込んでくる。敵ながら天晴れの肉薄、絶好の射点である。発射を終わった敵機は、火炎につつまれながら艦首を飛び越して、左舷海中にヒョロヒョロと落ちた。

魚雷はついに右舷機械室に命中したのだ。煙突からは真っ白な蒸気が噴きだし、みるみる速力がおちる。陽は西海にかたむき敵機の影も消えた。しばらくして、左舷艦尾のあたりでドッドッと大爆音がきこえた。

日本側記録では、この爆音は潜水艦魚雷の命中によるものとなっているが、米国側記録によれば、当時この海面には潜水艦は行動せず、おそらくは艦内爆発とみている。

この爆発は配電盤をこわし、すべての動力を止め、揮発油庫から漏れたガソリンに点火したので、後部はたちまち猛火につつまれた。やがて火炎は中部に前部にと燃えひろがり、応急弾薬庫が誘爆をはじめた。魚雷命中後二時間にして、飛鷹（日本郵船・出雲丸を建造中に買収改装、昭和十七年七月末竣工）は夕闇のなかに推進器を水面に露出して、艦首から沈み出したが、火炎はあたりを紅々と照らしていた。

翔鶴はマリアナ沖で瑞鶴はエンガノ岬沖に逝く

開戦直前、日本の空母兵力は米国のそれをだんぜん圧倒していた。その自信は、真珠湾奇襲の確実な成功の背景をなした。珊瑚海海戦（昭和十七年五月七日〜八日）と南太平洋海戦（昭和十七年十月二十六日）に、敵空母とわたりあって一歩も退かなかった。以上の事実こそは、空母翔鶴と瑞鶴の真価と武勲を裏づけるもっとも雄弁な証拠である。さらに瑞鶴にいたっては、文字どおり最初から最後まで善戦健闘した点、まさに特筆に値いするといえるだろう。

翔鶴と瑞鶴の二隻は、開戦直前の八月と九月に完成就役した新鋭空母で、当初から空母として建造された理想的な艦型であり、米国のエセックス級と匹敵する。二万六千トンで七十二機を積み、速力は三十四ノットというのだから申し分ない。この艦型のものをせめてあと十隻でも、ひきつづき建造できていたら、と思わざるを得ない。

真珠湾攻撃では、原忠一少将のもとに第五航空戦隊として、もっぱら敵飛行場や基地の無力化にあたった。午前三時半にホイラー飛行場に第一弾を投じて攻撃の火蓋をきったのは、この隊の艦爆機であった。敵機一八八機撃墜破の戦果が、真珠湾奇襲の大成功に大きく寄与したことを見逃してはなるまい。

第五航空戦隊は、昭和十七年の初頭から加賀、赤城とともにラバウル攻略作戦に参加し、マーシャル、ギルバート方面に出現した敵空母を追撃したが間にあわなかった。

三月末、南雲提督に率いられた空母五隻（加賀をのぞく）はインド洋に進出し、英国東洋艦隊をふるえあがらせた。四月九日、ツリンコマリの南方海面に発見された英小空母ハーミスに対し、五十機にちかい爆撃機（翔鶴、瑞鶴隊の公算大）はたちまち襲いかかった。投下された四十五発のうち三十七発が命中したのだ。二十分後この不運な空母の艦影は水面に見あたらなかった。さらに約十五機が駆逐艦ヴァンパイアを直撃弾数発でかたづけてしまった。おそるべき手練というべきである。

五月七日から八日の珊瑚海海戦で、初めて日米空母同士の海空戦がおこなわれた。翔鶴、瑞鶴隊および祥鳳対レキシントン、ヨークタウンの決戦である。参加機数も損害機数も両軍ほとんど同じだった。レキシントンは大破後、手がつけられず友軍駆逐艦の雷撃で沈められ、ヨークタウンも大損害をうけた。日本側は命中弾三発により翔鶴中破、祥鳳は沈没した。勝敗なしというところだが、戦術的には日本側の勝利、戦略的には米国側の勝ちという見方が多い。結果は、ヨークタウンは真珠湾で至急修理をおわって一ヵ月後のミッドウェー海戦に参加できたが、中破した翔鶴と搭乗員多数を失った瑞鶴は間にあわなかった。

十月二十六日、エンタープライズとホーネット対翔鶴と瑞鶴隊（ほかに瑞鳳と隼鷹）は南太平洋海戦でふたたび相まみえた。翔鶴隊はホーネットに五発の爆弾と三本の魚雷を命中させてみごとに撃沈したが、敵の七十四機に対し一〇〇機を失った。わが方は沈没なし、翔鶴と瑞鳳が命中弾により飛行甲板を損傷したが、エンタープライズも撃破した。

その後一ヵ年半にわたって空母間の戦闘はおこらず、どん底にあった米空母陣は増強されて、恐るべき空母機動部隊となりつつあった。昭和十九年六月、マリアナ沖海戦において、瑞鶴および翔鶴は大鳳とともに第一航空戦隊として九隻の空母群の主力であった。これに対し、米国側は空母十五隻、護衛空母十四隻という大兵力をくりだして、サイパン攻略戦を支援していた。六月十九日、わが方の攻撃をもって海戦は開始された。

マリアナ沖海戦の当日、サイパン島の南西方五〇〇浬の地点で、第二次攻撃隊を発進させたところで、突如、翔鶴は敵潜水艦に捕捉された。

二昼夜にわたって小沢艦隊を追跡していた初陣の潜水艦カヴァラにめぐまれた好運だった。午前十一時二十分、近距離からカヴァラは六本の魚雷を発射し、三本の命中音をきいた。やがて猛烈な爆雷攻撃をうけ、一〇五発のうち五十六発は至近弾で水中聴音機をやられた。新造艦のため船体からも漏水したが、カヴァラはかろうじて沈没をまぬかれた。

翔鶴は落伍し、浦風に護衛されていたが、ガソリンタンクから火を発して大火災となり、やがて爆弾の誘爆をおこして午後二時一分に沈没した。真珠湾、珊瑚海、南太平洋海戦の歴戦艦もついにこうして最後をとげた。

カヴァラ艦長コスラー少佐は夜暗に入り浮上して、日本の赤ん坊は沈没したものと認むと報告したが、大鳳の沈没と同様、戦争末期に捕虜の口からその事実を聞くまでは、沈没を確認することはできなかった。とはいえ日本側にとっては、思わざる相つぐ二隻の主力空母の損失は、マリアナ沖海戦の意外な戦果の不振とあいまって、致命的な打撃となってしまった。

明くれば六月二十日。生き残った小沢艦隊の空母群に対し、敵機の猛烈な追撃がおこなわれた。午後五時半から約一時間にわたり約二一〇機が来襲し、小沢中将の将旗をかかげた瑞鶴をはじめ、空母群に攻撃を集中した。日本側は残存機約七十五機をもって三倍の敵を阻止し、また猛烈な対空砲火をあびせて敵機を寄せつけなかった。たそがれの空には炸裂する高角砲弾、火炎につつまれた飛行機がみち、上空には死闘中の彼我戦闘機がいり乱れていた。掩護機をもたない瑞鶴には、約五十機の雷撃隊と爆撃隊が殺到した。機銃掃射もうけた。

この日の戦闘で、日本側は飛鷹を失い、海戦のはじめにもっていた四三〇機は、わずかに十分の一を残すのみとなった。

その後の米軍の息もつかせぬ進攻は、日本軍に乾坤一擲の捷一号作戦の発動を余儀なくさせた。可動空母兵力としては、あ号作戦生き残りの瑞鶴をはじめ、瑞鳳、千歳および千代田の計四隻にすぎなかった。そして、その全搭載機は二艦分にもたりない機数であった。しかも、この空母部隊はオトリ部隊という世にも気の毒な任務につかねばならなかった。

十月二十五日の午前七時すぎ、一路南下をつづけていた小沢艦隊は旗艦瑞鶴から上空直衛戦闘機隊を放ち、北上に転じた。エンガノ岬沖海戦の開幕である。約一四〇機のハルゼー艦隊の空母部隊の主力が二手にわかれて来襲してきた。

はやくも瑞鶴は艦尾に命中魚雷一本をうけて、操舵も意にまかせなかった。通信施設もやられて旗艦は大淀に変更された。午後の第二波によって、真珠湾攻撃の最後の生き残り、珊瑚海、ソロモン、マリアナ各海戦の武運にめぐまれた強剛瑞鶴も、ついに沈んだ。魚雷七本と爆弾七発や多数の至近弾が、この老雄からもはや生きのびる力を奪ったのである。それは、あたかも日本空母の運命を象徴するかのようだった。

オトリ部隊「瑞鳳」レイテ海戦に消ゆ

軽空母瑞鳳（ずいほう）は攻略部隊の唯一の空母として、昭和十七年六月のミッドウェー作戦に出動したが、海戦そのものには参加せず、後詰めだった。いよいよ実戦に加わったのは、昭和十七年十月二十六日の南太平洋海戦であった。この海戦は、ガダルカナルを占領されてから二ヵ月のうちに米国側の防備が急速に進んだので、日本側は空母四隻（翔鶴、瑞鶴、瑞鳳および前進部隊に隼鷹）を中心とする大兵力を動かして、まず飛行場を手中におさめようと計画し、米国側も二つの機動部隊でこれに対抗しようとして生起したものである。

瑞鳳は爆弾一発命中で飛行甲板がつかえなくなり、佐世保で修理のうえ、昭和十八年二月一日からのガダルカナル撤収作戦の支援に出動して、無事に任務をはたした。

昭和十九年六月のマリアナ沖海戦には前衛部隊に属して、千歳、千代田とともに第三航空戦隊として出撃、六月十九日、瑞鳳隊の第一次攻撃隊六十七機は発進したが、その七割は帰還せず、戦果は皆無にちかい惨憺たる結果に終わってしまった。

この海戦に生き残った瑞鳳隊は必死の改装作業ののち、あらゆる困難を克服して最後の決戦にのぞむことになった。

昭和十九年十月二十五日の朝、瑞鶴に将旗をひるがえした小沢部隊が粛々とエンガノ岬東方海上を南下してきた。オトリ部隊である。サンベルナルジノ海峡をからにして猛然と息せききって駆けつけたアメリカ快速空母機動部隊の空母十隻が、いまやおそしと待ちうける。

午前八時半、敵一五〇機の攻撃隊が本隊の瑞鶴と瑞鳳、松田隊（日向に乗艦の第四航空戦隊司令官・松田千秋少将指揮）の千歳、千代田に襲いかかる。たちまち四隻の空母は手負いとなった。瑞鳳は右舷に爆弾一発が命中、操舵装置をやられ格納庫が燃えだした。第二波がやってくるまでに千歳は沈み、千代田は黒煙を吐いて落伍してしまった。

午前十時すぎ第二波来襲、三十機あまり。瑞鶴の巨体が傾き将旗は大淀に移された。瑞鳳は右に傾き左に傾きしつつも生死を超越し、やがてやってくる第三波を待ちうけて全員の士気いよいよ高い。

午後一時、第三波がきた。雷撃隊が低く海面を這ってくる。ただ一隻健在の空母瑞鳳は闘志をたぎらして射ちまくる。ついに右舷に一本の魚雷命中。艦は右舷に傾斜する。多数の至近弾のため浸水がひどくなる。

まもなく罐室に浸水し、午後二時すぎには航行不能となった。さらに艦橋の下にまたもや魚雷一本命中。一万三千トンの船体が二つに折れた。副長が最後の警告をする。

「爆弾命中二発、魚雷命中右舷二本、至近弾八十二発。ただし命中率はお話にならん、何ら恐るることなし、終わりッ」

軍艦旗がおろされ、艦長の引揚げの言葉が終わると、瑞鳳（艤装中の潜水母艦・高崎を改装改名、昭和十五年十二月完成）は群がる敵機を向こうにまわして、あらん限りの力を出しつくした後、しずかに海面の底に消えていった。午後三時二十七分だった。

機動部隊の最後をかざる三航戦「千代田」の闘魂

昭和十九年春、敗色はようやく濃く、連合艦隊は機動部隊の再建をはかっていた。そして「あ」号作戦が発動されたのは、六月十五日だった。決戦発動の命令につづいて「皇国の興廃此の一戦に在り各員一層奮励努力せよ」と〝Z旗〟がひるがえった。

司令長官小沢治三郎中将のもと、第一機動艦隊のなかに第三航空戦隊千代田の姿もあった。サンベルナルジノ海峡をこえ艦隊は進んだ。途中、敵潜水艦の発見するところとなったが、手のほどこしようがなかった。駆逐艦の数があまりに少なかったのである。

六月十七日に最後の補給、そして十八日も暮れた。決戦を予想されるのは十九日であった。その朝は来た。六時三十四分、空母四、戦艦四、その他十数隻からなる敵を発見、一時間後にわが攻撃隊は第一陣が発進した。その戦機いまだ到らぬうちに、小沢中将の旗艦である第一航空戦隊大鳳（たいほう）は、潜水艦の雷撃を受け沈没の憂き目に遭遇した。ついで翔鶴も。しかし、わが戦果はあがらなかった。

六月二十日を迎えて、旗艦は羽黒から三転して瑞鶴へ移された。わが攻撃隊は薄暮をねらったが、午後五時半に約一五〇機の敵機の来襲を受けた。

相次ぐ波状攻撃に、わが方は惨憺たる被害であった。千代田は直撃弾一のほか至近弾数発を受けて中破、内地に回航して入渠修理を要した。恨み多きマリアナ沖の敗戦であった。

さて、マリアナ海戦のあと、千代田、千歳、瑞鳳に加えて瑞鶴が第三航空戦隊に編入され

水上機母艦から甲標的母艦、さらに空母へと改造された千代田艦上の爆装零戦

た。そして比島決戦にそなえ、猛訓練がつづけられた。

十月二十日、小沢中将の直率する三航戦の空母四隻は、松田千秋少将指揮の第四航空戦隊日向、伊勢ほか軽巡三、駆逐艦八隻に護衛されて豊後水道を通過、一路南下した。ルソン東方海上に出て、敵を北方に牽制して、栗田艦隊の突撃を助けるためである。はじめから自隊を犠牲にするという作戦だから、千代田の艦内にも一種悽愴な殺気がみなぎっていた。

二十四日の午前十一時すぎ、ついに敵を発見、攻撃を開始した。そのかたわら同一海面を動きまわったり、電波を出したりしたが、敵機動部隊は夕方になっても誘いに乗ろうとしなかった。

明けて二十五日午前八時。ついに敵部隊と遭遇、わが方はありったけの戦闘機十三機をくり出し迎え撃つこととした。八時二十分、敵機の第一次攻撃。九時半には、わが掩護機はついに一機もいなくなった。千歳（昭和十七年十一月、水上機母艦より空母への改装により、十八年八月完成）につづいて秋月が沈んだ。

第二波三十機の攻撃で、千代田は傷ついた。機関部に命中弾を受け漂泊しはじめた。なにぶんにも味方機は一機もなく、偵察力がない。わが攻撃力は艦砲と魚雷だけだ。だが距離を短縮することは、全滅の時機を早めるだけの効果しかない。いまはできるだけ北に敵を引きつけることである。そうすれば、レイテ攻撃の友軍海空部隊に有利となるのだ。

満身創痍の艦隊の北進はつづけられた。千代田はもう陣列をはなれて、よたよたと進むより仕方がなかった。

五波、六波とさしも執拗につづいた空襲も、午後五時ごろにとだえた。反転、日本海軍得意の夜戦に移ろうとしたが、敵状不明のまま、ついに十一時四十五分に夜戦を断念した。そのころには千代田（昭和十八年二月、水上機母艦より空母への改装に着手、同十二月完成）もまた大火炎につつまれ、ルソン北東方の海底に姿を没した。苦難多かった空母の最後であった。

出港後十七時間、魚雷四本に斃れた信濃の悲運

生まれてから十日間しか生きていなかった七万トンの超大型空母信濃（しなの）――その超大型空母が、なぜ潜水艦の魚雷たった四本で沈まなければならなかったのか。あまりにも悲しい星の下に生まれたものであるだけに、ただその死を肯定するだけでは、あきらめきれぬ気がする。

信濃は大和、武蔵のつぎにできる三番目の同型戦艦として、昭和十五年五月に起工された。

横須賀海軍工廠の新しく造ったドックの中である。そのうちに、戦争がはじまる。急ぎの仕事が出る。工員たちは、しぜん、そちらの方に手をとられ、この超戦艦の工事は、なかなか捗(はかど)らない。

そこへ、昭和十七年六月のミッドウェー敗戦である。一時に優秀空母四隻を失った海軍は、ともかく全力をあげて空母を造ることを決心し、飛龍型と大鳳型をできるだけ多く建造することとしたが、手近に工事が進んでいた信濃を、大急ぎで空母に改造することに決めた。これが昭和十七年七月である。

ミッドウェーで四隻の空母が誘爆のために沈んだことから、信濃には飛行機はできるだけ積まず、敵機の爆弾に対して、ものすごい防禦力を持った艦とし、敵と味方空母部隊との真ん中に進出して、いわば洋上の飛行基地にしようと考えた。

ミッドウェーのショックがあまりにも生まなましく、いくら上から五〇〇キロもの大型爆弾を落とされても平気だ、というようにすることが、空母を不死身にするのに何よりも必要だ、というふうに考えられた。

一方、横から来るものにたいする防禦は、重巡の二〇センチ砲弾を防げればいい、とされた。大和と武蔵が、事実、二十本以上の魚雷を受けなければ沈まなかったことからして、後日、信濃が四本の魚雷で沈んでしまった原因の一つは、このように赤城などがやられた急降下爆撃機の防禦を完璧にすることに重点が置かれすぎて、不沈空母とするには、横腹の防禦が大和、武蔵よりもはるかに弱かったせいでもある。

横須賀工廠の人たちは、信濃が空母改造ときまると、それからは大変な努力をした。外から次々と怪我をした艦が入ってくる。応接にいとまのないくらいにくびすを接してくる。その特急工事をさばきながら、信濃の改造は異常な努力を集中して進められた。

戦いは、ようやく日本に不利となり、工員たちは、このものすごい不沈空母で是非とも勝ってもらいたいと熱願した。昼夜兼行の作業がつづく。ことに昭和十九年六月の「あ」号作戦後は、つぎに来るべき最後の艦隊決戦に、どうしても参加させたいと頑張った。

昭和二十年二月には完成の予定であった。ところが、昭和十九年六月末になって、急に十月十五日までに完成させろ、という強硬な指令がきた。あと六ヵ月かかる工事を二ヵ月でやってしまえ。でなければ、信濃は鉄屑も同然だ、というのである。

このときの横須賀工廠信濃(しなの)工事関係者は、悲壮を通りこして決死だった。突貫工事だ。時間のかかる気密試験などは、やめなければならなかった。

過労のため工事中に病にたおれる関係者が続々出た。が、それでも死物ぐるいの作業は進められ、十一月十九日、新しい大軍艦旗が掲げられた。

艦内の水漏れにたいする試験(これだけで一ヵ月以上かかる)が省略されていたこと、乗員が乗艦早々で、艦内の事情に通じていず、訓練もほとんどしてなかったことも原因だった。信濃は魚雷四本を受け、七時間後に転覆沈没した。十一月二十九日の午前十時四十分、出港後十七時間足らずのときであった。

鷹型ミニ空母五隻が辿った薄幸の生涯

客船改造の大鷹、雲鷹、冲鷹、神鷹、海鷹の船団護衛と潜水艦との戦い

元三十五突撃隊・海軍二等兵曹・艦艇研究家　正岡勝直

太平洋戦争も歴史のなかに風化しつつある現在、戦前の日本商船隊の象徴であった大型客船（当時は貨客船と称した）、すなわち海軍戦力の助っ人として活躍した新田丸級、あるぜんちな丸級などの戦歴をたどってみたい。

それらの船舶の誕生は、米英など自由圏諸国と日本との対立が、しだいに悪化しつつある国際情勢の渦中にあるときのことであった。建造にさいしては、有事にはすべて海軍に徴用され、航空母艦への改装予定船として政府による建造助成政策のもとに実施され、とくに船体、機関などには最新の国産品が使用された。

正岡勝直兵曹

こうして、昭和十二年四月施行の「優秀船建造助成施策」により建造された、あるぜんちな丸級の二隻と新田丸級の三隻は昭和十三年二月より順次起工され、昭和十四年五月以降、

つぎつぎに竣工していった。建造にさいしては、対外国威発揚への当時の風潮として、日本調による最高の粋を結集した船内の近代的装飾は、乗船する外国人に提供される豪華な食事とともに絶賛され、不足する当時の外貨獲得の一翼をになっていた。

各船ともはなばなしいレセプションに送られ、あるぜんちな丸級は主として南米移民船として、後者の新田丸級は戦乱による欧州航路就航不能の状況から、北米航路の花形船となった。これら豪華船の誕生も、現実には陸軍の国力を無視した生産力拡充計画推進によって民需を極度に圧迫し、国民に国家精神を強制しつつ、耐乏生活が日常化した時代のなかのことであった。

昭和十七年六月、ミッドウェー海戦により、日本海軍は正規空母四隻をいっきょに喪失した。これでかねてから空母改装への構想にあった大型客船の充当がいそがれ、順次改装工事が開始された。

まず新田丸級の三隻が昭和十七年八月一日付で海軍に買収され、大鷹（春日丸）、雲鷹（八幡丸）、冲鷹（新田丸）が誕生した。

昭和十七年八月五日に、ぶらじる丸を雷撃で喪失したため、あるぜんちな丸のみが十七年十二月二十日、海軍に買収されて海鷹と命名された。また当時、ドイツ本国に帰還できず、神戸港外に繋船されていたシャルンホルストをドイツより譲渡してもらい、空母に改装して神鷹と命名した。

東奔西走の運び屋空母

改装空母とはいえ、設計時から空母改装を前提として建造された二万七千総トンの出雲丸(飛鷹)型にくらべ、一万総トン級の鷹型改装空母は船体、速力で劣勢なため、機動部隊の戦力としての使用は無理であった。そのため用兵上、空母として投入された戦場は限定され、作戦に応じた運用がおこなわれた。

昭和十八年二月、日本軍のガダルカナル島撤退を完了後、ソロモン諸島を北上する米機動部隊を先駆けとした米軍との戦況は逼迫してきた。空母を主力とする米機動部隊が洋上を縦横に活躍するのにたいし、日本軍は緒戦時の進攻作戦がもたらした予想外の占領地の拡大により、局地的航空戦力である基地航空部隊が重要な存在となっていた。したがって、総合的な海軍の航空戦力は、機動作戦基地としての航空母艦と、基地航空部隊の戦力維持が戦局の趨勢(すうせい)の重大な要素となった。

その戦力維持の要素である航空機補給のための輸送方策として、海軍は開戦時、七隻の八千総トン級の高速貨物船を特設航空機運搬艦として、基地航空部隊用に投入していたが、それらが輸送できる航空機は一隻で十機ていどであった。そこで、正規空母にくらべれば小型で、戦闘速力も不十分な一万総トン級の鷹型の出番となった。空母としての搭載機数は補用機をふくめ二十七機であるが、飛行甲板上もつかえば、双発機の輸送も可能であった。

開戦後、各地に展開された進攻作戦は予想外に進展し、占領地拡大にともなう基地航空兵力の増強がいそがれた。

大鷹（春日丸／十七年八月末改名）は第一段作戦終了の昭和十七年四月、第二十五航空戦隊、台南空の零戦二十四機をラバウルにはこび、つづいて五月、二十四機の零戦をルオットおよびラバウルに十二機ずつ輸送した。いずれも港外から発艦させている。

大鷹は五月三日、ルオット入港の直前に米潜ガトーの雷撃をうけたが、無事であった。八月十七日には、大鷹は連合艦隊付属として戦艦大和の直衛空母になり、第七駆逐隊とともに柱島を速力十八ノットで出撃した。そして月末には、マーシャル諸島東部マロエラップ環礁のタロアよりラバウルに零戦十機を輸送している。また九月二十八日には、トラック泊地へ入港する直前に米潜水艦の攻撃で損傷をうけ、応急修理ののち呉で修理を完了した。以後はトラックと横須賀間の飛行機輸送に従事していた。

昭和十七年五月に竣工した雲鷹（八幡丸／十七年八月末改名）は、連合艦隊付属の空母として、飛行機をサイパン経由ビスマルク諸島方面に一回輸送したのち、八月下旬、九州の宇佐沖で搭載の零戦、艦攻合計二十七機の発着艦訓練を実施している。

三隻の姉妹船の第一船として、昭和十五年三月より一年あまり太平洋上を最新型商船として活躍していた新田丸（沖鷹）の空母改装はいちばん遅く、昭和十七年八月に呉工廠で工事に着手された。この沖鷹は、ミッドウェー海戦の戦訓もあり、飛行甲板をすこし延長した。十一月に竣工、ただちに十二月よりトラックへの飛行機輸送をおこなった。昭和十八年一月にはトラックを出港し、ニューアイルランド島カビエン沖で輸送した零戦などを発艦させたが、固有の艦上機の搭載はなかった。

雲鷹も二ヵ月たらずで艦上機を降ろし、昭和十七年十二月まで、内地とトラック間へ三回、トラックを基地にスラバヤ方面に二回、飛行機輸送の任務についた。そして、昭和十八年が明けてからは、横須賀よりトラックに飛行機を輸送、大鷹と時期を前後して整備が実施された。

戦況の進展にともなう基地航空機の増強に、三姉妹船の飛行機輸送任務は重大となり、駆逐艦の直衛による二隻編隊での強力な輸送作戦が開始された。

雲鷹は陸軍の双発軽爆撃機を搭載し、姉妹船の大鷹と編隊を組んで昭和十八年二月二十日より三月十二日にかけ、横須賀〜トラック間の飛行機輸送任務に従事した。冲鷹は昭和十八年七月ごろまで、姉妹船の大鷹、ときには雲鷹と編隊を組み、情勢によって単艦で飛行機輸送に従事していた。

昭和十八年十一月三十日、瑞鳳、雲鷹、冲鷹の三隻の空母は、重巡摩耶および駆逐艦などの護衛をうけて、トラックから横須賀にむけ出港した。北上する編隊は十二月三日午後十時三十分ごろ、硫黄島の北方で米潜ガーナルに発見された。しかし、発射された四本の魚雷は高速のジグザグ航行で回避、爆雷攻撃で無事に航行を続行した。

明くる四日の夜半前、日本本土東方洋上で哨戒中の米潜セイルフィッシュは、台風の波浪のなか、同艦のレーダーが北上する一群をとらえた。五時五十二分、艦首発射管より魚雷三本を発射した。冲鷹の艦首左舷に一本が命中、左舷機械室にも二本目が命中したが、航行は可能であった。同艦を追跡したセイルフィッシュは七時四十八分、停止する冲鷹を発見。攻撃のチャンスをねらい、九時四十分、艦尾発射管から魚雷三本を発射して一本が命中、かくて冲鷹は北緯三二度三七分、東経一四三度三三分に沈没した。

護衛空母への新たなる転身

空母への改装工事がおこなわれていた海鷹（あるぜんちな丸）と神鷹（シャルンホルスト）は、それぞれ昭和十八年十一月と十二月に竣工した。これで喪失した冲鷹をのぞいて、四隻が激変する戦況にそなえることになった。

当時、外南洋の拠点である島々が相ついで米軍に占領され、内南洋もしだいに危機がせまる情勢であった。海軍にとって、本土よりラバウルの間に点在する航空基地をもつ島々のあいだの距離が長く、それら拠点となる島々の基地防衛に要する補給と、往来する船舶の海上護衛が重大な問題となった。そこで、大鷹、雲鷹に、竣工したばかりの海鷹と神鷹の四隻を、補給部隊の上空直衛を任務とする護衛空母への転用をはかった。

各艦は昭和十八年十二月、新編成の海上護衛総司令部の部隊に編入された。しかし、搭載すべき艦上機およびこれらの空母にたいする直衛護衛艦の捻出という問題があった。充当される大鷹は雷撃による損傷修理がおこなわれ、海鷹と神鷹は竣工直後の整備訓練中のため、護衛部隊の編成までには時間を要した。

一方、米潜水艦は九月ごろより増勢され、二ないし三隻を一団とする狼群作戦は、搭載する最新型の優秀なレーダー、改善された魚雷により威力を増していた。太平洋のみならず、南西航路上の船舶にたいする攻撃も、中国よりする米爆撃機との連携もあって、しだいに熾烈となってきた。この南西航路は、日本にとって戦時生産力の拡大に必要な石油、ボーキサイトなどの輸送路であった。また往路はフィリピンを中核とする南西諸地域への兵力増強輸送が、急務な海域でもあった。

南西航路を担当する第一海上護衛隊では、昭和十八年七月、前記の石油、ボーキサイトなどの重要物資の輸送を強化するため、高速油槽船、高速貨物船などの優秀船で編成する船団を「ヒ」船団と呼称し、還送物資の運行実績向上につとめていた。しかしながら、重要船団であるヒ船団も護衛艦の不足から、貴重な優秀船の被害が続出した。この輸送力の低下が、そのまま生産力に悪影響をあたえる様相となった。

そのため連合艦隊では、その対策として昭和十九年一月、ヒ三一船団に空母千歳と第十六駆逐隊を護衛につけて、船団航行に成功した。このことと併せ、護衛空母搭載の第九三一航空隊の整備訓練も練度が向上したので、いよいよ四隻の空母を南西航路に充当することになった。

ヒ船団の守護神となって

昭和十九年四月、ヒ船団の大船団主義への改編がおこなわれた。そして、門司～シンガポール間を直航往復する高速（おおむね十三ノット以上）船団をヒA船団、中速（おおむね十二ノット）船団で高雄に寄港するのをヒB船団と区分して、護衛空母を直衛艦として編入することになった。

大鷹は四月二日、三菱横浜での修理が完了して、二十三日、呉に回航された。また、トラックを昭和十九年一月十八日に出港した雲鷹は、明くる十九日、グアム島沖で米潜水艦ハドックの発射した魚雷三本が命中して艦の前部を破壊浸水した。しかし、サイパンでの応急修理後、六月二十八日まで横須賀での本格的な修理のため戦列をはなれていた。

整備訓練がおわった海鷹と神鷹は昭和十九年一月八日、駆逐艦三隻の護衛をうけて豊後水道を出撃したが、神鷹は機械故障のため呉に帰投し、修理のため七月まで戦線から離脱していた。したがって、ヒ船団改編後、ただちに船団直衛の護衛空母として活躍したのは、三月十七日に第一護衛隊へ編入された海鷹が第一陣であった。

九七艦攻十二機を搭載し、駆逐艦など六隻が護衛艦となり、加入船舶九隻で編成したヒ五七船団は四月三日、山口県関門海峡西口北方の六連(むつれ)島沖を平均速力十三・五ノットで出撃した。船団は一隻の落伍もなくシンガポールへ向かい、この間、海鷹は搭載する艦攻二ないし五機を日の出より日没まで発艦させ、上空より対潜哨戒を実施して十六日、無事に到着した。

折りかえし四月二十一日、ヒ五八船団として七隻の船舶を海防艦四隻と平均十三・五ノットで航行、五月三日には無事門司に帰投した。往復一ヵ月の航海中、三回の潜水艦攻撃があったが、いずれも無傷でおわっている。

横浜における四ヵ月の修理が完了し、横須賀で艦攻十二機を搭載した大鷹は、四月二十九日、第一海上護衛隊に編入されていた。そして海鷹が門司に帰投した五月三日、高速油槽船など十一隻で編成されたヒ六一船団を護衛して、大鷹は駆逐艦、海防艦八隻とともに六連をあとにした。途中、船団に加入していた第一機動艦隊付属の日栄丸、建川丸、あづさ丸の特設運送船（給油船）は、あ号作戦の発動にともなう命令で、海防艦佐渡（さど）とともに船団より分離していった。

五月十八日にシンガポールに到着したのち、二十三日には海防艦五隻と五千総トン級油槽船三隻をふくむ八隻の船舶でヒ六二船団を編成、帰路についた。油槽船は開戦前後に竣工した新造船ではあったが、最大速力が十六ノットを切り、航海速力では他の高速貨物船におとっていたため、平均十一ノットで航行していた。いちおうヒA船団ではあったが、ヒB船団なみにマニラに寄港し、前回の海鷹船団より二、三日ほど航海日数が長かった。海鷹による第二回目のシンガポール船団護衛は五月二十九日、六連出港のヒ六五船団にたいするものであった。七隻の高速油槽船をふくむ十二隻を、練習巡洋艦香椎（かしい）など六隻で護衛についた。六月二日、護衛空母が随伴する船団に初の犠牲がでた。海防艦淡路（あわじ）が、米潜ギターロによって撃沈されている。

復路は香椎に海防艦三隻をくわえた計五隻が護衛艦となり、優秀船の讃岐丸、阿波丸、北海丸、油槽船の御室山丸の四隻を護衛するヒ六六船団を編成した。六月十七日、船団はシンガポールを出港した。各船とも船腹にはボーキサイトを満載、御室山丸は搭載可能限度の重油を吃水線ぎりぎりまで積みこんでいた。北上する船団が航行中の十九日より二十日には、はるか東方のマリアナ沖で、日米機動部隊による激戦がくりひろげられていた。しかし、船

トラック停泊中の冲鷹。姉妹艦より10m長い飛行甲板上に輸送中の月光の姿

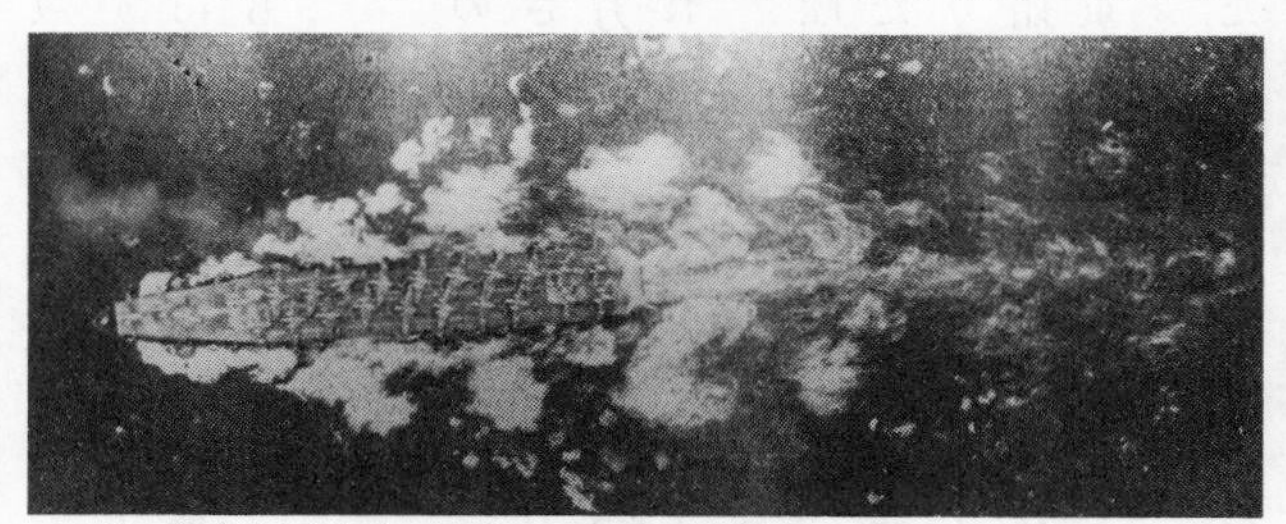

25機の双発機を甲板上に繋止して輸送中の雲鷹。速力22ノット、昇降機２基

軍艦旗を翻し公試中の神鷹。復原性改善のためバルジ装着。艦戦艦攻33機搭載

団は平均速力十四ノット、航海日数九日で門司に到着した。

この航海中、海鷹は連日、搭載する九七艦攻を午前七時三十分より午後八時十分まで直衛機として二〜五機を発艦させ、門司到着前日の六月二十五日午前五時よりは、陸上基地を発進した九七艦攻による護衛の増援もあった。

夜の海にひそむ米潜の恐怖

昭和十九年七月六日、機械故障のため呉工廠で修理をいそいでいた神鷹が、ようやく工事が完了して第一海上護衛隊に編入された。七月十三日、神鷹と香椎と海防艦四隻の六隻による護衛で、油漕船七隻のほか、一万総トン級の浅間丸、安芸丸、勝鬨(かちどき)丸（米船ハリソン号）や、海軍に特設艦船として徴用された高速貨物船をふくめた十四隻が、ヒ六九船団として関門海峡西口北方の六連を出撃した。

この船団には、比島防衛強化の陸軍部隊が乗船、さらにマニラに輸送する零戦を搭載した海鷹と大鷹の二隻も船団に加入した。出撃後、萬光丸は基準速力十三・五ノットを発揮できず、危険防止のため高雄で船団より分離させられた。七月三十日にシンガポールへ到着した神鷹は、八月四日、護衛艦八隻、船団加入船舶八隻でヒ七〇船団として復航についた。高速貨物船の衣笠丸のほかは、すべて重油を満載した高速油槽船の重要船団で、十日間で門司に帰投することができた。

一方、神鷹とマニラまで同航した海鷹と大鷹は、七月二十五日、駆逐艦などとともに護衛艦となってマモ〇一船団として浅間丸、護国丸を直衛、海鷹は八月四日、呉に入港して整備作業にはいった。

大鷹は三日、佐世保に入港したが、休む間もなくヒ七一船団に加入した。駆逐艦、海防艦など八隻が護衛艦となった。この船団は、船団の集結地であった伊万里を出撃したときは二十隻で、特務艦速吸（はやすい）と伊良湖、陸軍特殊船の摩耶山丸、吉備津丸、玉津丸（比島防衛のため満州よりの陸兵乗船）、阿波丸、高速油槽船などで編成されていた。途中の馬公で編成替えがあり、海防艦の護衛が三隻増勢され、加入船団は十四隻となった。

船団は八月十七日、馬公をマニラにむけて出港、夕方から米潜に触接された。十八日早朝、油槽船がレッドフィッシュにより損傷し、大鷹は哨戒の艦攻を発艦させて潜水艦発見につとめた。当時、ルソン海峡より比島の北西海域では、往来する日本の輸送船団にたいして、米潜は狼群作戦を展開していた。夜間、護衛空母の直衛機が発艦できぬ時間帯をねらって攻撃してきたのである。

船団は比島に近づく日没ごろより、四列縦陣を対潜警戒のために二列縦陣とし、護衛艦は南下する船団の外洋側に位置した。大鷹は船団の最後部に占位していた。米潜レッドフィッシュは、南側で哨戒中のブルーフィッシュ、ラシャーの狼群に通報し、ラシャーは船団の後方から大鷹を目標に攻撃した。そして午後十時三十分、大鷹は魚雷が命中して沈没した。北緯一八度一二分、東経一二〇度二二分であった。

戦訓として、夜間の飛行機による対潜哨戒の不能と、低速航行を余儀なくされる護衛空母の弱点が問題となった。

海鷹ただ一隻を残して

昭和十九年六月二十八日に修理が完了した雲鷹は、整備、対空機銃の増備が実施され、八月二十五日、門司発のヒ七三船団に護衛空母としての初任務に従事した。

香椎および海防艦七隻で護国丸、音羽山丸、黒潮丸など十二隻の船団を護衛してシンガポールにむかった。雲鷹の九七艦攻が途中、二回ほど潜水艦を発見して海防艦と協同攻撃をおこなったが、効果は不明であった。高雄への待避もあったが、十一日間の航行で九月五日に到着した。

復路は高速油槽船五隻を雲鷹、香椎など七隻で護衛、ヒ七四船団となって九月十一日にシンガポールを出港した。十七日の午前零時三十五分、まず油槽船あづさ丸が被雷、同時に雲鷹の右舷後部に魚雷が二本命中した。しかし、これは応急作業により、すぐに沈没にはいたらなかった。だが午前七時三十分、ついに沈没してしまった。

大鷹を喪失した約一ヵ月後、海域もほぼおなじ北緯一九度四分、東経一一六度三六分で、バーブの発射した魚雷により二隻が沈没したのであった。

九月にはいると、米機動部隊の比島方面にたいする艦上機の攻撃がはげしくなり、十月十二日には台湾沖航空戦がおこなわれ、戦況はいちだんと熾烈となった。

神鷹は、六連沖を九月八日出撃のヒ七五船団、および十月二日復航のヒ七六船団に直衛の護衛空母として活躍した。船団はいずれも高速油槽船八、九隻のほか、浅間丸、君川丸などの優秀船で編成された重要船団で、復路に君川丸が小破したていどで、全船が無事に往復した。

ただヒ七六船団は、十月十日の沖縄にたいする米軍の空襲により、十一日より十八日まで海南島の三亜に待避、二十六日に門司に入港している。また神鷹は十月二十二日、船団より単独分離して二十四日に佐伯へ帰投した。

十月、米軍は比島のレイテ島に上陸し、南西航路は危険海域となった。このため、神鷹が加入したヒ八一船団は、大陸沿岸の迂回航路をとった。すでに高速油槽船は相つぐ喪失により、戦時標準型の低速船のみとなり、船団の平均速力は十二ノットを切る状況であった。この船団には、陸軍が建造した飛行機発着可能のあきつ丸や摩耶山丸が加わり、比島増援の第二十三師団が乗船していた。ほかは2A型の戦標船があった。

十一月十四日に六連を出撃、明くる十五日正午、五島列島宇久島西方沖の白瀬灯台付近で陸軍空母あきつ丸が米潜クイーンフィッシュに、つづいて十七日夕方には摩耶山丸がピクーダによって撃沈された。

この戦闘を察知した米潜スペードフィッシュは、十七日午後六時半ごろより船団を追跡、九時すぎに攻撃をいったん中止したが、午後十一時三分、魚雷六本を発射した。そのうちの一本は神鷹の艦尾に、ついで三本が散開命中した。これで神鷹は艦尾から沈没した。済州島西方海面、北緯三二度五九分、東経一二三度三八分であった。

ただ一隻のこった海鷹は、呉で昭和十九年十月二十一日まで対空機銃の強化と整備がおこなわれ、一時、連合艦隊の指揮下にはいって、十月二十七日、基隆（キールン）まで飛行機を輸送した。そして呉に帰投した後の十一月下旬、海鷹にとって護衛空母としての最後となる船団護衛任務についた。

海防艦など十一隻で、油槽船など十隻で編成されたヒ八三船団を護衛して海鷹は、十一月二十五日に関門海峡西口北方の六連を出撃、十八日間を要して十二月十三日、シンガポールに到着した。そして二十六日、日本にむけてシンガポールを出港、やはり十八日間の航海で無事に、昭和二十年一月十三日の午後三時三十分、門司に帰投した。

昭和二十年二月二十八日、呉鎮守府の護衛部隊に編入された海鷹は、三月十九日、呉付近で米艦上機の攻撃をうけて損傷、四月二十日には連合艦隊付属となり、以後は内海西部で訓練目標艦としての任務についていた。

七月二十四日、別府湾外の大分県関崎で触雷して日ノ出海岸に擱座。そして七月二十八日の艦上機の攻撃で大破したままの姿で、海鷹は八月十五日を迎えている。

悲運の護衛輸送空母たちの航跡

戦史研究家　塚田　享
戦史研究家　丹羽　年雄
元「海鷹」甲板士官・海軍中尉　徳富敬太郎
元「大鷹」飛行長・海軍少佐　五十嵐周正

夭折の空母「雲龍」「雲鷹」「神鷹」　塚田享

雲龍と雲鷹と神鷹の三隻の空母は、不幸であった。

雲龍は、ミッドウェーで奮戦した飛龍の改良型の正規空母である。同型艦は二番艦の天城、三番艦葛城以下の計七隻が予定されていたが、笠置、阿蘇、生駒の三隻は工事途中で建造中止となり、最後の鞍馬は未起工のまま建造取り止めとなった。

防禦が薄いが、二万トンという排水量のわりに搭載機が多いのが特徴だった。だが雲龍は完成が昭和十九年八月で、十月のレイテ海戦には間に合わず、間に合わなければ艦として十分の働きができないのは、やむを得なかった。

雲鷹と神鷹は、商船改造空母である。雲鷹は日本郵船の八幡丸、二万トン、速力二十一ノットである。いわゆるプロムナードデッキから上をとってしまって、平らになった艦の上五メートルに、船首から船尾まで一枚甲板を張った。神鷹はドイツ商船シャルンホルストである。第二次大戦の勃発以来、日本に来たまま帰れず、神戸につなぎっ放しにしてあったのを譲りうけ、空母改造に着手した。速力は二十一ノット出るようにした。

さてこの雲鷹と神鷹は、はじめ内地から南方にむかう飛行機運搬艦として働いた。ピストン運動をだいぶやったが、そのうち昭和十八年になると、敵潜水艦の暴れ方が、さすがの日本海軍首脳部をゾッとさせるほど凄くなった。これはいかん、本格的な船団護衛をしなければならないぞと十二月十日付で、大鷹、海鷹と合わせて四隻、海上護衛総司令部の指揮下に入れた。

手ぬるい話である。なぜ、もっと早くからやらなかったか。が、当時の人たちに聞くと、なにも俺は護衛に空母をつけるのを遅らせていたのではない。空母を出そうにも出せなかったのだ、と言っている。いや、ちょっと待っていただきたい。なるほどこれは、当時の海軍の考え方からすれば、無理もない言い分なのだ——その考え方に順応しているかぎり、という条件づきではあるが。

作戦の当事者は、とかく目前の戦闘に勝つことだけしか考えない。戦争全体については、案外に視野が狭い。いよいよどうにもならなくなって、やっと腰を上げる。上げたときには、時すでに遅しである。

まず四隻の護衛空母は、運搬艦と空母とは違うから、空母として使うための改装が必要だった。これに八ヵ月ないし一年かかった。つぎは、護衛空母の乗員と乗せる搭乗員の訓練だが、そもそも護衛空母をつかって船団護衛をどうすればいいかが、明確でなかった。艦長も、搭乗員も、護衛空母による護衛なんか初めてである。教科書もない。学校で教わったこともない。そのうえ最大の決め手は、護衛部隊が対潜水艦電探をもってなかったことである。

護衛空母の雲鷹は、昭和十九年九月十七日、敵潜の雷撃を受けて南シナ海東沙諸島の南東で沈没。神鷹は昭和十九年十一月十七日、済州島西方の黄海で九隻の優秀船を護衛中、敵潜の雷撃によって沈んだ。どちらも夜。改造が終わって、最初に船団護衛の任務について外洋

雲龍。飛龍の図面を流用したが艦橋は右舷前寄りで大型化、昇降機は3基から2基、制動索は9から12索となった

に出たときであった。だから二隻とも下手だったというわけではない。味方は電探（水上用）なしの、敵はありで、夜になると日本は、手も足も出なかったのだ。

雲龍は、昭和十九年十二月十九日、特攻艇（震洋）を満載して東シナ海をフィリピンに向かって急いでいた。レイテを取られても、ルソンに来たら震洋艇で喰いとめようという、いわば日本の悲願をになった輸送であった。駆逐艦時雨（しぐれ）と檜（ひのき）と樅（もみ）が同行した。

しかし、この悲願は実らなかった。その日午後四時三十五分、突如として右舷艦橋下に魚雷一本が命中した。反転中の十分後さらに一本、ほぼ同じところに受け、六分後に火薬庫大爆発、さらに十分後には、完全に水面から姿を消した。護衛の三隻はすぐこの敵潜の撃沈にかかったが、沈んだ震洋艇も雲龍も還らず、ルソン防備にたいする海軍の戦備は、無為に終わった。

不遇に泣いた運送空母「冲鷹」の無念　丹羽年雄

改装空母冲鷹（ちゅうよう）は、大鷹、雲鷹の姉妹艦であるが、それぞれ日本郵船の優秀船であった新田丸、春日丸、八幡丸を改造したものである。

昭和十五年秋のことだ。アメリカで昭和十二年以来、第二次の大建艦計画がはじめられて、日本の建艦計画の四倍にも達する艦がつくられることになったが、愕然とした日本海軍は、支那事変で出費がかさんでいる上に、無理を重ねてこの対抗策に腐心していた。そこで前記三隻を徴用買収して、空母へ改装されることになった。

改造は大々的なもので、もし戦争が日本の有利に終わったとしても、これをまたもとの姿にもどすことは不可能だ、というほどの改造だった。むろん改造にはおびただしい経費をかけ、労力をかけ、時間をかけたが、一体それらはどう使われたのか。

沖鷹が呉で竣工したのが、昭和十七年十一月二十五日。それから横須賀で仕上げして出てきた（十二月十二日）が、十二月十二日からはじまって、横須賀とトラックとの間に人と飛行機と物件を輸送すること十三回。トラックにいくと、四日から十日いる。そしてまた横須賀に帰ってくる。短かいときは、横須賀にいるのが四日だ。人と飛行機と物件を積み込むと、すぐトラックへ向かう。

日本郵船の優秀船を、あれだけの努力をして改装した基準排水量一万八千トン、速力二十一ノット、一二センチ高角砲八門、飛行機二十七機を積める平甲板の空母がこれだ。アメリカで、貨物船を改造した護衛空母が一一一隻もでき、これらがどんなに対潜護衛やそのほかの作戦に活躍したかは、改めて言うまでもないくらいだ。ドイツ潜水艦の活動は、護衛空母のために押しつぶされた。近くは大和が獅子奮迅レイテ沖で戦った相手は、この護衛空母ではなかったか。

沖鷹はじめ三隻の同型艦の欠点は、速力が二十一ノットしか出ないことだった。二十一ノット全速で走ると、向かい風の十メートルを受けているのと同じになる。飛行機の性能がよくなると機体が重くなって、短かい飛行甲板から飛び上がるには、それだけ強い向かい風を受けないと機体がフワリと浮かない。

それで、沖鷹は駄目だ、となった。飛行機を積み込んで運送屋となった。ところが、アメリカの護衛空母は、沖鷹よりももっと速力が出ない。なぜ、アメリカはちゃんと空母として使うのに、日本は運搬艦にしか使えなかったのか。アメリカが積んだ発艦装置である。

こうして沖鷹は、不遇の日々を送り迎えした。そしてその十三回の輸送の帰り道だった。十分にかためた護衛をくぐって、米潜水艦の魚雷が沖鷹の脇腹をえぐった。昭和十八年十二月三日夜、場所は八丈島のそばである。

沖鷹は十二月四日になって、ふたたび米潜水艦の魚雷をうけ無念の歯がみをしながら、沈んだ。艦長は、加藤与四郎大佐。戦死者は五一三名。よくよく、十三という数字に魅入られた悲運の最後であった。

日本最小空母「海鷹」の終焉　徳富敬太郎

昭和二十年一月、シンガポールよりのいわゆる〝最後の護衛作戦〟に奇跡的成功をおさめ、呉に帰投した海鷹(かいよう)はただちに一二センチ三十連装噴進砲(ふんしんほう)四基を搭載するなど、次期作戦にそなえ、整備につとめていたが、三月十九日の第一回の敵艦上機の呉方面の大空襲で直撃弾や至近弾をうけ、その後は龍鳳その他の残存空母と同様、内海の島蔭で松の木などを飛行甲板にはやしたりして、偽装作業をおこなっていた。

やがて四月二十日、海鷹のみ連合艦隊の付属となり、偽装を撤去して呉で入渠修理のうえ、瀬戸内海の西部にある伊予灘にむかい、五月二十日より雷爆撃の目標艦という新たな任務に

公試運転中の海鷹。飛行甲板上に信号檣や無線檣、昇降式電探が見える

ついた。

のちには雷撃機のみならず人間爆弾「桜花」や人間魚雷「回天」の目標艦ともなり、日夜、猛訓練がつづき、訓練部隊とはいえ大和沈没後の日本海軍において動いている唯一の大艦として、乗員の意気もすこぶる昂揚されていた。

七月二十四日の敵艦上機の大空襲により、呉方面のわが残存艦隊は、事実上の全滅にちかい大打撃をうけたが、その日、別府沖にあった海鷹も、朝から数次にわたる敵機の波状攻撃をうけた。

しかし強力な対空砲火と、雷爆撃の回避運動にかけては神様といわれる航海長田中滋少佐（海兵六四期）のみごとな操艦とによって、ほとんどさしたる被害もなくて夕刻をむかえ、午後六時三十分、室津にむけて別府沖を出港した。

出港後まもなく敵機の来襲をうけたが、これも難なく撃退した。

ところが、「敵機は遠ざかって見えなくなった」という艦内拡声器の声につづく「打ち方止め」のラッパの余韻いまだ消えざるうちに、艦は大音響とともに後部に傾斜、たちまちのうちに航行不能におちいった。

思わざる伏兵――すなわち数日前の夜間に来襲したB29により敷設された機雷によって、艦は死命を制せられてしまった。

しかし駆逐艦夕風による徹夜の曳航作業によって、危うく沈没をまぬがれ、翌朝、別府近郊の日ノ出海岸に坐礁したものの、その後も連日空襲をうけ、七月二十八日には必死の防戦にもかかわらず、直撃弾三発をくらい全員退艦のやむなきにいたった。

さしも運の強かったわが海鷹もついに転覆、戦死行方不明二十余名、戦傷五十余名をだしてしまったのである。

ともあれ、二十九隻の日本航空母艦のなかにあって、商船あるぜんちな丸を改装したこの海鷹はもっとも小型の艦で、しかも有名な海戦に参加することもなく、終始、船団護衛とか雷撃訓練とか、地味な任務にのみ従事してきたが、終戦間際まで思う存分に活躍したその功績は、永く讃えられるべきであろう。

大部分の日本の艦艇が、ねずみ色に塗装されていたのに対し、緑色に美しく彩どられた空母海鷹が旭日の軍艦旗をひるがえして出撃する姿は、若武者のごとく華やかで、颯爽たるものであった。

海鷹最後の甲板士官であった私は、九州旅行の途次、海鷹終焉の地をとむらうべく日ノ出海岸を訪れた。海辺の城趾にある日ノ出小学校は、海鷹が転覆したのち一時乗員の住居にあてたところであったが、その小学校の応接室に今なお残る数脚の椅子は、海鷹士官室のものと言い伝えられている。十数年ぶりにその記念すべき椅子に腰をおろした私は、当時を偲び無限の感慨にふけっていった。

海岸に大きな松の木がある。

かの年、艦がこの浜にのし上げてからまもないある日、海鷹めがけて突っ込んできた敵B25二機は、突っ込み過ぎてこの松の木につき当たり、墜落した。殊勲あるこの老松は十余年をへて翠色いよいよ濃く、空母海鷹を、そして海鷹と運命を共にした幾多英霊をまつる記念碑のごとく悠然として立ち、静かに朝靄（あさもや）かすむ平和な内海を眺めているかのようであった。

特設空母「大鷹」の思い出　五十嵐周正

昭和十七年四月十一日、春日丸（かすがまる）飛行長を命ぜられて、着任した。空母といえば、赤城、加賀以外に見たことのない私は、薄黒いさかずきのような形の艦に驚きながらも、いよいよ決戦の時せまることを、ひしひしと身に感じて乗り組んだ。

八月十六日、ソロモン方面作戦援護のため、戦艦大和に随伴し柱島を出港以後、各基地間の航空関係、人員、機材、物件の輸送に従事した。これは地味で神経の疲れる仕事で、若い搭乗員たちの不平不満も充分に察せられたが、特設空母の任務上、やむを得ない仕事であった。

当時はソロモン方面の基地航空戦がきわめて熾烈で、人員機材の消耗ははなはだしく、その補給は一日の遅延も許されない状況であった。

艦長は偉大な決心のもとに、手持ち九六艦爆の大部をマーシャル基地に派遣、本艦はラバウル～比島間の飛行機輸送に従事することになった。

そのころ、二〇一空の零戦二十四機を至急、比島タバオからラバウルに輸送する命令を受けたが、基地航空隊の搭乗員では着艦収容ができない。

本艦搭乗員は着艦はできるが、零戦の経験が少ない。なお、発着艦に必要な風速が果たして得られるか。

運を天にまかせて、本艦乗員だけで収容することになった。一日の零戦慣熟訓練だけで、数回にわけて無事収容が終了したときは、まったくホッとした思いであった。

比島～ラバウル間、とくにニューアイルランド島東北海面は敵潜の警戒きわめて厳重なところであるが、本艦は格納庫はもちろん、甲板まで飛行機を繫止しているので、警戒機を思うように発艦することもできず、薄氷をふむ思いで航行した。

いよいよラバウルまで零戦を発艦、空輸することになったが、敵潜を考慮すれば、どうしてもカビエン沖九十～百浬（かいり）の地点で発艦させなくてはならない。しかし、基地搭乗員の技術と整備からすれば、六十浬以内に入る必要がある。なお、天候急変のおそれもある。

艦長高次貫一大佐は意を決して、敵潜伏在海面を全力にて突破、カビエンの山々を視認しうる地点にまで近接して発艦、無事に空輸を完了された。私たち搭乗員としては、まったく、その親心に心から感謝した。

いよいよ輸送任務も終了し、基地トラックに向かう。九月二十八日午前四時ごろ、トラック水道入口付近において、轟然たる大爆発音と大衝撃にあった。艦内の電灯は一時に消えて真っ暗である。つづいて、第二の大衝撃と大音響を聞く。手さぐりで上甲板まで這い上がると、艦は前方に傾斜し、右舷にもやや傾いて停止し漂っている。

敵潜の襲撃である。右舷前部、兵員室下水線付近に魚雷二発が命中。大破孔を生じ、海水が侵入した。即死、重軽傷、十数名を出した。即時、緊急応急防水措置をほどこし、沈没をのがれ得たのはまったく、不幸中の幸いであった。

哨戒駆逐艦と水上機の厳重なる警戒により、敵潜を制圧、微速にてトラックに入港したが、修理能力がないため、簡単なる補修補強のまま、呉に回航を命ぜられた。

夜間トラックを出港航行中、応急補修の損傷個所が波浪のためふたたび損傷し、かつ前部揮発油庫の亀裂のため、揮発油の蒸気が艦内に充満、きわめて危険な状況となった。

速力二〜五ノット以上を出し得ず敵潜を警戒しながら、一五〇〇浬の航程を航行するときは、ただ天佑神助を祈るのみだった。

当時の艦長以下航海長、運用長らの御苦心のほど、まったく頭のさがる思いだった。トラック出港後、十数日にして無事、傷ついた艦を呉に回航することに成功した。その後まもなく、私は五八二空の飛行長に転勤、この年八月三十一日に大鷹（たいよう）と命名されていた春日丸を去ったのである。

劫火にたえた天城、葛城、龍鳳

呉軍港に悲運をかこった三空母の苦悩と最後

戦史研究家　塚田　享

サイパンを失ったうえに、さらに本土東方海面の制海権さえなくしてしまった日本は、まったくもう、どうすることも出来なかった。なんとかして敵を喰いとめよう、打撃を与えようとしたが、それさえも、武器もなく、いや武器はあってもそれを動かす油がないありさまでは、たとえば戦闘機でさえ特攻攻撃用の、いわば片道攻撃用の油があるだけであった。上空で敵機と切り結ぶ――などという悠長なことは、していられなかった。それに、なにも油のないのは飛行機だけではなかった。

日本一を誇った呉軍港――その本土と江田島と倉橋島とに囲まれた広大な周辺には、大きな軍艦ばかり十二隻が散らばっていた。それも妙な散らばり方だった。本土の岸に二隻、倉橋島の北岸に三隻、江田島北半分の岸に六隻、倉橋島の東にはなれた小島に一隻。どれも海岸ギリギリに伸し上げんばかりで、屏風に張りついた忍者――といった格好だった。油がなくて、動けないのだ。動けないまま、沖の浮標につないだり深いところに錨を打ったりしていると、敵に見つかりやすいばかりでなく、攻撃を受けたあかつきには沈んでしまう恐れがある。

沈まないよう、しかも見つからないよう、十二隻の船は島にピッタリ身体をくっつけて、思い切りカモフラージュをした。十二隻の乗員は口惜し涙を流しながら、船のアタマから網をかぶせ、デッキの上に迷彩を描き、陸地から木や草を切り取ってきては、あたかもクリスマスツリーを飾り立てるように網の目に結びつけた。

惨めな努力の日々であった。

乗員自身の落度で戦局がこうなったのだ、と彼らは思った。兵隊までが強く責任を感じていた。開戦当初、真珠湾に押し寄せていったベテランもいた。ミッドウェーの生き残りもいた。ソロモンの海に放り出され、何時間も何日も、敵機の跳梁する下を泳いだ者もいた。

それでいて、虚無的になっている者はいなかった。士気は高かった。——来い！　目にもの見せてやる、と決心していた。

悲運をかこつ三空母

そういう艦の中に、空母天城（あまぎ）、龍鳳（りゅうほう）、葛城（かつらぎ）があった。むろん元気のいい連中は特攻隊や防備隊に出かけたあとで、ケイキはすこぶる悪かったが、屈しなかった。艦橋から綱を引っぱり松の木を切って結びつけ、空から見ると、ちょいとした小山に見えるようにメークアップに苦心した。

天城は飛龍を改良した雲龍型の一艦で、葛城と同型である。排水量が天城は二万四〇〇トンなのに、葛城は二万二〇〇トンという、積みこんだ機関の違いのために差ができた。それだけであとは同じだった。艦橋は右側、前の方にあり、リフト（昇降機）は二基（飛龍は三）。ただし飛行機が大きくなったので、十四メートル平方と一段と大型にされていた。

そのほか、この天城は三菱長崎で昭和十九年八月完成、葛城は呉でつくり十月完成。出来たばかりで、残念ながらレイテ海戦に間に合わず、涙をのんだ艦だった。

もしこの二隻が間に合っていたら、千歳、千代田、瑞鳳の倍ほどもある優秀艦で、速力は三十四ノット（葛城は三十二ノット）も出るし、マンモス空母瑞鶴といっしょになって、存分の働きができたはずだったが、レイテ海戦に敗れて以後は、もう空母のはたらく戦場もなく油もなく、むなしく悲運をかこたねばならなかった。

この艦がよくできている理由の一つは、搭載機数がトン数に比較して非常に多いことだった。加賀、赤城、翔鶴、瑞鶴のマンモス空母はおくとして、機数からいえば信濃より多い五十七機プラス補用機八機。対空砲火もすこぶる密で、一二・七センチ連装高角砲六基（十二門）に、二五ミリ三連装機銃十三基（三十九）、そのほか単装多数というのだから、まさに針ネズミである。

したがって乗員も飛龍型より四百人多く、一五〇〇であった。

いささか淋しいのは、天城が鈴谷型重巡のエンジンを積んでいるのに、葛城はそのエンジンが間に合わず、陽炎型駆逐艦のエンジン二組を据えたことだ。速力が二ノット遅いのも、

繋留中の葛城。舷側に機銃や高角砲座が並び艦尾の内火艇格納甲板にも機銃が

こういう切羽つまった繰り合わせの結果だった。

さて龍鳳は、瑞鳳(ずいほう)、祥鳳(しょうほう)クラスの、給油艦改造グループ。前身は大鯨(たいげい)である（公試排水量一万五千トン）。出来あがったのは同型艦二隻のあとで、昭和十七年十一月。ミッドウェーには間に合わなかったが、その後、第三艦隊第二航空戦隊にくわわり、トラックに頑張った。「あ」号作戦（サイパン沖海戦）でも、そのまま参加、乙部隊として突進、空襲をうけて小破した。

ついでにもう一隻。これは呉にいたわけではないが、四国の八幡浜付近にいた海鷹(かいよう)をくわえておこう。開戦後、日本は最優秀商船五隻——すなわち郵船の春日丸（大鷹）、八幡丸（雲鷹）、新田丸（冲鷹）、シャルンホルスト号（神鷹）をつぎつぎに空母に改造していったが、海鷹は大阪商船あるぜんちな丸の改造である。

あるぜんちな丸には、ぶらじる丸という姉妹船があった。ふらじる丸も当然、空母に改造の予定だったが、改造前、海軍で徴用していたころ、昭和十七年八月に米潜水艦の雷撃をうけて沈んでしまった。あるぜんちな丸――つまり海鷹は一万六千トン、二十三ノット。いわゆる護衛空母として使われていた。

古鷹山を前に

ともあれ天城、葛城、龍鳳が、擬装を凝らして静まりかえっていたあたりは、緑が岸にせまり、江田島、倉橋島の山が空をかぎって、まあ昔ふうにいえば山紫水明、眺望絶佳の地であった。

海軍というものは敵を国土に寄せつけぬためにこそあるものだ、と考えていた乗員たちは、この美しい祖国の山と海にいだかれ、すこぶる戸惑っていた。弾丸を射つと、本来なら全部海に落ちるはずなのが、下手をすると故国の山を貫くのだ。

「矢先（弾丸の飛んでいく方向）を考えんといかんぞ、これは。えらいことになったナ」

船乗りはバカ正直といわれるくらい、素朴である。彼らは真剣な顔をして悩んだ。おどろくべき世の移り変わりだった。油がなくて艦が動けないということすら、想像を絶していた。油がなくてボイラーが焚けず、陸上から電気をもらって砲塔をまわすというにいたっては、目がくらむほどの情けなさだった。それよりもヒドいのは、砲と名のつくものの大部分を陸に揚げ、そこで本土上陸に備えたことであった。

そんな不安定な気持のなかにも、日は容赦なくたっていった。

昭和二十年三月十九日、最初の大空襲があった。三百機の艦上機が八方から降りかかった。爆弾やロケット弾が無数に落下した。二五〇キロ、五〇〇キロ、五〇キロ、一三〇キロ、一トン爆弾の雨であった。

乗員たちは死物ぐるいに戦った。わずかな砲や機銃をフルに使って下から上に射ち上げた。だが彼らは、とんでもない邪魔者に鉢合わせしていた。秀麗な古鷹山（江田島）がその向こう側の敵機を、全然、見えなくした。いやその古鷹山が敵機の不意討ちを助けていたのだ。敵は存分に古鷹山を利用した。古鷹山の頂きにパッと姿をあらわすと、矢のようにとびかかってきた。「あれだッ」と機銃を向け直したときには、もうその黒いズングリした胴体からは、爆弾が落とされていた。

風のない島々の静けさが、かえって禍いした。おびただしい硝煙と爆煙がただよったまま、動かない。速い小さなものを狙う地上の人間にとって、薄暗い天と地は、目つぶしをされたのと同じであった。「古鷹の上の敵機。射て射てッ」といわれるが、古鷹山は見えても、敵機はなかなか見えなかった。

そんな中で、天城は右舷後部に張り出した高角砲台に命中弾一発を受けた。そのあおりを喰って、後部エレベーターが動かなくなった。

葛城は天城よりもっと激しい攻撃を受けたが、命中弾一発ですんだ。二五〇キロ通常爆弾が敵の得意とするスキップボンビングというやつで、右舷艦首のあたりに直径二メートルあまりの大穴を開けた。そしてその断片が噴いて、飛行甲板と格納庫甲板がいためられたが、こういうのは応急修理ですぐなおった。戦死一名、負傷三名。すさまじい空襲を受けたにしては意外に損害が少なく、みな顔を見合わせて、自分の首を撫でたものだ。

巧妙なカモフラージュ

だが龍鳳は、五発もの直撃弾を受けてしまった。一発は飛行甲板に直径十メートルの大穴をあけ、一発は五メートルの穴をあけ、一発は中部に命中して、上甲板線をガケ崩れにあったように潰してしまった。また一発は、左舷中甲板に命中、外板に大きな割れ目をつくり艦内に浸水。この浸水は、かい出すのにポンプで十五日かかるほどの量だった。しかも後部リフトは、四十坪くらいの大きさのものが完全にふきとばされた。

呉港内は、いたるところ損傷艦艇で溢れた。ミッドウェーの苦い経験を生かして、艦内に燃えるものをほとんどなくしていたので、火災も被害も案外に少なく、大爆発を起こした大型艦はなかったが、空襲が終わったあとの呉工廠は、目がまわる忙しさになった。

龍鳳は三月二十四日、工廠で応急修理をやった。一週間かかったが、修理したのは機械関係だけで上甲板はそのまま。それから初めに述べた位置まで港務部の曳船でひっぱっていき(四月一日)、徹底的なカモフラージュをした。この間、天候が悪く敵機が偵察に来なかったことが、龍鳳に幸いした。もう一つ、大悟徹底した結果、それ以後の空襲のとき、高角砲を一発も射たないことにしたのも、艦の位置を秘すのに役立った。

このため六月に入って一回、七月に二回空襲があったが、龍鳳は一回も攻撃を受けなかっ

左舷へ横転した天城。羅針艦橋上に信号檣頂部のループアンテナが見え艦橋脇に高射装置。煙突後方は機銃と高角砲座

た。米側の記録によると、彼らは見つけ出せなかったものらしく、これはまた、おどろくべき巧妙なカモフラージュを乗員たちはやったわけだった。

二回目の六月二十二日は、B24重爆の攻撃で、攻撃は榛名だけに集中されたので、空母には何の被害もなかった。

第三回目の七月二十四日は、天城が命中弾三発を受けた。午前九時半に三十機、午後三時半に二十機が、天城に襲いかかった。いちばんひどい損傷をあたえたのは、前部リフトと後部リフトとの中間に落ちた一発で、このため飛行甲板は屋根のように盛り上がり、左舷後部機械室に浸水した。このほか浸水したのは、至近弾によるものだった。ふだんならば容易に喰いとめられる浸水も、乗員の大部分が陸にあがって本土上陸作戦の特攻部隊となっている現在、穴があいてもどうすることもできない。話にもならなかった。

一方、葛城は左舷中部に一発命中したが、これは上ッ面をふきとばしただけで、大した被害はなかった。戦死者十三名、負傷者五名は、不幸にもその爆弾をまともに受けた高角砲員たちだった。

最後の七月二十八日（八月十五日終戦）は、天城には午前九時半に三十機、正午に十一機、午後三時半に三十機の攻撃がかけられた。めいめい爆弾を抱えているはずなのに、命中弾はたった一発。よほど下手クソなのか、あまりにも砲員がめざましかったのか。

だが、二十四日にすっかり浸水していた天城は、至近弾であけられた外舷の穴から入る水だけで、艦を左舷に七十度も傾けるに十分だった。傾いたまま、宙に浮いたような姿のまま、天城は短かい一生を終えた。

葛城は、十機あまりの敵機からの五〇〇キロ大型爆弾二発を喰った。カモフラージュが巧妙だったので、他の敵機は葛城に気づかなかった。が、五〇〇キロ二発は、コタえた。飛行甲板をつらぬき格納庫で爆発したが、飛行甲板は紙みたいにめくれて、右舷の煙突の上にかぶさった。

格納庫のまわりは、どこもかしこも爆圧でグワッとふくらんだが、おどろいたことは水線下には異状なく、沈みも傾きもしなかった。戦死十三名、負傷者十二名。

無事に二回以後の空襲を切りぬけた龍鳳とともに、葛城は最後までちゃんと浮いていた。どっこい俺は沈まんぞ、と。

これは、あるいは無駄な頑張りだったかもしれぬ。が、彼らは頑張りとおした。――彼らが生きていることが、少なくとも日本を守ることになるのを、知っていたのだ。

日本海軍航空母艦 戦歴一覧

伊吹および雲龍型未成艦をふくむ空母二十九隻の太平洋戦争

戦史研究家　伊達　久

鳳翔（ほうしょう）

大正十一年十二月二十七日竣工。最初から航空母艦として設計建造された世界最初の艦である。設計にあたっては、なにしろ最初の企画であり、そのうえ飛行機が発達の途上にあり、その戦術的価値がわからず、したがって使用機種もはっきりしない状況であったから非常な苦心がともない、大正八年十二月の起工から三年をへて、やっと大正十一年に完成した。

新造時は右舷前方寄りに塔型艦橋と、その後方に起倒式三本煙突を有していたが、大正十三年の工事で艦橋を撤去、平甲板型空母となった。

昭和七年二月、上海事変に参加したのが初陣で、飛行機隊は上海の基地へ派遣された。だが一ヵ月で停戦となり内地へ引き揚げた後、予備艦となり、船体、兵器の修理を行なった。また昭和十二年八月には支那事変の勃発によりふたたび上海付近の攻撃に参加。九月に一度、佐世保で補給を行ない、こんどは南支の広東付近攻撃に参加したのち、飛行機隊を上海基地に派遣して内地に帰還した。

昭和十三、十四、十五年の三年間は予備艦となり、休んで修理したが、飛行機の発達により太平洋戦争開戦時には、主力部隊の警戒艦となっていたが、ミッドウェー作戦に主隊航空部隊として参加後、昭和十七年秋からは練習空母となり、内海で初歩訓練に使われて、終戦時は呉軍港付近において米機の攻撃をうけて小破のまま残存した。終戦後は復員輸送艦に改造されて、南方から数多くの人々の復員輸送に使用された。

終戦時、唯一隻の航行可能な空母であった鳳翔は、昭和二十一年八月から二十二年五月にかけて、大阪の日立造船桜島工場で解体され、二十四年におよぶ生涯をおえた。

新鋭機の天山や彗星の発着艦のため、昭和十九年には飛行甲板を前後に延長して一八〇・八メートル、最大幅二十二・七メートルとなったが、新造時の公試排水量九四九四トン、全長一六八・二五メートル、速力二十五ノット、搭載機は常用十五機、補用六機、昇降機二基、乗員五五〇名であった。

赤城（あかぎ）

ワシントン軍縮条約の締結により、巡洋戦艦として起工された未成艦を大正十二年十一月より空母への改装工事に入り、昭和二年三月二十五日竣工。はじめは飛行甲板が三段構えであったが、昭和六年十一月、十年十一月と二回にわたり大改装を行ない、昭和十三年九月には性能を一変して第一線空母に生まれかわった。

太平洋戦争開戦時ハワイ作戦における機動部隊旗艦として真珠湾攻撃に参加、赤城より第一次、第二次と計六十三機が参加し、五機自爆の被害をだしたが空前の大戦果をおさめ、おおいに活躍した。ひきつづきラバウル攻略作戦、蘭印攻略作戦に従事した後、昭和十七年四月五日、セイロン島コロンボを攻撃し、英巡ドーセットシャーを撃沈した。また九日には同島ツリンコマリを攻撃して、英空母ハーミスを蒼龍、飛龍と協同して撃沈する戦果をあげた。

六月五日ミッドウェー海戦において、米空母エンタープライズ機の命中弾二発をうけて、飛行機甲板に並べてあった飛行機の魚雷、爆弾、燃料タンクなどが誘爆し、大火災となってどうにもならなくなり、旗艦は長良に変更されたが、赤城は被弾後、約十八時間半にわたって火災との死闘がつづいて、ついに六月六日午前二時、野分と嵐の魚雷により自沈した。

改装後の加賀との特徴的なちがいは、艦橋が左舷中央部（新造時の飛行甲板は雛壇式の三段で、甲板上に艦橋のない平甲板型だった）にあり、煙突が右舷で幅広、艦橋より前に位置する。また艦首と艦尾が飛行甲板より長く、のぞいている。公試排水量四万一三〇〇トン、飛行甲板長さ二四九・二メートル、幅三十・五メートル、速力三十一・二ノット、搭載機は常用六十六機、補用二十五機、昇降機三基であった。

加賀（かが）

戦艦として起工されたが、ワシントン条約により大正十二年十二月より空母に改装着手、昭和三年三月三十一日竣工した。初陣は鳳翔とともに昭和七年二月、上海事変に参加し、飛行機隊は上海基地に派遣された。二月二十二日、戦闘機隊は米人操縦のP12戦闘機を撃墜した。

昭和八年十月、予備艦となり、佐世保海軍工廠で大改装工事を行ない、飛行甲板を一枚甲板とした。支那事変により昭和十三年十月の広東攻略作戦に参加後、十二月より第二次改装工事を行ない、塔型艦橋の装備、飛行甲板の延長などを行なって太平洋戦争を迎えた。

ハワイ作戦には七十機が参加し、米太平洋艦隊および諸施設を猛爆した。被害は参加艦のなかで一番多く、半数以上の十五機が未帰還となった。その後、赤城とともにラバウル、蘭印方面に活躍したが、昭和十七年二月パラオ泊地で暗礁にふれて艦底を損傷したので、セイロン作戦には参加しなかった。そして六月五日のミッドウェー海戦で、米空母エンタープライズ機の爆弾四発をうけて沈没した。

赤城との外観上のちがいの特徴は新造時は三段式の飛行甲板下の両舷を艦尾へのびる長大な煙突。改装後は艦橋が右舷前方寄りにあり、その後方右舷に幅の狭い煙突がある。

改装後の公試排水量四万二五四一トン、飛行甲板の長さ二四八・六メートル、幅三十・五メートル、速力二十八・三ノット、搭載機は常用七十二機、補用十八機、昇降機三基であった。

龍驤（りゅうじょう）

昭和八年四月一日竣工。鳳翔についで建造された二番目の空母で、支那事変には鳳翔と行動をともにした。太平洋戦争開戦時は第四航空戦隊としてフィリピン南部の攻略作戦を支援。ミンダナオ島ダバオ飛行場の攻撃に従事、九六艦戦十二、九七艦攻二十四機を出撃させた。

さらにその後は、マレー攻略部隊に編入され、とくにシンガポール降伏の頃には、落ちのびてゆく艦船を追撃して、艦艇、商船の計二十隻を撃沈破するという戦果をあげた。ジャワ攻略部隊に入ってからは、艦船五隻を撃沈破した。北部スマトラからインド洋へ入ると、南雲部隊の大機動戦に呼応して、インド本土中部東岸の要地コカナダなどを急襲した。このインド攻撃では輸送船九隻を撃沈破して引き揚げた。

ミッドウェー海戦時は北方部隊の第二機動部隊の一艦として、隼鷹とともにアリューシャン作戦に参加した。昭和十七年六月四日、凍るような寒風をついて、龍驤隊はダッチハーバー上空に進撃し、最初で最後の米本土空襲を敢行してゆうゆうと引き揚げた。そして八月二十四日、第二次ソロモン海戦でソロモン群島南端付近で米艦上機の攻撃をうけて沈没した。

飛行甲板に艦橋のない平甲板型空母。昭和十一年五月末に改装をおえた際の公試排水量一万二五七五トン、全長一八〇メートル、飛行甲板の長さ一五六・五メートル、幅二十三メートル、速力二十八ノット、搭載機は常用三十六機、補用十二機、昇降機二基、乗員九二四名であった。

蒼龍（そうりゅう）

昭和十二年十二月二十九日竣工の日本海軍初の近代的正規空母といえるもので、竣工後四ヵ月の昭和十三年四月二十五日、飛行機隊は中支に派遣され作戦に従事した。その後、昭和十三年九月から十一月には広東攻略作戦、昭和十五年九月の北部仏印進駐、昭和十六年七月の南部仏印進駐作戦などには海南島に派遣されて作戦にそなえた。

ハワイ作戦は第二航空戦隊旗艦として参加し、艦上機五十三機が攻撃に向かい、五機が未帰還となった。ハワイよりの帰途、中部太平洋南鳥島南東方のウェーク島上陸作戦を支援するため同島を攻撃した。昭和十七年になると南方に進出して、アンボン、豪州ポートダーウィン、ジャワなどを攻撃し、三月一日、油送船ペコスを撃沈した。

インド洋作戦では重巡コーンウォールを飛龍機とともに命中弾八発をあたえて撃沈した。四月九日ツリンコマリ沖で赤城、飛龍と協同で英空母ハーミスおよび駆逐艦ヴァンパイアを撃沈した。インド洋作戦の帰途、ドーリットルの東京空襲を台湾海峡で知らされ、敵空母を追撃したが、捕捉することはできなかった。

ミッドウェー海戦において、昭和十七年六月五日、ヨークタウン空母機の爆弾三発をうけて猛火につつまれ、爆薬庫が大爆発をおこし、午後四時二十分、蒼龍は二つに裂けて沈んだ。

飛龍とのちがいは艦橋が右舷中央より前方に位置する。公試排水量一万八四四八トン、全長二二七・五メートル、飛行甲板長さ二一六・九メートル、幅二十六メートル、速力三十四・五ノット、搭載機は常用五十七機、補用十六機、昇降機三基、乗員一一〇〇名であった。

飛龍（ひりゅう）

飛龍は蒼龍より一年七ヵ月おくれた昭和十四年七月五日に竣工したが、蒼龍と第二航空戦隊を編成して終始行動をともにした。ハワイ作戦には第二航空戦隊として四十九機が攻撃に参加し、そのうち三機が未帰還となった。ハワイ作戦の帰途、ウェーク攻略作戦を支援して、十二月二十九日、内海西部に帰投した。

昭和十七年一月には南方部隊に編入されて、アンボン、ポートダーウィン空襲、ジャワ攻略戦に転戦活躍した。四月五日、セイロン島沖で蒼龍機と協同して、重巡コーンウォールに命中弾をあたえて撃沈。四月九日、蒼龍機とともに英空母ハーミスを撃沈し、さらに駆逐艦ヴァンパイアを沈めた。

ミッドウェー海戦では山口多聞少将坐乗の第二航空戦隊旗艦として参加し、六月五日、飛龍は他の空母三隻が大損害をうけた後、ひとり敵空母を攻撃し、ヨークタウンを大破、行動不能とさせた。しかし飛龍も直撃弾四発をうけ、火災と誘爆をおこし、ついに友軍の駆逐艦巻雲の魚雷により自沈するのやむなきにいたった。六月六日午前二時十分であった。

蒼龍とのちがいは、飛行甲板が蒼龍よりも広く、艦橋の位置が左舷中央部に置かれた。公試排水量二万二五〇トン、全長二二七・三五メートル、飛行甲板の長さ二一六・九メートル、幅二十七メートル、速力三十四・六ノット、搭載機は常用五十七機、補用十六機、昇降機三基、乗員一一〇一名であった。

翔鶴（しょうかく）

太平洋戦争開戦四ヵ月前の昭和十六年八月八日に竣工した翔鶴は、無条約時代になって設計建造された本格的艦隊型正規空母で、第五航空戦隊の旗艦としてハワイ作戦に参加、五十八機が主として航空基地を攻撃した。このときの被害はわずかに一機であった。昭和十七年一月にはラバウル、ラエ攻略作戦を支援した後、四月のセイロン作戦に従事して戦果をあげ、内地に帰還せず、そのまま南東方面に進出した。

昭和十七年五月八日、珊瑚海海戦において、空母レキシントンを撃沈、ヨークタウンを大破させたが、翔鶴も直撃弾三発をうけ発着不能となり、戦死一〇六名の被害をうけ、呉に帰港しているときミッドウェー海戦が起こった。

修理なって八月二十四日、第二次ソロモン海戦に参加、飛行機隊に大きな被害を出した。十月二十六日の南太平洋海戦では、瑞鶴とともに米空母ホーネットを撃沈したが、翔鶴も直撃弾四発をうけて飛行甲板が損傷して発着不能となり、戦死一四七名の被害をうけた。

昭和十八年二月に横須賀で修理を完成し、七月まで内海西部で整備訓練を行なってからトラック島に進出し、一部の飛行機隊をラバウル、カビエンに派遣して、十八年十一月の「ろ号作戦」に参加した。このブーゲンビル島沖航空戦では、母艦搭乗員の多くを失ってしまった。

その後、翔鶴は横須賀で入渠整備を約一ヵ月おこない、昭和十九年二月にはシンガポールまで物件を輸送したが、その後は燃料の関係でスマトラ中部東岸沖のリンガ泊地で訓練を行なっていた。六月十九日のマリアナ沖海戦において米潜の魚雷攻撃四本をうけて火災をおこし、さらに大爆発をおこして午後二時一分、艦首から沈んでいった。

翔鶴、瑞鶴ともに右舷中央部に煙突、右舷前方寄りに艦橋が置かれた。公試排水量二万九八〇〇トン、全長二五七・五メートル、飛行甲板の長さ二四二・二メートル、幅二十九メートル、速力三十四・二ノット、搭載機は常用七十二機、補用十二機、昇降機三基、乗員一六六〇名であった。

瑞鶴（ずいかく）

翔鶴型の二番艦として太平洋戦争開戦の約二ヵ月半前の昭和十六年九月二十五日に竣工したので、訓練は十分でなかったが、翔鶴と第五航空戦隊を編成して真珠湾攻撃で初陣をかざった。瑞鶴からは五十八機が攻撃に向かい、未帰還機ゼロという幸運にめぐまれた。この幸運は沈むまでつづき、栄光の空母として目ざましい活躍をした。その後、翔鶴とともにラバウル、ラエ攻略作戦を支援して、内地に帰還後、機動部隊と合同してインド洋作戦に参加した。

昭和十七年五月八日、珊瑚海海戦で翔鶴は被害をうけたが、瑞鶴は敵機来襲時スコールの中にいたので敵機の攻撃はうけず、戦果をあげて無事に内海西部に帰投した。ミッドウェー海戦には参加せず、六月十五日に柱島を出撃してアリューシャン作戦の第二機動部隊を支援したのち、ふたたび南東方面に進出して、八月二十四日、第二次ソロモン海戦に参加した。十月二十六日には南太平洋海戦で翔鶴、隼鷹とともにホーネットを撃沈、エンタープライズを撃破する戦果をあげた。この海戦でも被害なく、十一月九日に呉に帰投した。

昭和十八年一月、トラックに進出して、ガダルカナル島撤収作戦に協力した。その後、瑞鶴は五月までトラックに待機していたが、瑞鶴の飛行機隊は四月の「い号作戦」に参加した。五月より七月まで内地に帰り呉で入渠して、七月ふたたびトラックに進出して訓練をかさねていた。十一月の「ろ号作戦」では飛行機隊が参加し、ブーゲンビル島沖航空戦に従事した。

昭和十九年二月より六月まで、シンガポール南方リンガ泊地に待機していたが、マリアナ沖海戦に参加し、大鳳の沈没後は機動部隊の旗艦となり、六月二十日に敵一五〇機の攻撃をうけたが、命中弾は一発であった。だが、戦死四十八名の初めての被害をだした。十月二十五日、運命のレイテ沖海戦では、小沢艦隊旗艦として参加、敵艦上機の攻撃をうけ、魚雷、爆弾が多数命中して、開戦いらい三年間にわたる歴戦武運艦も、午後二時十四分、ついに力つきて比島沖の海へ沈んでいった。

なお、瑞鶴の要目は翔鶴に同じであった。

隼鷹（じゅんよう）

日本郵船橿原丸（かしはらまる）を建造中に買収（昭和十六年一月）した海軍は空母に改装して、昭和十七年五月三日に竣工させた。ミッドウェー作戦に呼応して、六月三日と五日に、龍驤とともにダッチハーバーを空襲して、内地に帰還してから三ヵ月間は内海西部に待機していた。

昭和十七年十月四日、佐伯湾を出撃して、ソロモン方面に進出し、十月二十六日、南太平洋海戦に参加して敵空母ホーネットなどを攻撃した。引きつづいてウエワク輸送作戦を支援してから内地に一時帰り、ふたたび昭和十八年三月末にはトラックに進出し、飛行機隊だけをラバウルに派遣して「い号作戦」に従事した。九月一日、飛行機隊は現地で五八二空と二〇四空に編入された。

飛行機隊をおろし、空母の本職をはなれた隼鷹はシンガポール、トラックへの輸送任務についていた。昭和十八年十一月五日、沖ノ島付近で敵潜の雷撃をうけたが、重巡利根に曳航されて呉に帰着した。

昭和十九年六月二十日、マリアナ沖海戦で煙突付近に直撃弾を二発うけ発着艦不能、戦死

隼鷹の右舷艦橋構造物煙突付近から見た飛行甲板後部。木張りの飛行甲板両側の白四角部分の金具は着艦制動索の取付部で、後部昇降機の左舷に昇降式二一号電探。艦橋後部の方位測定儀ループアンテナ後方の信号檣に一三号電探。舷側手前に高角砲座２基、その向こうには機銃座４基

五十三名の被害をだした後、比島沖海戦には参加せず、マニラにむけての輸送任務の帰途、十二月九日、長崎県野母崎沖の女島付近でまた米潜の雷撃をうけ、戦死十九名の被害をだしたが、どうにか佐世保に帰り着き、昭和二十年三月末まで修理していたが、四月一日からは佐世保恵美須湾に偽装して中破のまま繋留されて終戦を迎えた。

隼鷹、飛鷹ともに右舷前方に艦橋があり、日本空母としては初めての艦橋と煙突が一体化した構造で、煙突は排煙の影響を考慮して外側へ二十六度傾斜していだ。公試排水量二万七五〇〇トン、全長二一九・三二メートル、飛行甲板の長さ二一〇・三メートル、幅二十七・三メートル、速力二十五・五ノット、搭載機は常用四十八機、補用十機、昇降機二基、乗員一一八七名であった。

飛鷹（ひよう）

日本郵船で建造中の出雲丸（いずもまる）を買収（昭和十六年一月）して、空母に改装し、昭和十七年七月三十一日に完成した。内海方面で教育訓練を行なって、十月トラックに進出してガダルカナル島攻撃に出撃したが、途中で機関が故障し、そのため南太平洋海戦には参加せず、トラックで応急修理して、十二月から呉で修理した。

昭和十八年三月、佐伯を出撃してトラックに進出し、飛行機隊は「い号作戦」に従事した。六月十日、横須賀を出港してトラックに向かう途中、三宅島東方海面で敵潜の魚雷が二本命中し、戦死三十一名の被害をだし、十三日にようやく横須賀まで引き返して修理作業を行なった。

昭和十八年十一月四日、マニラ、シンガポールへの飛行機輸送に従事し、トラックに回航して、呉へ昭和十九年一月二日に帰投した。六月二十日、タウイタウイをへてマリアナ沖海戦に参加したが、敵機の魚雷、爆弾をうけて艦内は大火災となり、ついに沈没した。

なお、飛鷹の要目は隼鷹と同じであった。

瑞鳳（ずいほう）

昭和十五年十二月二十七日、給油艦高崎（たかさき）を改造して竣工した瑞鳳は、鳳翔とともに主力部隊の警戒艦となっていた。ミッドウェー海戦では主力部隊と行動を共にしたので、敵を見ずして引き揚げた。昭和十七年七月十四日、ミッドウェー海戦での空母喪失により編成替えとなり、第一航空戦隊に編入されて第一線空母となり、ソロモン海戦に出撃した。

昭和十七年十月二十六日、南太平洋海戦に参加したが、爆弾一発の命中をうけ戦死十七名の被害を出して、佐世保に帰り修理を行なった。昭和十八年一月、トラックに進出し、瑞鶴と行動をともにした。十一月五日より昭和十九年二月の間、三回、横須賀～トラック間の輸送に従事した。この間、飛行機隊は「ろ号作戦」に従事した。

瑞鳳はスマトラ東岸沖のリンガ泊地には進出せず、直接ボルネオ北東端部沖のタウイタウイ泊地に進出して、マリアナ沖海戦に参加したが、このときは被害をうけることなく内海西部に帰投した。昭和十九年十月二十五日の比島沖海戦では小沢艦隊として参加したが、敵機の攻撃により魚雷二、爆弾二、至近弾多数をうけてついに沈没した。

飛行甲板上に艦橋構造物のない平甲板型の軽空母で、公試排水量一万三一〇〇トン、全長

終戦時の龍鳳。昭和19年夏、天山艦攻搭載に備え艦首飛行甲板を15m延長

二〇五・五メートル、速力二十八ノット、飛行甲板の長さ一八〇メートル、幅二十三メートル、搭載機は常用二十七機、補用三機、昇降機二基、乗員七八五名であった。

祥鳳（しょうほう）

潜水母艦剣埼（つるぎざき）を改装して昭和十六年十二月二十二日に竣工し、第四航空戦隊に編入された。昭和十七年二月四日、第四航空隊の飛行機を輸送する任務をうけて、横須賀発トラックを経由して、二月十五日にラバウルに進出した。それからまた三月七日にふたたびラバウルへの輸送を行なって横須賀に帰港した。

四月十八日、ドーリットル空襲で敵空母を追って横須賀を出撃したが捕捉できず、二十二日にむなしく横須賀に帰投した。四月三十日、第六戦隊司令官の指揮下に入り、ポートモレスビー攻略作戦に参加し、五月七日の珊瑚海海戦で敵機の攻撃により魚雷七、爆弾十三発をうけて沈没した。太平洋戦争において撃沈された最初の日本空母であった。

平甲板型の軽空母で、要目は同型艦の瑞鳳と同じであった。

龍鳳（りゅうほう）

昭和九年三月竣工の潜水母艦大鯨を昭和十六年十二月二十日より空母への改装に着手して、昭和十七年十一月三十日に竣工したが、十二月十一日にはもうトラックに向けて輸送任務についた。だが明くる十二日、八丈島南東一五〇浬において敵潜水艦による雷撃で一本が命中、戦死六十四名の被害をだし、そのため横須賀に引き返して修理が行なわれた。

昭和十八年六月十二日、飛鷹の損傷により、第二航空戦隊に編入されてトラックに進出、飛行機隊はラバウルに派遣された。七月二十四日、龍鳳は内地に帰り、十月十一日より飛行機をシンガポールまで二度輸送する任務について、今度はシンガポールからトラックまで飛行機を輸送した。トラックに進出後、飛行機隊は「ろ号作戦」に従事のためラバウルに進出した。

昭和十九年一月二日、内海西部に帰投したのち、訓練に従事した。五月十六日、タウイタウイに進出してマリアナ沖海戦に参加したが、至近弾により小破し内地に帰投した。比島沖海戦には参加せず、もっぱら作戦輸送に従事し、昭和二十年に入って呉方面に待機していたが、三月十九日に敵機の攻撃をうけ、爆弾三発、ロケット弾二発をうけ、戦死三十四名の被害をだした。その後は偽装して江田島東南岸の秋月海岸に繋留されたまま、防空砲台となり終戦を迎えた。

平甲板型の軽空母で、公試排水量一万五三〇〇トン、全長二一五・六五メートル、速力二十六・五ノット、飛行甲板の長さ一八五メートル、幅二十三メートル、搭載機は常用二十四機、補用七機、昇降機二基、乗員九八九名であった。

千歳（ちとせ）

昭和十三年七月竣工の水上機母艦（兼特殊潜航艇母艦）で、太平洋戦争初期は水上機母艦として、南方各地の攻略作戦に活躍した。ミッドウェー作戦では攻略部隊として参加した後、南東方面に進出して第二次ソロモン海戦に参加し、以後、同方面においてガダルカナル島増援作戦に従事した。

昭和十七年十一月より佐世保工廠で空母への改装工事に着手され、昭和十八年八月一日に工事を完成した。十月九日、第五五一空のシンガポール進出に協力し、十一月には第二航空戦隊の人員器材をトラックまで輸送し、帰りは靖国丸、伊良湖を護衛して内地に帰還した。

昭和十九年に入ると、一月早々に艦攻十二機を搭載して海上護衛総司令部付属に編入され、船団を護衛してシンガポールへ往復した。二月一日、あらたに千歳、千代田、瑞鳳をもって第三航空戦隊が編成され、サイパン島へ第七六一空を輸送した後、ボルネオ北東端沖のタウイタウイに進出したが、マリアナ沖海戦では被害をうけず内地に帰投して呉で整備後、十月二十五日の比島沖海戦で敵機の攻撃をうけ沈没した。

飛行甲板上に艦橋をもたない平甲板型で、公試排水量一万三六〇〇トン、水線長一八五・九三メートル、速力二十九ノット、飛行甲板の長さ一八〇メートル、幅二十三メートル、搭載機は常用三十機、昇降機二基、乗員九六七名であった。

千代田（ちよだ）

昭和十三年十二月竣工の水上機母艦で、開戦より昭和十七年四月まで特殊潜航艇（特潜）の母艦として訓練に従事後、特潜をトラックまで輸送し同地にて整備訓練し、ミッドウェー作戦には主力部隊として参加した。同作戦終了後、特潜、軍需品を搭載してキスカ島へ輸送した。九月より十二月まで特潜の基地整備およびガ島攻撃を支援するためブーゲビル島南端沖のショートランドに進出した。

昭和十八年二月より横須賀工廠で空母への改装工事に着手され、十二月二十一日に完成した。空母としての初任務は他艦と同様、トラックまでの輸送であった。この間の昭和十九年二月、三航戦に編入されたが、三月には横須賀、サイパン、パラオ、ボルネオ南東岸バリックパパン、ミンダナオ島南岸ダバオ、呉と連絡輸送任務に従事した。

昭和十九年五月十六日、タウイタウイに進出して、初陣は千歳と同様にマリアナ沖海戦であった。六月二十日、敵機の攻撃で直撃弾一発をうけ、戦死三十名の被害をだして内地に帰投した。呉で修理整備して、十月二十五日の比島沖海戦では敵機の攻撃をうけて航行不能となったところを、敵巡洋艦の砲撃により沈没したと米側資料にはある。

平甲板型の改装空母で、要目は同型艦の千歳と同じである。

大鷹（たいよう）

建造中であった日本郵船の春日丸(かすがまる)を徴用、昭和十六年五月から佐世保工廠で特設航空母艦に改装したもので、開戦前の昭和十六年八月末に完成して、もっぱら飛行機輸送をおこなっていた。昭和十七年八月三十一日、大鷹と命令されて空母となり、マーシャル方面の輸送任務についたが、九月二十八日、トラック入港直前に敵潜の雷撃をうけて小破したが、応急修理して呉に入港、入渠修理した。

昭和十七年十一月一日より十八年五月までの間にトラックへ六回、マニラ、シンガポール方面への輸送任務に従事し、佐世保に入港した。昭和十八年七月二十三日よりトラックへ三回の輸送任務に従事したが、九月二十四日、横須賀へ向かう途中、父島の北東二〇〇浬で敵潜の雷撃をうけて航行不能となり、冲鷹に曳航されて横須賀に入港し、昭和十九年四月まで修理がつづけられた。

修理後は海上護衛総司令部の指揮下に編入され、八月八日、はじめての船団護衛空母としてマニラ、シンガポールに向かったが、マニラへ向かう船団を護衛中、昭和十九年八月十八日にルソン島西岸において潜水艦ラシャーの雷撃をうけてまもなく沈没した。

大型客船改装の平甲板型護衛空母で、公試排水量二万トン、全長一八〇・二四メートル、速力二十一ノット、飛行甲板の長さ一六二メートル、幅二十三メートル、搭載機は常用二十三機、補用四機、昇降機二基、乗員七四七名であった。

雲鷹（うんよう）

大型客船として就役中の日本郵船八幡丸（やはたまる）は昭和十六年十一月、海軍に徴用されて空母への改装に着手、十七年五月末、空母八幡丸として竣工した。初任務はラバウルに進出する第二航空戦隊の輸送に協力した後、八月三十一日、空母雲鷹となったが、輸送任務が主で昭和十八年一月までトラック、パラオ、ダバオ、スラバヤ方面の輸送に従事して、横須賀に入港して整備を行なった。

昭和十八年はトラックへの輸送任務で明け暮れ、十一回往復した。十二月十五日、海上護衛総司令部付属に編入され、昭和十九年一月四日に横須賀を出発し、十二回目のトラックへの輸送任務の帰途、一月十九日、グアム島の東南東で敵潜の雷撃をうけ、前部に三本の魚雷が命中したが自力で横須賀に二月八日に帰投し、八月までかかって修理を終えた。

昭和十九年八月二十二日、呉よりシンガポールまでの船団護衛に従事したが、その帰途、九月十七日、南シナ海東沙諸島の南東で米潜バーブの雷撃をうけ、右舷後部に魚雷二本が命中して沈没した。要目等は同型艦の大鷹と同じである。

冲鷹（ちゅうよう）

昭和十五年三月竣工、北米航路に就役中の日本郵船の新田丸（にったまる）を昭和十六年九月に徴用して運送船として使用していたが、昭和十七年八月十日、冲鷹と改名して空母への改装工事に着手し、十一月二十五日に竣工して連合艦隊付属となり、十二月十二日に第一回目のトラックへの輸送任務についた。以後もっぱら内地〜トラック間の飛行機機材、人員、軍需品の輸送任務に従事した。

昭和十八年十二月三日、十三回目のトラック輸送の帰途、八丈島の沖で米潜セイルフィッシュの雷撃をうけたが、横須賀に単独航行中の明くる四日にふたたび雷撃をうけて沈没した。

大型客船改造の平甲板型護衛空母で、要目等は同型艦の大鷹、雲鷹と同じであるが、飛行甲板の長さが十メートル延長され一七二メートルに、幅も二十三・七メートルとされていた。

神鷹（しんよう）

ドイツ客船シャルンホルスト号は、日本に来航中、欧州で戦争が始まったので帰国できなくなり、昭和十四年以来、神戸港に繋留中であったが、駐日ドイツ武官を通じ日本海軍で譲りうけ、昭和十七年六月末より呉海軍工廠で空母への改装工事に着手した。昭和十八年十二月十五日、改装が完成し、神鷹と命名されて海上護衛総司令部の部隊に編入された。

昭和十九年七月十三日にシンガポールに向かう船団を護衛して、門司六連沖を出航して約一ヵ月後に内地に帰港した。その後もおなじくシンガポールへ往復し、十一月十三日、門司を出港して、シンガポールへ向かう大船団を護衛して航行中、十一月十七日、済州島西方の黄海で米潜スペードフィシュに雷撃されて沈没した。

平甲板型の護衛空母で、公試排水量二万九〇〇〇トン、全長一九八・六四メートル、速力二十一ノット、飛行甲板の長さ一八〇メートル、幅二十四・五メートル、搭載機は常用二十七機、補用六機、昇降機二基、乗員八三四名であった。

海鷹（かいよう）

昭和十四年五月竣工、世界一周航路の客船として就役中の大阪商船あるぜんちな丸を昭和十七年五月に徴用、特設運送艦としたが、十二月二十日より三菱長崎で空母への改装工事に着手し、昭和十八年十一月二十三日に完成した。

海上護衛総司令部の指揮下に編入され、昭和十九年一月より二月までマニラ、シンガポール、パラオ、トラック、サイパンと一まわりして輸送任務を行なった。その後シンガポールへ船団を護衛して二往復し、マニラと台湾へ一度ずつ輸送任務についた。

昭和十九年末に最後の船団護衛を行なったあとは、呉付近に待機していたが、昭和二十年三月十九日、呉で敵機の攻撃をうけて小破し、その修理後は訓練目標艦となって別府方面にいたが、ふたたび敵機の攻撃をうけ、別府沖の日ノ出海岸で擱座の状態で終戦をむかえた。

平甲板型の護衛空母で、公試排水量一万六七〇〇トン、全長一六六・五メートル、速力二十三ノット、飛行甲板の長さ一六〇メートル、幅二十三メートル、搭載機は常用二十四機、昇降機二基、乗員五八七名であった。

大鳳（たいほう）

昭和十四年の海軍軍備充実計画により建造され、その建造に当たっては、それまでの戦訓をとり入れて、重防禦空母として従来の空母よりも不沈性を増したものと期待されていた艦隊型空母で、昭和十九年三月七日に竣工して、ただちに第一航空戦隊に編入された。二十日間ほど内海西部で訓練したのち、シンガポールまで輸送任務について、機動部隊が待機しているスマトラ中部東岸沖のリンガ泊地で合同した。

昭和十九年四月十五日、第一機動艦隊の旗艦となった。そして五月十六日、ボルネオ北東端沖のタウイタウイに進出して、六月十五日の「あ号作戦」の決戦発動によりフィリピンはパナイ島東南岸、ネグロス島北部西岸のギマラス泊地を出撃した。そして六月十九日のマリアナ沖海戦で、米潜アルバコアの雷撃をうけ、午後二時三十二分、引火したガソリンの大爆発を起こし、不沈と期待された大鳳もついに午後四時二十八分に沈没した。

飛行甲板に装甲をほどこした最新鋭正規空母で、右舷中央やや前方に外側に二十六度傾斜した煙突と艦橋構造物を一体化した島型艦橋がある。公試排水量三万四二〇〇トン、全長二六〇・六メートル、速力三十三・三ノット、飛行甲板の長さ二五七・五メートル、幅三十メートル、搭載機は常用六十機と補用一機、昇降機二基、乗員一七五一名であった。

雲龍（うんりゅう）

雲龍型空母は昭和十六年、戦時建造計画によって急造されたため、船体形状は飛龍のままとして、急造に適するように若干の改正が行なわれた。防禦は薄いが二万トンという排水量のわりに、搭載機が多いのが特長であった。

だが、昭和十七年八月の起工、十八年九月進水、竣工が昭和十九年八月六日で、比島沖海戦には参加せず、初任務はマニラに緊急輸送で桜花と陸軍の空挺隊をのせ、十二月十七日に呉を出港、十八日朝に下関海峡を通過して十九日、宮古島北西二三〇浬の東シナ海を航行中、米潜レッドフィッシュに雷撃された。午後四時三十五分であったが、さらに十分後にも魚雷をうけ、輸送物件の桜花が誘爆、大傾斜して午後四時五十七分に沈没。艦長以下一二四〇名と便乗者多数が運命を共にした。

開戦前に計画された最後の中型正規空母で、右舷中央より前方寄りに島型艦橋があり、その後方に煙突が配置されていた。公試排水量二万四五〇〇トン、全長二二七・三五メートル、速力三十四ノット、飛行甲板の長さ二一六・九メートル、幅二十七メートル、搭載機は常用五十二機、補用二機、昇降機二基、乗員一五五六名であった。

天城（あまぎ）

雲龍型の二番艦として昭和十七年十月起工、十八年十月進水、雲龍に遅れること四日の昭和十九年八月十日に三菱長崎で竣工し、第一航空戦隊に編入されて内海西部に回航され、待機していた。以後、一度も出撃や輸送任務につくことがなかった。

昭和二十年三月十九日、呉軍港で敵艦上機の空襲により命中弾一発をうけた。その後、天城は呉軍港対岸の倉橋島北端ちかくの三ッ子島沿岸に偽装繋留されていたが、七月二十四日には直撃弾三発をうけた。それでも水線下の被害は軽微で、沈没する程度ではなかった。

七月二十八日の空襲も比較的損害は軽微であったが、至近弾による小破孔を生じ、浸水を増して、ついに横倒しとなって着底してしまった。当時は乗員がきわめて少なく、応急処置が充分にできなかったためである。

昭和二十一年十二月から播磨造船呉船渠の手で解体作業に入ったが、横転した艦体の浮揚が大問題で、難作業の末、昭和二十二年七月末に成功、呉工廠のドックに曳航、十二月十一日に解体工事を完了した。なお艦底部は函館港に回航され、青函連絡船用の繋留浮き桟橋として利用された。

要目などは一番艦の雲龍に同じであるが、機関関係は製造が間に合わず、天城は改鈴谷型重巡の建造用のものを流用したため出力が低下し、速力は三十二ノットであった。

葛城（かつらぎ）

雲龍型の三番艦として昭和十七年十二月起工、十九年一月進水、日本海軍最後の空母として昭和十九年十月十五日に呉工廠で竣工、第一航空戦隊に編入されたが、すでに戦局の悪化により空母として使用することなく、呉に待機していた。

昭和二十年三月十九日、呉に敵艦上機の空襲があり、葛城はこの空襲により直撃弾一発をうけ、右舷艦首に直径二メートルの大穴をあけて、戦死十一名の被害をだした。

その後、天城と同じく倉橋島北端近くの三ッ子島沿岸に繋留されていたが、七月二十四日の第二回の空襲で、左舷中部に一発命中したが、これは上面をふきとばされただけで、大した被害はなかったが、戦死十三名をだした。

七月二十八日に三回目の空襲をうけ、爆弾二発をうけたが、被害は飛行甲板だけで水線下には異状なく、沈みも傾きもしないで最後まで残存した。そして終戦後は復員輸送艦として働き、南方各地から多く人々を内地にはこんだ。昭和二十一年十二月から大阪の日立桜島造船で解体がはじめられ、二十二年十一月末に終了した。

要目などは基本的には一番艦雲龍と同じだが、葛城も機関の製造が間に合わず、陽炎型駆逐艦の機関二組を搭載したため、出力低下により速力も三十二ノットとなり、公試排水量は二万二〇〇トン、吃水も浅くなっている。

笠置（かさぎ）

雲龍型四番艦として昭和十八年四月に起工、昭和十九年十月十九日、三菱長崎で進水して佐世保工廠に回航、艤装工事に入ったが、昭和二十年四月一日に工事を中止した。終戦時は工程八四パーセントの状態だった。

笠置も機関は改鈴谷型重巡用のものを流用する予定だったが、昭和二十一年九月より佐世保船舶で改体がはじめられ、昭和二十二年十二月末、工事を終了した。

阿蘇（あそ）

雲龍型五番艦として昭和十八年六月に起工、昭和十九年十一月一日、呉工廠で進水後、十一月九日には工事を中止したので、終戦時は工程六〇パーセント完成の状態だった。

阿蘇も機関は陽炎型駆逐艦用を二組の予定だった。また昭和二十年七月には呉港外の倉橋島沖で特攻機用の「さくら弾」の爆発実験の標的として使用され、損傷は軽微だったが浸水し、着底したまま終戦を迎えた。

昭和二十一年十二月より播磨造船呉船渠の手で改体工事に入ったが、空襲による破孔もあって浮揚作業（昭和二十一年十二月二十日浮揚）に難渋したが、昭和二十二年四月には改体終了した。

生駒（いこま）

雲龍型六番艦として昭和十八年七月に起工、昭和十九年十一月十七日、神戸川崎で進水後、建造工事を中止したので、終戦時は工程の六〇パーセント完成状態だった。

昭和二十年四月上旬に小豆島の池田湾に疎開繋留され、終戦を迎えたが小破していた。昭和二十一年六月から二十二年三月十日にかけて、三井玉野造船で解体された。

なお雲龍型は七番艦として鞍馬が計画されていたが、未起工のまま建造取り止めとなった。

阿蘇。特攻機用さくら弾の爆発実験に供され着底した船体を戦後に浮揚作業中

小豆島池田湾に疎開繋留して終戦を迎えた生駒。甲板上に載っているのは煙突

笠置。右舷に突出した艦橋と高射装置、飛行甲板下に機銃座、艦首に射撃装置

解体中の伊吹。13×11.6m の昇降機、右に張り出した艦橋、前方に高角砲座、後方両舷に機銃や噴進砲座がある

信濃（しなの）

大和型戦艦の三番艦として計画され、昭和十五年五月に起工されたが、ミッドウェー海戦後、空母に改造されることになり、横須賀工廠で長期間にわたって建造および改造した巨大空母信濃は、建造費を当時で二億七四四〇万円もついやして、昭和十九年十一月十九日に完成、艦籍に編入された。昭和十九年十月五日の進水にあたっては、ドック内で事故が発生、艦首を損傷した。

第一航空戦隊に編入され、残工事を呉工廠で行なうため、十一月二十八日に横須賀を出港して呉に向かう途中の二十九日午前三時二十分に米潜アーチャーフィッシュの雷撃をうけ、魚雷四本が命中、午前十時三十五分、七万トンの巨体は完成後わずか十日間で海中に没した。

潮ノ岬の南東沖九十五浬の地点であった。

最終的には艦爆も搭載されることになったが、基本的には上空直衛用の戦闘機のほかには固有の飛行機をもたず、他母艦機への爆弾や魚雷の補給を目的とする補給母艦として運用すべく、飛行甲板に装甲がほどこされた。格納庫も開放式とされた。また艦橋は右舷中央部に、大鳳などに準じた舷外に傾斜した煙突と一体化した島型艦橋であった。

要目は公試排水量六万八〇六〇トン、水線長二五六メートル、速力二十七ノット、飛行甲板の長さ二五六メートル、幅四十メートル、搭載機は常用四十二機、補用五機、昇降機二基、乗員二四〇〇名の予定であった。

伊吹（いぶき）

鈴谷型巡洋艦として昭和十七年四月に起工、昭和十八年五月二十一日、呉工廠で進水した。進水直前になって、本艦を巡洋艦として竣工させることは無意味という意見があって工事中止をしたが、呉工廠で建造する空母の起工時期の関係で、早く船台をあけなければならなくなったので進水させた次第であった。

その後、まったく放置され、呉港外に繋留されたままで、一時は給油艦に改造することも考えられた。昭和十八年十月になって空母に改造されることになり、十二月下旬に迅鯨によって佐世保へ曳航され、佐世保工廠で工事が開始された。

昭和二十年三月下旬には工事もはかどり工程八〇パーセント完成の状態であったが、戦況の悪化にともない工事の中止が発令されて、以後、終戦まで伊吹はふたたび佐世保港内に放置されていた。昭和二十一年十月から二十二年八月一日まで、佐世保船舶で解体工事が行なわれた。

計画では、搭載機として烈風と流星が予定されており、新しい発着艦装置が必要だったが見込みなく、飛行甲板をできるだけ長く二〇五メートルとした。艦橋も操艦と発着艦指揮の必要から、右舷前方寄りに小型の島型艦橋が舷外に大きく張り出すかたちで設置された。

要目は公試排水量一万四八〇〇トン、水線長一九八・三五メートル、速力二十九ノット、飛行甲板の長さ二〇五メートル、幅二十三メートル、搭載機は常用二十七機、昇降機二基、乗員一〇一五名の計画であった。

※本書は雑誌「丸」に掲載された記事を再録したものです。執筆者の方で一部ご連絡がとれない方があります。お気づきの方は御面倒ですが御一報くだされば幸いです。

単行本　平成二十八年三月　潮書房光人社刊

ＮＦ文庫

空母二十九隻

二〇二一年一月二十四日　第一刷発行

著　者　横井俊之他

発行者　皆川豪志

発行所　株式会社　潮書房光人新社

〒100-8077　東京都千代田区大手町一-七-二

電話／〇三-六二八一-九八九一代

印刷・製本　凸版印刷株式会社

定価はカバーに表示してあります

乱丁・落丁のものはお取りかえ致します。本文は中性紙を使用

ISBN978-4-7698-3198-3　C0195

http://www.kojinsha.co.jp

NF文庫

刊行のことば

第二次世界大戦の戦火が熄んで五〇年――その間、小社は夥しい数の戦争の記録を渉猟し、発掘し、常に公正なる立場を貫いて書誌とし、大方の絶讃を博して今日に及ぶが、その源は、散華された世代への熱き思い入れであり、同時に、その記録を誌して平和の礎とし、後世に伝えんとするにある。

小社の出版物は、戦記、伝記、文学、エッセイ、写真集、その他、すでに一、〇〇〇点を越え、加えて戦後五〇年になんなんとするを契機として、「光人社NF(ノンフィクション)文庫」を創刊して、読者諸賢の熱烈要望におこたえする次第である。人生のバイブルとして、心弱きときの活性の糧として、散華の世代からの感動の肉声に、あなたもぜひ、耳を傾けて下さい。